조경시공기술

정 용 조 저

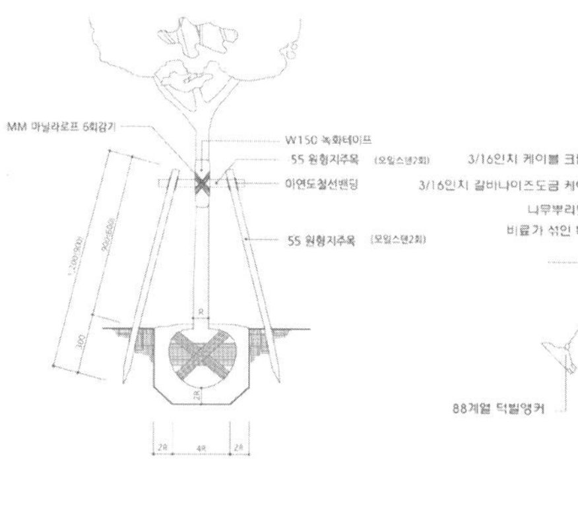

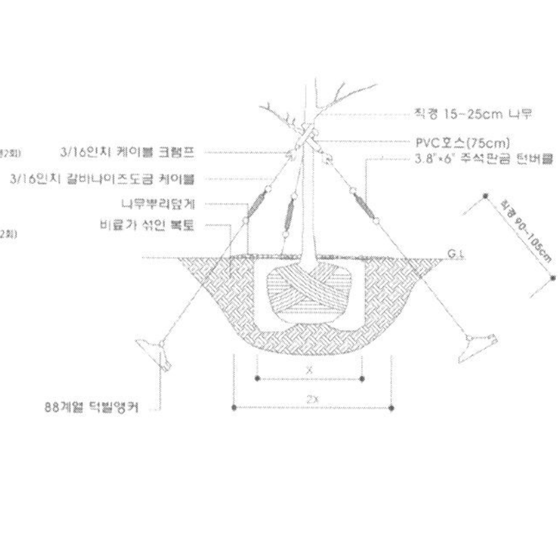

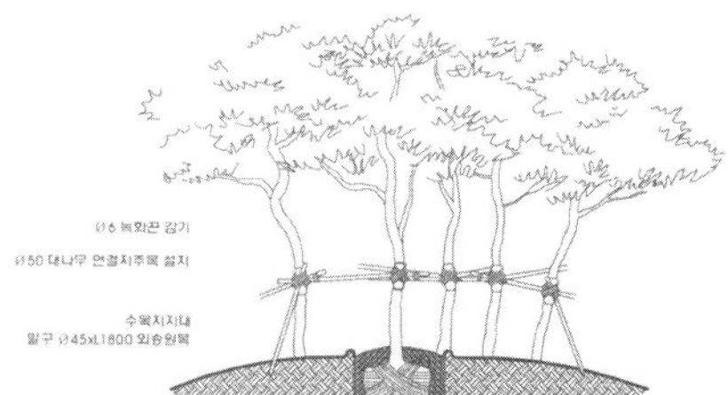

기 문 당

머리말

최근 도시 및 사회 전반에 걸쳐 조경 분야의 역할이 중요해지고 있다. 도시화, 산업화, 기후변화, 미세먼지, 황사 등으로 우리가 생활하는 데 있어 점점 더 열악한 환경으로 변하여 삶의 가치가 떨어지고 행복지수까지 낮아진 실정이다. 이러한 환경변화에 조경이 선도적으로 대응하여 조금이나마 환경을 개선하고 삶의 질을 높여 사람, 동물, 식물이 공존하는 환경을 만드는데 주축이 될 수 있을 것으로 기대한다.

조경이 우리나라에서 전문영역으로 자리잡아 가면서 조경에 대한 관심은 점차 증가하고 있으며, 사회가 발전하고 복잡 · 다변화되면서 영역도 확대되고 있다. 조경이란 학문을 접하면 조경시공학은 필수적으로 접하게 된다. 건설산업 환경이 변화되고 인접 학문 간의 융 · 복합이 형성되면서 조경시공의 역할과 비중은 관심의 대상이 되고 있다.

조경시공은 조경설계 · 시공의 수행에 필요한 기술로서 조경자재와 식재, 시설물, 토공 및 등고선의 조정과 정지, 포장, 구조물의 공법, 급 · 배수시설을 포함한 수경시설, 운동 및 체육시설, 놀이시설, 휴게시설 등을 포함하며 설치하려는 시설에 대한 경제적 · 기술적 수단의 총괄 개념으로 미적, 기능적, 생태적 측면을 고려하여 목적물을 준공하는 것으로 조경학에서는 필수 학문이라 할 수 있다.

조경시공학은 범위가 넓고 이론과 실무를 병행하는 학문으로 학생들은 물론, 조경기사를 준비하는 수험생들도 어려워 하는 분야이지만, 조경시공학을 보다 쉽게 이해하고 접근할 수 있는 방법으로 그 동안 현장에서 익힌 실무와 축적된 자료, 시공 분야 연구결과물, 그리고 강의자료를 정리하여 한 권의 책으로 출판하게 되었다. 이책에서는 조경시공학의 기본이 되는 개념을 26개 장으로 나누고, 각 항목별로 꼭 필요한 내용을 중심으로 구성하였다.

본서에서는 조경학을 공부하는 조경학과 학생들과 조경에 관심이 많은 독자, 조경기사 및 조경산업기사, 조경기능사 자격증을 준비하는 수험생, 그리고 조경설계와 시공, 관리 등 조경실무에 종사하는 기술자들이 널리 이용할 수 있도록 각 공종별 이론과 다양한 연습문제들을 수록하여 조경시공 분야의 핵심을 빨리 파악할 수 있도록 하는 데 중점을 두었다.

본서의 내용이 다소 미흡한 점도 있을 수 있지만 이는 추후 보완을 통해 다듬어 갈 예정이며 이번 출판을 계기로 조경시공 분야의 체계적인 학습을 위한 지침서로 거듭나길 기대하는 바이다.

이 책을 출판하는데 많은 도움을 준 도서출판 기문당 사장님과 관계자 여러분의 아낌없는 조언과 성원에 감사드립니다.

2020.12.

저자 정용조

차 례

CHAPTER

1

공사계약 및 입찰

제1장 공사계약 및 입찰

01 공사계약

1-1 계약의 개념

건설공사에서 계약은 수주자(도급자)의 요구와 발주자(시공주)의 승낙으로 성립되는 법률적 행위로 쌍방간 합의로 이루어지며 발주자에게는 정확한 계약목적물의 완성을, 계약상대자(수주자, 도급자)에게는 계약 이행에 따른 정당한 대가를 요구하는 것이다.

1-2 계약 체결

- 법 제14조제1항에 따라 지방자치단체의 장 또는 계약담당자는 계약상대자를 결정한 경우 지체 없이 표준계약서에 따라 계약을 체결하여야 한다.
- 지방자치단체의 장 또는 계약담당자는 제1항에 따른 표준계약서에 적힌 계약 일반사항 외에 해당 계약에 필요한 특약사항을 명시하여 계약을 체결할 수 있다.

1-3 계약 이행보증

- 지방자치단체의 장 또는 계약담당자는 공사계약을 체결하려는 경우 계약상대자에게 다음 각 호의 방법 중 어느 하나를 선택하여 계약 이행을 보증하게 하여야 한다.
  - 계약보증금을 계약금액의 100분의 15 이상을 내는 방법
  - 계약보증금을 내지 아니하고 공사이행보증서[해당 공사의 계약상 의무를 이행할 것을 보증한 기관이 계약상대자를 대신하여 계약상의 의무를 이행하지 아니하는 경우에는 계약금액의 100분의 40(예정가격의 100분의 70 미만으로 낙찰된 공사계약의 경우에는 계약금의 100분의 50을 말한다) 이상을 낼 것을 보증하는 것이어야 한다]를 제출하는 방법
- 지방자치단체의 장 또는 계약담당자는 제1항 본문에 따라 계약이행을 보증한 경우로써 계약상대자가 계약이행보증방법 변경을 요청하는 경우에는 한 차례만 변경할 수 있다. 다만, 제54조에 따라 지방자치단체에 계약보증금을 세입조치하여야 할 것으로 예상되는 경우에는 그 계약의 이행보증방법을 변경하게 해서는 안 된다.

- 지방자치단체의 장 또는 계약담당자는 공사를 제외한 물품 · 용역 등의 계약을 체결하는 경우 계약보증금으로 계약금액의 100분의 10 이상을 내게 하여야 한다.
- 단가계약에 의하는 경우에는 여러 차례로 분할하여 계약을 이행하게 할 때에는 매회별 이행예정량 중 최대량에 계약단가를 곱한 금액의 100분의 10 이상을 계약보증금으로 내게 해야 한다.
- 장기계속계약의 경우에는 제1차 계약체결 시 덧붙여 적은 총 공사 또는 총 제조 등의 금액을 기준으로 하여 제1항 또는 제5항에 따라 계약이행을 보증하게 하여야 한다. 이 경우 해당 계약보증금은 총 공사 또는 총 제조 등의 계약보증금으로 보며, 연차별 계약이 완료되었을 때에는 원래의 계약보증금에서 이행이 끝난 연차별 계약금액의 100분의 10(공사계약의 경우로서 제1항제1호 및 제2호에 해당하는 경우에는 각 호에서 정한 비율을 말한다)을 반환하여야 한다.

1-4 계약 절차

- 발주 → 공고 → 입찰 → 낙찰자 결정 → 계약체결 → 계약이행 → 검사 → 수금
- 발주방식 : 일반경쟁입찰, 제한경쟁입찰, 지명경쟁입찰, 수의계약, PQ, TK 등
- 공고 : 관보 또는 일간신문, 아이건설넷, 인포21 등
- 입찰 : 다양한 입찰방식으로 진행
- 입찰보증금 : 입찰금액의 5/100, 현금 또는 보증서, 지급각서로 대체
- 입찰참가자격심사 : PQ 또는 턴키(TK) 입찰
- 계약체결 : 계약보증금 납부(현금 또는 보증서)
- 계약이행 : 설계변경, 물가변동 적용

1-5 계약서에 명시해야 할 내용

- 공사내용, 설계서(설계도면, 시방서 등), 공사비 내역서, 공정관리표 등
- 도급금액 중 노임에 해당되는 금액
- 공사 착공시기와 공사 준공시기
- 도급금액의 선급금이나 기성금 지급에 관한 시기 및 방법과 금액
- 공사 중지, 계약 해지나 천재지변의 경우 발생하는 손해 부담금에 관한 사항
- 설계변경과 물가변동 등으로 인한 도급금액 또는 공사내용의 변경에 관한 사항

- 산업안전보건법 규정에 의한 표준안전관리비, 산업재해보상보험법에 의한 산업재해보상보험료, 고용보험법에 의한 고용보험료, 국민건강보험법에 의한 국민건강보험료, 연금보험법에 의한 국민연금보험료 등에 관한 사항
- 당해 공사에서 발생되는 폐기물 처리방법과 재활용에 관한 사항
- 인도를 위한 검사 시기 및 공사 준공 후 도급금액의 지급시기
- 계약이행 지체의 경우 위약금과 지연이자 지급 등 손해배상에 관한 사항
- 하자담보 책임기간과 담보방법 및 분쟁발생 시 해결방법에 관한 사항

1-6 계약 및 착공 서류

1) 계약서류

- 공사계약서
- 공사도급내역서
- 설계도서(설계도면, 시방서 등)
- 현장대리인계(현장대리인 자격증 사본, 재직증명서, 이력서, 건설기술인협회 등록확인증)
- 회사증빙서류(사업자등록증 사본, 건설면허등록증 사본, 건설면허수첩 사본, 인감증명서, 사용인감계(필요시), 등기부등본(법인일 경우) 등)

2) 착공서류

- 착공계
- 시공계획서
- 예정공정표
- 안전관리비 및 환경보전비 사용계획서
- 착공 전 사진대지 등

1-7 도급공사의 계약 유형

- 단가도급계약 : 단위공사 부분에 대한 자재, 노무비 단가, 시공량의 체적 단가만을 결정하여 공사를 계약하는 제도
- 총액도급계약 : 공사비의 총액을 정하고 그 금액으로 전 공사를 완성하도록 하는 계약제도
- 실비정산계약 : 사업주는 공사를 시공자에게 위임하고 사업주와 시공자가 확인한 공사실비에 미리 정한 비율 또는 금액에 따라 보수를 가산하여 지불하는 계약제도

- 공동도급계약 : 대규모 공사의 시공에 대하여 2개 이상의 건설회사가 공동으로 출자하여 기술, 자본 및 위험부담을 분담해서 공사를 시공하는 계약제도
- 설계 · 시공일괄도급계약 : 턴키도급(turn-key base contract)계약이라고도 하며, 건설업자(도급자)가 대상 계획의 기업 · 금융 · 토지조달 · 설계 · 시공 · 기계기구 설치 · 시운전까지 발주자가 필요로 하는 모든 것을 조달하여 준공 후 인도하는 계약제도

02 입찰 방법

2-1 입찰의 개념

공사 도급이나 물자 매매계약 체결에 있어 다수의 신청희망자로부터 각자의 낙찰 희망 예정가격을 기입한 신청서를 제출 · 입찰하게 하여 그 중에서 가장 유리한 내용, 즉 일반적으로 도급예정가액이나 판매가격이 최저가격인 것이나 또는 구매가격이 최고인 입찰자와 계약을 체결하는 방식이다.

2-2 입찰 절차

- 공사입찰공고 → 입찰참가신청 및 입찰보증금 납부 → 현장설명 → 입찰서 제출 → 개찰 → 낙찰 → 계약체결
- 유찰될 경우 입찰참가신청부터 재시행

2-3 입찰 방법

1) 내용

구 분	내 용	비 고
일반경쟁입찰	• 계약의 목적 등을 공고하여 일정한 자격을 갖춘 불특정다수의 희망자와 경쟁 • 그중에서 가장 유리한 조건의 제시자를 계약 상대자로 선정 • 계약 상대자로 선정된 낙찰자와 계약 체결 • 정부 · 지방자치단체 · 정부투자기관에서 원칙적으로 적용 • 저렴한 공사비와 모든 공사수주 희망자에게 기회 균등 • 과다 경쟁으로 인한 참여업체의 난립과 불공정한 덤핑 등이 행해질 수 있다. • 입찰절차가 복잡하다. • 낙찰자의 신용, 기술, 경험, 능력 등을 신뢰할 수 없다.	

구 분	내 용	비 고
지명경쟁입찰	• 계약의 성질 또는 목적에 비추어 특수한 설비, 기술, 자재 또는 실적이 있는 자 등을 지명 • 지명자에 한해 경쟁입찰에 참가 • 낙찰자와 계약을 체결하는 방법 • 불성실한 자가 경쟁에 참가하여 공정한 경쟁을 방해하는 것을 배제할 수 있다. • 특정업체끼리 불공정한 담합 등이 발생할 수 있다.	
제한경쟁입찰	• 일정한 지역, 도급한도액 또는 시공능력, 계약실적 또는 기술 능력 등의 객관적 기준에 따라 입찰 참가자의 자격을 제한 • 제한된 참가자가 경쟁입찰에 참가 • 낙찰자와 계약을 체결하는 방법 • 일반경쟁과 지명경쟁의 단점을 보완한 방법 • 지방자치단체를 중심으로 공사계약에 활용되고 있다. • 일반경쟁입찰과 지명경쟁입찰의 단점을 보완하고 장점을 취하기 위해 도입한 입찰방식이다.	
특명입찰 (수의계약)	• 발주자가 필요하다고 판단하는 사업이나 기술, 시공방식의 특수성, 시간적 제한성 등이 있을 경우 단독 입찰하는 방식	
턴키입찰 (TK)	• 발주자가 제시하는 공사의 기본계획 및 지침에 따라 설계서, 기타 도서를 작성하여 입찰서와 함께 제출하는 입찰방식이다. • 이 방식은 도급자인 건설업자가 대상계획의 금융 · 토지조달 · 설계 · 시공 · 기계기구 설치 · 시운전까지 발주가 필요로 하는 설계와 시공내용 일체를 조달하여 준공 후 인도할 것을 약정하게 된다.	
PQ	• 입찰 전에 미리 업체의 시공경험 · 기술능력 및 재무상태 등을 심사하여 통과된 자만 입찰에 참가하도록 하는 제도이다.	
대안입찰	• 발주자가 작성한 설계서에서 대체 가능한 공종에 대하여 원안입찰과 함께 입찰자의 공사수행능력에 따른 대안제출이 허용된 공사의 입찰을 말한다. • 설계 · 시공상의 기술능력개발을 유도하고 설계경쟁을 통한 공사의 품질 향상을 도모하기 위한 제도이다.	
부대입찰제	• 정부나 공공기관이 발주하는 건설공사에 응찰할 때 반드시 중소하청업체에 줄 하도급 내용을 함께 기재하도록 하는 제도이다. • 일종의 중소건설업체 보호제도라 할 수 있다. • 긴급을 요하는 경우를 제외하고 일정 규모 이상의 공사에서는 일정 비율 이상을 하도급으로 시행하도록 하고 있다.	
제한적 평균가 낙찰제	• 예정가의 85% 이상 입찰한 자의 평균금액 이하로 가장 근접하게 응찰한 자를 낙찰자로 결정하는 제도이다.	

출처: 정용조, 조경적산 및 실무연습, 한국조경신문, 2017.

2) 장 · 단점

구 분	장 점	단 점	비 고
일반경쟁입찰	• 경쟁으로 인한 공사비 절감 • 공평한 기회 제공 • 담합의 위험성이 낮음	• 공사비 저하로 공사 부실우려 • 입찰비용 증가 • 부적격자 배제 곤란	
지명경쟁입찰	• 부적격자 배제로 양질의 공사 가능 • 시공사의 신뢰성	• 불공정한 담합 우려 • 공사비 상승	
제한경쟁입찰	• 일반경쟁과 지명경쟁의 단점 보완	• 실적 등이 없는 신규업체 참여 곤란	
특명입찰 (수의계약)	• 기밀 유지가 용이 • 공사의 질 향상 가능 • 신속한 계약 가능	• 공사비 상승 • 자료의 비공개로 불투명	
턴키입찰 (TK)	• 신공법의 연구 및 개발 • 공사비 절감과 연구 유도 • 공기단축 가능 • 창의성 있는 설계유도 및 책임시공에 의한 기술개발과 축적 • 설계와 시공의 일괄계약으로 책임한계 명확	• 건축주의 의사반영 미흡 • 설계견적 기간이 짧음(계획의 불충분 초래) • 불필요한 도면 부수로 과다 설계비 지출 • 설계지침의 변경 빈번 • 대규모 회사에 유리, 중소기업 불리	
PQ	• 우수업체 선정 가능으로 부실공사 방지 • 기술개발 의욕 고취 • 입찰 부조리 배제 • 입찰 과다 경쟁 배제 • 건설업체 전문화 • 하도급 계열화 촉진	• 심사 내용과 기준이 불합리 • 대기업에 유리한 제도 • 담합 우려 • 시행절차 및 심사항목 비현실화 • 건설업체의 능력개발 부진 • 자유경쟁원리에 위배	
대안입찰	• 공사비 절감 • 설계상 문제점 보완 • 부실시공 예방 • 신기술 개발 축적 및 체계화 유도	• 발주기관의 업무 증대로 발주기피 • 대안입찰 능력 미흡 • 대안 심의 기간 부족	
부대입찰제	• 중소기업 보호	• 덤핑 전가 우려	
제한적 평균가 낙찰제 (부찰제)	• 최저낙찰제의 과도한 경쟁으로 인한 덤핑입찰 방지 • 도급자의 적정 이윤 보장 • 시공품질 확보	• 업체의 과다경쟁 및 경쟁 계약원칙에 위배 • 기업의 기술개발, 계획수주 등 합리적 경영유도 미흡	

출처: 정용조, 조경적산 및 실무연습, 한국조경신문, 2017.

03 조경관련법규

3-1 건설산업기본법

1) 건설공사의 정의(법 제2조)

건설공사란 토목공사, 건축공사, 산업설비공사, 조경공사 및 환경시설공사 등 시설물을 설치 · 유지 · 보수하는 공사(시설물을 설치하기 위한 부지조성공사 포함), 기계설비, 기타 구조물의 설치 및 해체공사 등을 말한다.

2) 조경업의 종류 및 업무내용

① 조경공사업

- 업무내용 : 종합적인 계획 · 관리 · 조정에 따라 수목원 · 공원 · 녹지의 조성 등 경관 및 환경을 조성하는 공사
- 기술능력 : 조경기사 또는 조경 분야의 중급기술자 이상인 자 중 2인을 포함한 조경 분야 건설기술자 4인 이상, 토목 분야 건설기술자 1인, 건축 분야 건설기술자 1인 이상
- 자본금 : 법인 5억 원 이상, 개인 10억 원 이상
- 시설 · 장비 : 사무실 전용 $33m^2$

② 조경식재공사업

- 업무내용 : 조경수목을 식재하거나 잔디 등 지피식물을 입히는 공사 및 유지관리
- 기술능력 : 조경 분야 건설기술자 또는 기술자격취득자 2인 이상(기능사도 가능)
- 자본금 : 법인 1억 5천만 원 이상, 개인 1억 5천만 원 이상
- 시설 · 장비 : 사무실 전용 $33m^2$

③ 조경시설물설치공사업

- 업무내용 : 조경을 위하여 조경석 · 인조석 · 인조암 등을 설치하거나 야외의자 · 파고라 등의 조경시설물을 설치하는 공사
- 기술능력 : 조경 분야 건설기술자 또는 기술자격취득자 2인 이상(기능사도 가능)
- 자본금 : 법인 1억 5천만 원 이상, 개인 1억 5천만 원 이상
- 시설 · 장비 : 사무실 전용 $33m^2$

[표 1] 조경업의 종류 및 업무내용

조경업의 종류	업무내용
조경공사업	종합적인 계획 · 관리 · 조정에 따라 수목원 · 공원 · 녹지의 조성 등 경관 및 환경을 조성하는 공사
조경식재공사업	조경수목을 식재하거나 잔디 등 지피식물을 입히는 공사 및 유지관리
조경시설물설치공사업	조경을 위하여 조경석 · 인조석 · 인조암 등을 설치하거나 야외의자 · 파고라 등의 조경시설물을 설치하는 공사

[표 2] 조경업의 기술능력 및 자본금

조경업의 종류	기술능력	자본금
조경공사업	조경기사 또는 조경 분야의 중급기술자 이상인 자 중 2인을 포함한 조경 분야 건설기술자 4인 이상, 토목분야 건설기술자 1인, 건축 분야 건설기술자 1인 이상	• 법인 5억 원 개인 10억 원
조경식재공사업	조경분야 건설기술자 또는 기술자격취득자 2인 이상 (기능사도 가능)	• 법인 1.5억 원 개인 1.5억 원
조경시설물 설치공사업	조경분야 건설기술자 또는 기술자격취득자 2인 이상 (기능사도 가능)	• 법인 1.5억 원 개인 1.5억 원

3) 전문건설업종 개편

국토교통부는 건설산업기본법 하위법령 입법 예고를 통해 전문건설업 28개 업종이 2022년부터 14개로 통합되고, 시설물유지관리업은 종합 또는 전문건설업으로 전환된다. 시행령 개정안에 따르면 첫째, 종합-전문업체 간 공정경쟁을 위한 통폐합, 둘째, 발주자 편익 강화를 위한 주력 분야 제도 도입, 셋째, 시설물 노후화에 따른 안전 확보를 위해 유지보수 시장 전문화 강화, 넷째, 업종 개편 과정에서도 영세사업자는 보호 등의 내용으로 개편된다. 2022년 1월부터 각 전문업체는 대업종으로 자동전환되며, 공공공사는 2022년부터, 민간공사는 2023년부터 대업종을 기준으로 발주한다.

2022년 1월부터 업체별 전문 시공 분야를 주력 분야로 별도 관리한다. 대업종화로 업무범위가 확대됨에 따라 발주자가 업체별 전문 시공 분야를 판단할 수 있도록 주력 분야 제도를 도입한다. 전문건설업체는 2022년 대업종화 시행 이전 등록한 업종을 주력 분야로 자동 인정받게 되고, 2022년 이후 대업종으로 신규등록 시 주력 분야 취득요건을 갖출 경우 주력 분야 1개 이상을 선택할 수 있다. 동일 대업종 내에서 주력 분야를 추가할 경우 추가 자본금을 면제하고, 기술자 추가 보유 요건은 해당 주력 분야에서 요구하는 기술자 중 1명씩 면제된다. 예를 들면, 조경식재공사 면허를 주력 분야로 취득한 후 조경시설물공사업을 주력 분야로 추가하고자 할 때, 자본금은 1억5,000만 원으로 완화되고, 기술능력은 대업종 내 최저 수준으로 설정되어 조경 분야 기술자 3명이면 된다. 또한 대업종을 추가 등록 시 겸업 특례는 현행과 동일하게 1회에 한하여 기술자 1인 면제와 자본금 50%를 경감할 수 있다.

[표 3] 전문건설업 대업종 구분 및 등록기준

현업종	현재 전문업종 등록기준		대업종 명칭	대업종 등록기준	
	기술자	자본금		기술자	자본금
토공사업	2인	1.5억	지반조성 · 포장공사업	2인	1.5억
포장공사업	3인	2억			
보링 · 그라우팅 · 파일공사업	2인	1.5억			
실내건축공사업	2인	1.5억	실내건축공사업	2인	1.5억
금속구조물 · 창호 · 온실공사업	2인	1.5억	금속창호 · 지붕건축물조립공사업	2인	1.5억
지붕판금 · 건축물조립공사업	2인	1.5억			
도장공사업	2인	1.5억	도장 · 습식, 방수 · 석공사업	2인	1.5억
습식 · 방수공사업	2인	1.5억			
석공사업	2인	1.5억			
조경식재공사업	2인	1.5억	조경식재 · 시설물공사업	2인	1.5억
조경시설물설치공사업	2인	1.5억			
철근 · 콘크리트공사업	2인	1.5억	철근 · 콘크리트공사업	2인	1.5억
구조물해체 · 비계공사업	2인	1.5억	구조물해체 · 비계공사업	2인	1.5억
상 · 하수도설비공사업	2인	1.5억	상 · 하수도설비공사업	2인	1.5억
철도 · 궤도공사업	5인	2억	철도 · 궤도공사업	5인	1.5억
강구조물공사업	4인	2억	철강구조물공사업	4인	1.5억
철강재설치공사업	5인	7억			
수중공사업	2인	1.5억	수중 · 준설공사업	2인	1.5억
준설공사업	5인	7억			
승강기설치공사업	2인	1.5억	승강기 · 삭도공사업	2인	1.5억
삭도설치공사업	5인	2억			
기계설비공사업	2인	1.5억	기계가스설비공사업	2인	1.5억
가스설비공사업(1종)	3인	1.5억			
가스설비공사업(2종)	1인	-	가스난방공사업	1인	-
가스설비공사업(3종)	1인	-			
난방공사업(1종)	2인	-			
난방공사업(2종)	1인	-			
난방공사업(3종)	1인	-			

3-2 도시공원 및 녹지 등에 관한 법률

1) 도시공원

도시공원이란 도시지역에서 도시자연경관의 보호와 시민의 건강 · 휴양 및 정서생활의 향상에 기여하기 위하여 설치 또는 지정된 다음의 것을 말한다.

가. 국토의 계획 및 이용에 관한 법률 제 2조 제6호 나목에 따른 공원으로서 같은 법 제30조에 따라 도시관리계획으로 결정된 공원

나. 국토의 계획 및 이용에 관한 법률 제38조의 2에 따라 도시관리계획으로 결정된 도시자연공원구역

2) 공원녹지

공원녹지란 쾌적한 도시환경을 조성하고 시민의 휴식과 정서함양에 기여하는 다음의 공간 또는 시설을 말한다.

가. 도시공원 · 녹지 · 유원지 · 공공공지 및 저수지

나. 나무 · 잔디 · 꽃 · 지피식물 등의 식생이 자라는 공간

다. 그 밖에 쾌적한 도시환경을 조성하고 시민의 휴식과 정서함양에 기여하는 공간 또는 시설로 국토교통부령이 정하는 공간 또는 시설

3) 도시녹화

도시녹화란 식생 · 물 · 토양 등 자연친화적인 환경이 부족한 도시지역의 공간에 식생을 조성하는 것을 말한다.

4) 공원시설

공원시설이란 도시공원의 효용을 다하기 위하여 설치하는 다음의 시설을 말한다.

가. 도로 또는 광장

나. 화단 · 분수 · 조각 등 조경시설

다. 휴게소 · 긴 의자 등 휴양시설

라. 그네 · 미끄럼틀 등 유희시설

마. 테니스장 · 수영장 · 궁도장 등 운동시설

바. 식물원 · 동물원 · 수족관 · 박물관 · 야외음악당 등 교양시설

사. 주차장 · 매점 · 화장실 등 이용자를 위한 편의시설

아. 관리사무소 · 출입문 · 울타리 · 담장 등 공원관리시설

자. 그 밖의 도시공원의 효용을 다하기 위한 시설로서 국토교통부령이 정하는 시설

5) 녹지

녹지란 도시지역 안에서 자연환경을 보전하거나 개선하고, 공해나 재해를 방지함으로써 도시경관의 향상을 도모하기 위하여 도시관리계획으로 결정된 것을 말한다.

가. **완충녹지** : 대기오염 · 소음 · 진동 · 악취 · 그 밖에 이에 준하는 공해와 각종 사고나 자연재해, 그 밖에 이에 준하는 재해 등의 방지를 위하여 설치하는 녹지

나. **경관녹지** : 도시의 자연적 환경을 보전하거나 이를 개선하고 이미 자연이 훼손 된 지역을 복원 · 개선함으로써 도시경관을 향상시키기 위하여 설치하는 녹지

다. **연결녹지** : 도시 안의 공원 · 하천 · 산지 등을 유기적으로 연결하고 도시민에게 산책공원의 역할을 하는 등 여가 · 휴가를 제공하는 선형의 녹지

04 건축법

1) 건축법상 대지 안의 조경

① 면적이 200m^2 이상인 대지에 건축을 하는 건축주는 용도지역 및 건축물의 규모에 따라 해당 지방자치단체의 조례로 정하는 기준에 따라 대지에 조경이나 그 밖에 필요한 조치를 하여야 한다. 다만, 조경이 필요하지 아니한 건축물로서 대통령령으로 정하는 건축물에 대하여 조경 등의 조치를 하지 아니할 수 있으며, 옥상 조경 등 대통령령으로 따로 기준을 정하는 경우에는 그 기준에 따른다.

② 다음에 해당하는 건축물에 대하여 조경 등의 조치를 하지 아니할 수 있다.

가. 자연녹지지역에 건축하는 건축물

나. 면적 5,000m^2 미만인 대지에 건축하는 공장

다. 연면적의 합계가 1,500m^2 미만인 공장

라. 산업집적활성화 및 공장설립에 관한 법률 제2조 제7호에 따른 산업단지의 공장

마. 대지에 염분이 함유되어 있는 경우 또는 건축물 용도의 특성상 조경 등의 조치를 하기가 곤란하거나 조경 등의 조치를 하는 것이 불합리한 경우로서 건축 조례로 정하는 건축물

바. 축사

사. 법 제20조 제1항에 따른 가설건축물

아. 연면적의 합계가 1,500m^2 미만인 물류시설(주거지역 또는 상업지역에 건축하는 것은 제외한다.)로서 국토교통부령으로 정하는 것

자. 국토의 계획 및 이용에 관한 법률에 따라 지정된 자연환경보전지역 · 농림지역 또는 관리지역(제2종 지구단위계획구역으로 지정된 지역은 제외한다.)의 건축물

차. 다음에 해당하는 건축물 중 건축조례로 정하는 건축물

- 관광진흥법 제2조 제6호에 따른 관광지 또는 같은 조 제7호에 따른 관광단지에 설치하는 관광시설
- 관광진흥법 시행령 제2조 제1항 제3호에 가목에 따른 전문휴양업의 시설 또는 같은 호 나목에 따른 종합휴양업의 시설
- 국토의 계획 및 이용에 관한 법률 시행령 제48조 제10호에 따른 관광 · 휴양형 지구단위계획구역에 설치하는 관광시설
- 체육시설의 설치 · 이용에 관한 법률시행령 별표 1에 따른 골프장

③ 조경 등의 조치에 관한 기준(단, 건축조례로 다음 기준보다 더 완화된 기준을 정한 경우에는 기준에 따른다.)

가. 공장(제1항 제2호부터 제4호까지의 규정에 해당하는 공장은 제외한다.) 및 물류시설(제1항 제8호에 해당하는 물류시설과 주거지역 또는 상업지역에 건축하는 물류시설은 제외한다.)

- 연면적의 합계가 2,000m^2 이상인 경우 : 대지면적의 10% 이상
- 연면적의 합계가 1,500m^2 이상 2,000m^2 미만인 경우 : 대지면적의 5% 이상

나. 항공법 제2조 제8호에 따른 공항시설 : 대지면적의 10% 이상(활주로 · 유도로 · 계류장 · 착륙대 등 항공기의 이륙 및 착륙시설로 쓰는 면적은 제외한다.)

다. 철도건설법 제2조 제1호에 따른 철도 중 역시설 : 대지면적의 10% 이상(선로 · 승강장 등 철도운행에 이용되는 시설의 면적은 제외한다.)

라. 그 밖에 면적 200m^2 이상 300m^2 미만인 대지에 건축하는 건축물 : 대지면적의 10% 이상

④ 건축물의 옥상에 법 제42조 제2항에 따라 국토교통부장관이 고시하는 기준에 따라 조경이나 그 밖에 필요한 조치를 하는 경우에는 옥상부분 조경면적의 3분의 2에 해당하는 면적을 법 제42조 제1항에 따른 대지의 조경면적으로 산정할 수 있다. 이 경우 조경면적으로 산정하는 면적은 법 제42조 제1항에 따른 조경면적의 100분의 50을 초과할 수 없다.

2) 건축조례의 대지 안의 조경(서울)

① 면적 200m^2 이상인 대지에 건축물을 건축하고자 하는 자는 법 제42조 제1항에 따라 다음 각 호의 기준에 따른 식수 등 조경에 필요한 면적(이하 조경면적이라 한다.)을 확보하여야 한다.

가. 연면적의 합계가 2,000m^2 이상인 건축물 : 대지면적의 15% 이상

나. 연면적의 합계가 1,000m^2 이상 2,000m^2 미만인 건축물 : 대지면적의 10% 이상

다. 연면적의 합계가 1,000m^2 미만인 건축물 : 대지면적의 5% 이상

라. 보전녹지지역 안의 건축물 : 대지면적의 30% 이상

마. 서울특별시 도시계획 조례 제54조 제3항에 따른 학교 이적지 안의 건축물 : 대지면적의 30% 이상

② 조경면적은 다음의 기준에 따라 선정한다.

가. 공지 또는 지표면으로부터 높이 2m 미만인 옥외 부분의 조경면적을 모두 산입한다.

나. 온실로 전용되는 부분의 조경면적(채광을 하는 수평투영 면적으로 한다.) 및 필로티, 그 밖에 이와 유사한 구조 부분으로서 공중의 통행에 전용되는 부분의 조경면적은 2분의 1을 조경면적으로 산정하되, 해당 대지의 조경면적 기준의 3분의 1에 해당하는 면적까지 산입한다.

③ 조경 등의 조치를 하지 아니할 수 있는 건축물은 다음과 같다.

가. 구청장이 시장 환경을 위하여 지정 · 공고한 기존의 재래시장

나. 구청장이 녹지 보존에 지장이 없다고 인정하여 지정 · 공고한 지역에서 농 · 어업을 영위하기 위한 주택 · 축사 또는 창고

다. 교정시설 · 군사시설

라. 주차장법 제2조 제5의 2호의 규정에 의한 주차전용건축물

마. 지방자치단체가 설치하는 시내버스 공영차고 및 관련시설

바. 학교(조경면적 기준의 2분의 1 이하에 한한다.)

사. 여객자동차터미널 및 화물터미널

④ 대지 안에 설치하는 조경의 식재기준, 조경시설물의 종류 및 설치방법 등 조경기준

가. 식재면적은 조경면적의 100분의 60 이상

나. 옥상조경을 제외한 인공지반조경의 식재 토심은 1.2m 이상

다. 지장물은 가급적 돌출되지 않을 것

3) 공개공지

① 정의

- 건축법 제43조 및 동법 시행령 제27조의 2에서 정한 바와 같이 쾌적한 지역환경을 위해 사적인 대지 안에 조성토록 강제하는 일반 대중에게 상시 개방되는 공적공간을 말한다.
- 건축법에서 규정하고 있는 공개공지의 설치기준은 크게 4가지로 첫째, 설치의무 대상지역, 둘째, 설치의무 대상 건축물의 용도 및 규모 등, 셋째, 설치 의무 면적, 넷째, 설치형식이 있다.

② 설치의무 대상지역

- 모든 건축물이 공개공지를 설치할 의무를 갖는 것은 아니며, 지역적으로 일반주거지역, 준주거지역, 상업지역, 준공업지역, 특별자치시장 · 특별자치도지사 또는 시장 · 군수 · 구청장이 도시화의 가능성이 크다고 인정하여 지정 · 공고하는 지역에 일정용도 및 규모에 해당하는 건축물을 건축하는 경우에만 공개공지 설치의무가 있다.

③ 설치의무 대상 건축물의 용도 및 규모 등

용 도	규 모
• 문화 및 집회시설 • 종교시설 • 판매시설(「농수산물 유통 및 가격 안정에 관한 법률」에 따른 농수산물유통시설 제외) • 운수시설(여객용 시설만 해당) • 업무시설 및 숙박시설	• 해당 용도로 쓰는 바닥면적의 합계가 5,000m^2 이상
• 그 밖에 다중이 이용하는 시설로서 건축조례로 정하는 건축물	–

④ 설치의무 면적

- 공개공지의 면적은 대지면적의 10% 이하의 범위에서 건축조례로 정하도록 규정하고 있다(건축법 시행령 제27조의 제2항)
- 공개공지 규정은 조경 의무설치 규정과 함께 토지의 건축적 사용을 도시환경 차원에서 중복하여 제한하는 규정이다. 따라서 공개공지면적은 조경면적으로 사용할 수 있도록 허용하고 있다(건축법 시행령 제27조의2 제2항 2문).
- 매장문화재의 현지보존 조치 면적(매장문화재 보호 및 조사에 관한 법률 시행령 제14조)도 공개공지 등의 면적이 될 수 있다(건축법 시행령 제27조의2 제2항 2문).

⑤ 설치형식

- 공개공지 등에는 물건을 쌓아 놓거나 출입을 차단하는 시설을 설치하지 않을 것

- 환경친화적으로 편리하게 이용할 수 있도록 긴의자 또는 파고라 등 건축조례로 정하는 시설을 설치할 것
- 공개공지는 포켓공원이나 쌈지공원 형태의 소규모 휴식시설로 설치하는 것이 일반적이지만 필로티의 구조로 설치할 수도 있다.

4) 건폐율과 용적률

① 정의

- 건폐율 : 대지면적에 대한 건축면적의 비율(대지면적 대비 건축바닥 면적 비율)
- 용적률 : 대지면적에 대한 연면적의 비율(건축물 바닥면적의 합계)

② 건폐율과 용적률 제한

<table>
<tr><th>구 분</th><th>용도지역</th><th>건폐율</th><th>용적률</th></tr>
<tr><td rowspan="16">도시지역</td><td>제1종 전용주거지역</td><td>50% 이하</td><td>100% 이하</td></tr>
<tr><td>제2종 전용주거지역</td><td>50% 이하</td><td>150% 이하</td></tr>
<tr><td>제1종 일반주거지역</td><td>60% 이하</td><td>200% 이하</td></tr>
<tr><td>제2종 일반주거지역</td><td>60% 이하</td><td>250% 이하</td></tr>
<tr><td>제3종 일반주거지역</td><td>50% 이하</td><td>300% 이하</td></tr>
<tr><td>준주거지역</td><td>70% 이하</td><td>500% 이하</td></tr>
<tr><td>중심상업지역</td><td>90% 이하</td><td>1,500% 이하</td></tr>
<tr><td>일반상업지역</td><td>80% 이하</td><td>1,300% 이하</td></tr>
<tr><td>근린상업지역</td><td>70% 이하</td><td>900% 이하</td></tr>
<tr><td>유통상업지역</td><td>80% 이하</td><td>1,100% 이하</td></tr>
<tr><td>전용공업지역</td><td rowspan="3">70% 이하</td><td>300% 이하</td></tr>
<tr><td>일반공업지역</td><td>350% 이하</td></tr>
<tr><td>준공업지역</td><td>400% 이하</td></tr>
<tr><td>보전녹지지역</td><td rowspan="3">20% 이하</td><td>80% 이하</td></tr>
<tr><td>생산녹지지역</td><td>100% 이하</td></tr>
<tr><td>자연녹지지역</td><td>100% 이하</td></tr>
<tr><td rowspan="3">관리지역</td><td>보전관리지역</td><td>20% 이하</td><td>80% 이하</td></tr>
<tr><td>생산관리지역</td><td>20% 이하</td><td>80% 이하</td></tr>
<tr><td>계획관리지역</td><td>40% 이하</td><td>100% 이하</td></tr>
<tr><td colspan="2">농림지역</td><td>20% 이하</td><td>80% 이하</td></tr>
<tr><td colspan="2">자연환경보전지역</td><td>20% 이하</td><td>80% 이하</td></tr>
</table>

연 / 습 / 문 / 제

01 건설산업기본법에서 규정하고 있는 건설업 중 조경공사업, 조경식재공사업, 조경시설물설치공사업의 기술능력, 자본금, 시설 · 장비에 대하여 기술하시오.

02 입찰 절차에 대하여 기술하시오.

03 입찰의 순서, 방법, 특징에 대하여 설명하시오.

04 도시공원 및 녹지 등에 관한 법률에서 "녹지"라 함은 도시지역 안에서 자연환경을 보전하거나 개선하고, 공해나 재해를 방지함으로써 도시경관 향상을 도모하기 위하여 도시관리계획으로 결정된 것을 말한다. 녹지의 종류를 들고 설명하시오.

(출처: 전익요, 조경시공실무, 2013)

05 도시공원 및 녹지 등에 관한 법률에서 공원시설에 대하여 기술하시오.

06 건축법상 대지 안의 조경에 대하여 기술하시오.

07 **건축법상 공개공지의 정의와 설치형식에 대하여 기술하시오.**

08 **도시지역 준주거지역의 대지면적 100평에 주택을 지을려고 한다. 건폐율과 용적률을 각각 구하시오.**

09 **다음은 도급공사의 계약유형에 대한 설명이다. 설명에 해당하는 도급공사의 유형은?** (출처: 전익요, 조경시공실무, 2013)

① 건설업자(도급자)가 대상 목적물을 완성하고 시운전까지 발주자가 필요로 하는 모든 것을 조달하여 준공 후 인도하는 도급계약방식은?

② 사업주는 공사를 시공자에게 위임하고 사업주와 시공자가 확인한 공사실비에 미리 정한 비율 또는 금액에 따라 보수를 가산하여 지불하는 제도의 계약방식은?

③ 단위공사 부분에 대한 자재, 노무비 단가 또는 시공량의 체적단가만을 결정하여 공사를 계약하는 계약방식은?

④ 공사비 총액을 정하고 그 금액으로 전공사를 완성하도록 하는 계약방식은?

⑤ 대규모공사의 시공에 대하여 2개 이상의 건설회사가 공동으로 출자하여 기술, 자본 및 위험부담을 분담해서 공사를 시공하는 계약방식은?

10 **경쟁형태별 입찰방식 중 일반경쟁입찰과 지명경쟁입찰의 장 · 단점을 기술하고 두 입찰방식의 단점을 보완한 방식은 무엇인가?** (출처: 전익요, 조경시공실무, 2013)

11 공사입찰에 있어서 기밀 유지가 용이하고 신속한 계약이 가능하며, 공사의 품질 향상 가능성이 높지만 공사비 상승 우려와 자료의 비공개로 인한 불투명한 단점을 갖는 입찰방식은? (출처: 전익요, 조경시공실무, 2013)

12 공사계약에 있어서 낙찰자 결정방법 중 PQ제도에 대한 장 · 단점을 쓰시오.
(출처: 전익요, 조경시공실무, 2013)

13 예정가격 기준으로 7명(갑은 93%, 을은 92%, 병은 93%, 정은 89%, 무는 86%, 기는 84%, 경은 82%)이 입찰하였다. 제한적 평균가 낙찰제 입찰방식에서의 낙찰자는 누구인가?

CHAPTER

2

조경공사 특성 및 시방서

제2장 조경공사 특성 및 시방서

01 조경공사 특성

1) 공종의 다양성

- 식재공사 외에도 토공사, 콘크리트공사, 목공사, 포장공사, 금속공사, 도장공사 등 관련 분야의 모든 공종도 포함된다.
- 다공종 특성을 감안한 품셈이 마련되지 않아 조경시설물 설치공사의 품질이 저하되는 문제를 야기할 수 있다.
- 최근 조경공사에서 조경시설물 설치공사의 비중이 높아지고 있는 추세이다.

2) 공종의 소규모성

- 다양한 공종이 포함되어 있으나 공종별 공사규모는 작은 편이다.
- 기계화시공 곤란, 인력 의존율이 높아 공사비가 증가한다.
- 작업의 효율성 저하로 공사비 상승을 유발한다.

3) 표준화 곤란

- 수목이나 자연석 등 자연상태에서 얻어지는 것으로 규격화, 표준화하는 것은 곤란하다.
- 직접 공사비 산정 및 시공시 품질에 대한 논쟁 원인이 될 수 있다.
- 조경 공종의 능률화, 합리화에 장애가 되는 요인으로 작용할 수 있다.

4) 시공기준의 다양성

- 재료의 표준화 곤란 및 다양한 시공기술 사용으로 다양한 기준 적용이 불가피하다.
- 현장에서 판단이 어려운 정성적 품질기준 제시로 마찰 발생 우려가 있다.

5) 예술성 고려

- 조경은 단순히 기능적 품질뿐만 아니라 심미적 가치를 가진다.
- 토목 · 건축과 달리 계산으로 표현할 수 없는 노력이 필요하다.
- 조경시설물도 환경조형물로서의 예술적 가치 인정에 의한 품셈 제정이 필요하다.

6) 지속적 관리 필요

- 조경의 주 재료인 식물은 시공 후 관리상태에 따라 생육이 달라지므로 양호한 생태 유지를 위해 세심하고 지속적인 유지관리가 필요하다.
- 시공 직후나 준공 이전에도 관리를 위한 추가 비용이 발생할 수 있다.

7) 식생환경 고려

- 식물의 식생환경을 조성하는 것이 성공적인 식재공사의 중요한 전제조건이 된다.
- 보편적 식생기반 조성 토목공사에서는 단순히 토양의 양적 지표에 관심두는 것을 지양해야 한다.
- 식물의 건전한 생육을 위한 식생기반으로서 토양의 양분 및 물리적 성질 등 다양한 조건이 충족되어야 한다.

8) 시공시기 제약

- 조경수목은 봄과 가을의 제한된 시기에만 작업 가능하다.
- 공정관리상 식재 부적기 공사의 경우, 증산억제제 또는 뿌리발근촉진제 사용이나 동해 방지를 위한 추가 노력 등 별도의 조치가 필요하다.

9) 재료의 한정성

공장제품과 달리 즉시 생산이 불가능하여 공급이 곤란한 경우 가격 폭등이 발생한다.

10) 친환경성

조경공사는 비탈면녹화, 하천의 생태 복구, 옥상녹화, 벽면녹화 등 다양한 친환경적 공사 내용을 포함한다.

02 시방서의 일반사항

2-1 시방서의 의의

- 시방서는 공사시행에 관련된 제반 규정 및 요구사항이나 설계도면에 표기하기 어려운 사항을 설명하는 시공지침서로서 공사시행의 관련내용을 기록한 서류이며, 즉 도급계약 서류의 일부가 된다. 시방서에는 표준시방서, 전문시방서, 공사시방서, 특별시방서 등이 있다.

- 일반적으로 사용재료의 재질 · 품질 · 치수 등, 제조 · 시공상의 방법과 정도, 제품 · 공사 등의 성능, 특정 재료 · 제조 · 공법 등의 지정, 완성 후의 기술적 및 외관상의 요구, 일반총칙이 표시되어 도면과 함께 설계의 중요한 부분을 이룬다.

2-2 시방서 내용

- 공사개요 및 시공에 대한 보충 · 주의 사항
- 시공방법의 정도, 완성 정도
- 시공에 필요한 각종 설비
- 재료 및 시공에 관한 검사
- 재료의 종류, 품질 및 용도

2-3 효력 및 적용순위

① 효력 : 공사의 설계도면과 시방서 내용에 차이가 발생한 경우에는 상호보완적 효력이 있다.

② 적용순위 : 현장설명서 → 공사시방서 → 설계도면 → 표준시방서 → 물량내역서

2-4 시방서 분류

1) 표준시방서

- 시설물의 안전 및 공사시행의 적정성과 품질 확보 등을 위하여 시설물별로 정한 표준적인 시공 기준이다.
- 발주처 또는 설계 등 용역업자가 공사시방서를 작성할 때 기초자료로 이용된다.
- 표준시방서는, 강제성은 부여되지 않으나 적용 범위가 전체 공종을 포괄하는 대상으로 그 중요성이 크다.

2) 전문시방서

- 표준시방서를 기준으로 작성된다.
- 시설물별 공종을 대상으로 특정공사의 시공 또는 공사시방서 작성에 활용하기 위한 종합적인 시공 기준이다.

3) 공사시방서

- 표준시방서 및 전문시방서를 기본으로 하여 작성된다.
- 공사시방서는 당해 건설공사의 도급계약서류에 포함되는 계약문서로 강제기준으로서의 역할을 한다.
- 공사시방서의 기술 내용은 다음과 같다.
  - 개별공사의 특수성 · 지역여건 · 공사방법 등을 고려하여 기본설계 및 실시설계 도면에 구체적으로 표시할 수 없는 내용
  - 시공순서 및 공사수행을 위한 시공방법
  - 자재의 구성 및 규격 · 공법 · 사용법
  - 품질시험 및 검사 등 품질관리, 안전관리계획
  - 기타 사항

4) 특별시방서

- 일반시방서의 범위 안에서 전문적인 규정과 일반시방서에 규정되지 않은 특정 분야의 특정 규범을 정한 시방서이다.
- 일반시방서의 내용과 특별시방서의 내용이 상이할 경우에는 특별시방서를 우선으로 하게 된다.

2-5 시방서 작성요령

- 공법과 마감상태 등 정밀도를 명확하게 규정한다.
- 공사 전반에 걸쳐 중요 사항을 빠짐없이 기록한다.
- 간단명료하게 기술하고, 명령법이 아닌 서술법으로 한다.
- 설계도면의 내용이 불충분한 부분은 보충설명을 충분히 한다.
- 재료의 품목을 명확하게 규정하고, 선정에는 신중을 기한다.
- 중복기재를 피하고, 설계도면과 시방서 내용이 상이하지 않도록 한다.

2-6 시방서 작성순서

시방서의 작성순서는 공사 진행순서와 일치하도록 한다.

03 조경공사 표준시방서

3-1 적용범위

조경공사를 시행함에 있어서 적용해야 할 공사시방과 계약문서, 설계도서 등의 통일성 있는 해석과 운용에 필요한 사항을 제시한다.

3-2 용어정리

- 감독자 : 공사감독을 담당하는 자로서 발주자가 수급인에게 감독자로 통보한 자와 그의 대리인 및 보조자를 포함한다. 발주자가 감리원을 선정한 경우에는 감리원이 감독자를 대신한다.
- 감리원 : 발주자의 위촉을 받아 공사의 시공과정에서 발주자의 자문에 응하고, 설계도서대로의 시공 여부를 확인하는 등의 감리를 행하는 자를 말한다.
- 계약문서 : 계약서, 설계서, 공사입찰유의서, 공사계약 일반조건, 공사계약 특수조건 및 산출내역서를 말한다.
- 발주자 : 해당공사의 시행주체로서 공사를 시행하기 위해 입찰을 부여하거나 공사를 발주하고 계약을 체결하여 이를 집행하는 자를 말한다.
- 설계서 : 공사시방서, 설계도면, 물량내역서, 현장설명서 및 질의응답서를 말한다.
- 수급인 : 공사에 관해 발주자와 도급계약을 체결한 자 또는 회사를 말하며, 기타 규정에 의거 인정된 수급인의 대리인과 승계인을 포함한다.
- 승인 : 수급인(현장대리인)으로부터 요청된 사항에 대해 감독자(발주자, 감리원)가 권한의 범위 내에서 서면으로 허락함을 뜻한다.
- 유지관리 : 시공 중의 각 공정별 유지관리와 부문공사 완료 후 준공시점까지의 유지관리, 준공 후 일정기간의 유지관리와 별도의 계약조건에 의한 조경 유지관리 공정에서 행하는 유지관리를 말한다.
- 지시 : 감독자(발주자, 감리원)가 현장대리인(수급인)에게 권한의 범위 내에서 필요사항을 지시하고 실시하게 함을 말한다.
- 하수급인 : 수급인으로부터 건설공사를 하도급받은 자를 말한다.
- 현장대리인 : 관계법규에 의하여 수급인이 지정한 책임 시공기술자로서 그 현장의 공사관리 및 기술관리, 기타 공사업무를 시행하는 현장요원을 말한다.
- 협의 : 감독자(발주자, 감리원)와 현장대리인(수급인)이 대등한 입장에서 합의함을 뜻한다.

3-3 조경공사 표준시방서

1) 정지

(1) 표토 모으기 및 활용

- 조경공사를 할 때 수목식재 및 생태복원녹화에 알맞은 토양 채취, 운반, 포설, 보관 등에 적용하며, 식물생장에 적합한 표토 구분은 유기물, 무기물, 유해물질의 존재 여부 및 총량 등으로 결정한다.
- 표토채집은 분포현황을 사전에 조사하여 위치도, 현황사진, 채집예정일, 예상물량, 채집방법 등을 기록한 보고서를 감독자에게 제출하여 승인받아야 하고, 채집대상 표토의 토양산도(pH)가 5.6~7.4가 되도록 하여 사용한다.
- 강우로 인하여 표토가 습윤상태인 경우 채취작업을 피하며 먼지가 날 정도의 이상 조건일 경우 감독자와 작업시행 여부에 대하여 협의하고, 지하수위가 높은 평탄지에서는 가능한 한 채취를 피한다.
- 가적치 기간 중에는 표토의 성질 변화, 바람에 의한 비산, 적치표토의 우수에 의한 유출, 양분의 유실 등에 유의하여 식물로 피복하거나 비닐 등으로 덮어 주어야 하며, 가적치 장소는 배수가 양호하고 평탄하며 바람의 영향이 적은 장소를 선택한다.
- 가적치의 최적두께는 1.5m를 기준으로 하며 최대 3.0m를 초과하지 않는다.
- 운반거리는 최소로 하고 운반량은 최대로 한다.
- 토양이 중기 사용에 의하여 식재에 부적당한 토양으로 변화되지 않도록 채취, 운반, 적치 등의 적절한 작업순서를 정한다.
- 수목식재 시 식재수목의 종류에 따라 적정한 두께로 펴주며, 하층토와 복원표토와의 조화를 고려하여 최소한 깊이 0.2m 이상의 지반을 경운한 후 그 위에 표토를 포설한다.
- 표토의 다짐은 수목의 생육에 지장이 없는 정도로 시행한다.

(2) 마운딩 조성

- 마운딩 조성에 사용하는 토양은 표토를 원칙으로 하며 표토가 없는 경우에는 양질의 토사를 활용한다.
- 마운딩 조성 시에는 부등침하(매립지 등 지반이 부실한 곳에서 불균등하게 구조물의 지초지반이 내려앉아 구조물이 불균등하게 침하를 일으키는 일 또는 그 상태)가 발생하지 않도록 공사시방서에서 정한 소정의 다짐을 실시한다.
- 마운딩 형태는 공사시방서 또는 설계도면에 따라 최대한 자연스러운 경관이 나타날 수 있도록 완만한 구릉 조성을 원칙으로 한다.

- 마운딩은 우수의 흐름이 정체되지 않고 배수계통으로 출수되도록 시공하며, 강우시 토사가 유실되지 않도록 유의한다.
- 외부반입토를 사용하여 마운딩을 조성할 때에는 사전에 감독자의 승인을 얻는다.
- 공사시방서 또는 설계도면 등에 명시되지 않은 경우 마운딩의 기울기는 10~30° 를 표준으로 하되 최소 5° 이상 유지하는 것을 원칙으로 한다.

(3) 토양의 심도

- 식재 시 필요한 일반토양의 최소깊이는 다음의 생육심도를 원칙으로 한다.

구분	토양심도(m)		비고
	생존 최소 심도	생육 최소 심도	
잔디, 초본류	0.15	0.30	
소 관 목	0.30	0.45	
대 관 목	0.45	0.60	
천근성교목	0.60	0.90	
심근성교목	0.90	1.50	

(4) 쓰레기매립장 식재기반 조성

- 지반안정 및 침출수의 치수는 설계도면에 따라 시행한다.
- 매립층 바닥면 중앙부는 주변지역보다 3~4° 정도 높게 조성하여 침출수가 일정지역에 고이는 것을 방지한다.
- 합성차수막 집합 시의 최소 접합폭은 다음과 같다.

합성차수막	최소 접합폭(mm)		비 고
	공장접합	현장접합	
H.D.P.E	2.5	2.5	
C.P.E	4.0	7.5	
C.S.P.E	4.0	7.5	
P.V.C	2.0	5.0	

- 악취가 심하게 발생할 경우에는 최종 복토를 3m 이상으로 하여 악취 성분의 유출을 최소화한다.

- 포집된 가스를 대기확산희석방법으로 처리할 경우에는 메탄가스(CH_4) 농도가 안전사고 및 주변수목에 문제 없도록 시행한다.
- 가스포집관으로부터 300m 이내에는 폐쇄된 구조물을 설치하지 않는 것을 원칙으로 한다.
- 침하를 고려한 여성토의 높이는 공사시방서에서 따로 정한 경우를 제외하고는 소요높이의 20%를 기준으로 한다.
- 모관수의 공급차단이 예상되는 경우에는 공사시방서에서 언급한 경우를 제외하고는 매립 최종선으로부터 2.5m 이상의 높이로 흙쌓기함을 원칙으로 한다.

(5) 임해매립지 식재기반 조성

- 지하수위 조정은 수목의 뿌리분으로부터 지하 1.3~1.5m 범위 내에 설치함을 원칙으로 한다.
- 강한 바람이 부는 곳은 감독자와 협의하여 토양수분 증발을 억제할 수 있는 방풍망 등을 설치하며, 방풍망은 풍압에 의해 전도되지 않도록 설계도서에 따라 최대 풍압에 견딜 수 있는 구조로 설치한다.
- 제염제는 토양조건, 작업환경, 작업방법 등에 따라 감독자와 협의하여 선정한다.
- 석고를 이용하여 제염하는 경우에는 공사시방서에 따르되 석고의 응결방지를 위해 일정량을 여러 차례 나누어 살포한다.
- 제염을 위한 세척수는 제염대상지 토양을 포화시킨 후 토양을 투과하여 씻어낼 수 있는 충분한 양으로 실시한다.
- 준설토의 배수상태가 불량한 곳은 투수성 향상을 위해 특별한 조치가 필요하다.
- 맹암거 설치 간격과 깊이는 설계도면을 따르되 현장여건을 검토 · 반영한다.
- 흙쌓기 가능 지역의 경우 매립 흙쌓기로 인한 침하를 고려하여 흙쌓기 소요높이의 15~20%를 가산하여 매립 흙쌓기하며, 최소 흙쌓기 높이는 1.5m로 한다.
- 흙쌓기가 불가능한 지역의 경우 생육토심을 기준의 1.2배 깊이까지 양질의 토양으로 객토하되 철저히 배수처리되도록 한다.

(6) 인공 식재기반 조성

- 식물의 생육에 지장을 주는 지상 또는 지하구조물의 식재기반 조성에 적용한다.
- 사용되는 토양은 일반토양, 혼합토양, 인공토양을 사용하며, 인공토양의 경우 식물생육에 필요한 양분(N, P, K 및 Mg, Ca, Na 등의 미량원소)이 고루 함유되어야 하며, 흙 및 기타 불순물이 포함되지 않고, 경량이며 보수성, 통기성, 배수성, 보비성을 지녀야 한다.

- 시공 전 설계도면과 현장여건을 확인하여 작업에 영향을 줄 수 있는 정적하중, 이동하중, 동하중, 수목성장에 따른 하중 등에 대한 전반적인 검토 후 작업에 임한다.
- 옥상 등 위험지역에서 시공할 때에는 안전사고 예방을 위하여 안전시설 설치 등 제반 조치를 한다.
- 공사착수 전 인공지반에 이미 조성된 플랜트 박스는 내부의 굴곡과 요철상태를 정리하고 이물질을 제거하여 배수구의 막힘을 사전에 방지한다.
- 인공 식재기반 조성작업을 위해 필요한 경우 임시 관수시설을 준비하고 비산방지를 위해 지표면의 안정을 도모한다.
- 각종 관부설 또는 시설물공사 등으로 인하여 방수막이 파괴되지 않도록 하며, 특히 식재지는 방수막 파괴를 방지하기 위한 보호모르타르 등의 보호층을 설치한다.
- 콘크리트의 팽창, 수축 및 기타 요인 등으로 인한 균열로 방수막이 훼손되지 않도록 조치한다.
- 콘크리트 슬래브의 바닥면은 지정 배수 기울기를 확보하고 완전 방수처리 되도록 하며, 토사로 묻히는 측벽은 토사층보다 높은 곳까지의 벽면을 방수처리한다.
- 식재층의 바닥면은 2% 이상의 기울기를 갖도록 한다.
- 배수층을 구성하는 배수판, 배수관, 경량골재 등은 설계도면에 명기된 것을 사용한다.
- 토양유실 및 배수구 막힘을 방지하기 위하여 부직포 등을 설치한 배수층 전체에 이음매가 0.3m 정도 겹치도록 시공 · 부설하며, 특히 측벽높이의 1/2 이상 높이까지 올려 토양유실을 차단한다.
- 부직포는 주름지지 않도록 부설해야 하며, 7일 이내에 식재토양을 덮어야 한다.
- 인공토양의 식재 토심은 배수층 두께를 제외한 다음의 기준이 원칙이다.

종 류	인공토양 심도(m)	비 고
잔디, 초본류	0.1 이상	
소 관 목	0.2 이상	
대 관 목	0.3 이상	
교 목	0.6 이상	

- 일반토양 또는 천연골재 사용으로 인공지반에 구조적 결함이 발생할 우려가 있는 경우에는 경량재를 혼합하여 사용하거나 인공토양을 사용한다.
- 인공토양은 시공 시 분진발생 및 비산을 억제하기 위하여 일정량의 수분을 함유해야 하며, 필요하다면 살수와 피복시설 등의 조치를 취한다.

- 건조의 피해에 대비한 관수시설을 별도 명기하지 않는 경우의 관수량은 1회에 30mm, 살수강도 10mm/h를 기준으로 한다.
- 인공지반에 식재하는 수고 1.2m 이상의 수목은 바람의 피해를 고려하여 지지시설을 설치한다.

2) 관수 및 배수

(1) 관망 설치

- 관수시설 배관은 현장여건을 고려하여 최소 수량의 연결관을 사용한다.
- 관 설치 시 공기가 잔류할 수 있는 높은 지점이나 역류를 유발시키지 않도록 유의한다.
- 동결심도 이하에 매설해야 하며, 간선과 가압관은 최소 0.6m 이하, 지선과 보통관은 0.3m 이하의 깊이로 매설한다. 차량이동지역이나 기타 상부에 하중이 예상되는 곳은 설계도면에 따라 보호블록을 설치한다.
- 타 용도의 관과 동종의 관 사이 간격은 최소 0.15m 이상을 유지해야 하며, 수직선상이 아닌 수평으로 나란히 붙어야 하고, 관수관은 상수관보다 아래에, 오수 하수관의 상부에 위치한다.
- 관망이 매설된 곳에는 하부에 관개시설이 매설되어 있음을 경고(*경고: 아래 관개시설 주의)하는 문구와 넓이 50mm의 붉은색 플라스틱 테이프를 그 상부 0.2~0.3m에 같은 방향으로 매설한다.
- 관을 설치한 후에는 관 주위를 모래로 채우고 물다짐한 후 상부를 최고 0.3m 깊이로 양질의 사토로 되메우기하고 콤팩터로 다짐한다.
- 도로, 보도, 포장지역 등의 하부로 관로가 통과할 경우 정확한 위치에 슬리브(Sleeve)를 그 폭보다 양쪽으로 0.3m 이상 여유를 두어 설치한다.

(2) 수압시험

- 모든 관수관망의 압력 및 누수시험은 관 설치 후 되메우기를 하기 전, 모든 기구의 부착이 끝난 후에 감독자 입회하에 실시한다.
- 전 구간을 한꺼번에 실시할 수 없을 때는 구간별로 실시하고, 그 연결 부위는 전체 구간시험을 할 때 확인한다.
- 시험은 24시간 동안 잔류공기 없이 완전히 물로 채워져 있어야 하며, 시험중 0.49MPa ($5kgf/cm^2$) 이상에 해당되는 정압력하에서 4시간 동안 누수되지 않아야 한다.
- 시험압력은 임시 펌프를 사용하여 상승시키고 시험하는 동안 모든 밸브는 2~3번씩 개폐하여 확인한다.

• 연결 부위 및 장치가 설치된 부위는 조심스럽게 살펴야 하며, 누수가 발견되면 시험에 만족한 결과를 얻을 때까지 재시공한다.

(3) 살수기

• 식생의 관수 요구량, 식재지 여건, 토양수분의 침투율과 급수의 흐름 및 압력 등을 고려하여 선정하되 충격에 강한 재질이어야 하며, ±20%의 수압변화에도 설계토출량이 분사 가능하다.

• 분무살수기의 재원은 다음 범위로 하며, 외부노출 고정식으로 잔디, 관목 등이 도입된 소규모 식재지역에 적용한다.
  - 작동압력 : 0.1~0.2MPa(1~2kgf/cm^2)
  - 살수직경 : 6~12m
  - 살수량 : 25~50mm/h

• 분무입상살수기는 작동원리가 분무살수기와 동일하며 동체가 물이 나올 때만 입상관에 의해 지표상 위로 올라오고 평상시에는 외부에 노출되지 않아야 한다.

• 회전살수기는 분사작용, 충격작용, 마찰운동 또는 전동운동에 의해 회전시켜 살수하는 기구로써 다음 범위로 하며 관목, 지피류 및 잔디가 도입된 식재지역에 적용한다.
  - 작동압력 : 0.2~0.6MPa(2~6kgf/cm^2)
  - 살수직경 : 24~60m
  - 살수량 : 2.5~12.5mm/h

(4) 낙수기

• 교목 주위, 실내조경식물의 뿌리 부위에 집중적인 관수가 요구되는 지역에 사용한다.

• 낙수기의 제원은 다음 범위로 하고, 설치 위치와 방법은 승인된 시공상세도에 따른다.
  - 작동압력 : 0.1~0.2MPa(1~2kgf/cm^2)(±10%의 수압변화에 출수량이 일정해야 한다.
  - 출수공 : 1~6개 공
  - 낙수량 : 1~5ℓ /h

• 누수 및 표면유수가 발생하지 않도록 설치하며 토출량을 조절한다.

(5) 천연잔디구장, 쓰레기매립장 등 심토층 배수

• 심토층 집수정에 유입되는 물은 유출구보다 최소 0.15m 높은 위치에 집수정을 설치한다.

- 배수관의 기초는 하중을 균등하게 분포시킬 수 있어야 하고, 기초에 콘크리트를 사용하지 않을 때는 잘 고르고 양질의 부드러운 모래나 흙을 깔고 잘 다져야 한다.
- 관은 하류측 또는 낮은 쪽에서부터 설치하며, 관에 소켓이 있을 때는 소켓이 관의 상류쪽 또는 높은 곳으로 향하도록 설치한다.
- 토양분리포, 부직포는 유공관 표면 혹은 유공관 주위의 여과골재와 외부의 일반토양과 분리하거나 배수층으로 설치한 골재 또는 배수판 상부의 토양층과 분리시키기 위하여 사용하며, 연결부위는 최소 0.2m 이상이 겹치도록 한다.
- 배수판을 인공지반 위에 설치할 때는 설치면이 평활하고 일정방향으로 0.5% 이상의 기울기를 두어 집수정까지 자연배수되도록 하며 지반이 일반토사인 경우는 토양분리포를 깔거나 배수판이 지지될 수 있도록 별도의 배수층을 설치한다.
- 다발관을 설치한 경우 부직포 위에 채움재를 약 0.05~0.1m 정도 고르게 펴서 다진 후 설치하고 연결 부위부터 채움재를 덮어 다발관의 움직임을 방지한다.
- 채움재는 설계도면에 명시된 골재(ø20~30mm의 자갈, 쇄석, 잡석)로 충분히 충진하여 채운다.

3) 조경구조물

(1) 콘크리트

- 시멘트는 소량이라도 응고된 것을 사용해서는 안 되며, 저장은 방습구조의 사일로나 창고에 품종별로 구분하여 저장하고 입하 순으로 사용한다.
- 포대 시멘트는 지상에서 0.3m 이상 띄운 마루에 13포대 이하로 쌓아 올려서 검사나 반출에 편리하도록 배치 · 저장한다.
- 골재는 깨끗하고 강하며 내구성이 좋고 적당한 입도를 갖는 동시에 흙, 먼지, 유기불순물, 염분 등의 유해물질을 함유해서는 안 된다.
- 골재 보관은 잔골재와 굵은골재, 그리고 종류와 입도가 다른 골재를 각각 구분하여 보관한다.
- 레디믹스트콘크리트는 염소이온농도가 기준농도 이하이어야 하며, 비빔을 개시한 후 1.5시간 이내에 칠 수 있도록 운반하여야 한다.
- 특별한 사정으로 즉시 콘크리트를 칠 수 없는 경우, 비비기부터 치기를 마칠 때까지의 시간은 외기온도 25℃ 이상의 경우 1.5시간, 25℃ 이하일 경우 2시간을 초과하지 않도록 한다.
- 일평균기온이 4℃ 이하로 예정된 시기에는 콘크리트 시공시 적절한 보온조치를 한다.

- 철근은 조립하기 전에 녹이나 먼지, 기름 등을 제거하고 청소한 뒤에 사용해야 하며, 직접 땅에 닿지 않도록 적절한 보관시설에 넣어두거나 덮어서 보관해야 한다.
- 목재 및 합판 거푸집을 재사용할 때에는 깨끗하게 청소한 뒤 콘크리트와 접하는 면에 광유 등 박리제를 균일하게 도포하여 사용한다.

(2) 벽돌쌓기

- 벽돌에 부착된 불순물은 제거하고 사전에 물축이기를 한다.
- 착수 전에 벽돌나누기를 하고, 세로줄눈은 특별히 정한 바가 없는 한 통줄눈이 되지 않도록 쌓는다.
- 줄눈 모르타르는 접합면 전체에 고루 배분되도록 하고 줄눈 폭은 특별히 정하지 않는 한 10mm로 한다.
- 벽돌쌓기가 끝나면 곧바로 줄눈용 시멘트로 줄눈 메우기하고 청소한다.
- 1일 쌓기 높이는 1.2m를 표준으로 하고 최대 1.5m 이내로 하며, 이어쌓기 부분은 계단형으로 마감한다.

(3) 돌쌓기

- 돌쌓기는 특별히 명시하지 않는 한 찰쌓기로 하며, 찰쌓기의 전면기울기는 높이 1.5m까지는 1:0.25, 3.0m까지는 1:0.30, 5.0m까지는 1:0.35를 기준으로 한다.
- 시공에 앞서 돌에 부착된 이물질을 제거하고, 쌓기는 뒷고임돌로 고정하고 콘크리트로 채워가며 쌓되, 맞물림 부위는 견칫돌의 경우 10mm 이하, 막깬돌 쌓기에는 25mm 이하를 표준으로 한다.
- 뒷면 배수를 위한 물빼기 구멍의 위치나 구조는 특별히 정한 바가 없는 경우 직경 50mm의 경질염화비닐관(PVC관)을 사용하여 $3m^2$당 1개소의 비율로 근원부가 막히지 않도록 설치한다.
- 1일 쌓기 높이는 1.2m를 표준으로 하고 최대 1.5m 이내로 하며, 이어쌓기 부분은 계단형으로 마감한다.
- 신축줄눈은 특별히 정하는 바가 없는 경우에는 20m 간격을 표준으로 하여 찰쌓기 높이가 변하는 곳이나 곡선부의 시점과 종점에 설치한다.
- 메쌓기의 경우 맞물림 부위는 10mm 이내로 하며, 해머 등으로 다듬어 접합시키고, 맞물림 뒷틈 사이에는 조약돌을 괴고, 그 사이와 뒷면에 채움용 잡석을 충분히 채워야 한다.
- 메쌓기의 전면기울기는 높이 1.5m까지 1:0.30, 3.0m까지 1:0.35, 5.0m까지 1:0.40을 기준으로 한다.

- 메쌓기는 줄쌓기를 원칙으로 하여 1일 쌓기 높이는 1.0m 미만을 기준으로 한다.
- 벽돌쌓기는 줄쌓기를 원칙으로 하고 튀어나오거나 들어가지 않도록 면을 맞추고 양 옆의 돌과도 이가 맞도록 하여야 한다.

(4) 담장

- 담장이 대지경계선에 연하여 설치되는 경우에는 경계표시 측량으로 확정된 경계에 따라 설치하되, 담장기초가 경계 밖으로 나가지 않도록 해야 하며, 기존 도로에 연해서 담장을 설치할 경우에는 터파기로 인해 기존의 도로시설물이 파손되지 않도록 주의해야 한다.
- 담장의 기초지반은 부등침하가 없도록 충분히 다져야 하며, 최소 6m 간격으로 동결심도 이하로 기초보강을 한다.
- 비탈면에 시공하는 벽돌 및 블록담장의 경우 상단이 수평을 유지되도록 기울기에 따라 계단식으로 마감한다.
- 치장쌓기의 경우 기초 부위가 노출되지 않도록 치장면이 지면에 0.1m 이상 묻히도록 한다.
- 벽면은 기울어짐이 없도록 일정구간마다 지지를 위한 기둥이나 그와 유사한 구조로 보강한다.
- 담장 길이가 30m를 넘는 경우 20~30m 간격으로 신축이음을 두어야 한다.

4) 조경포장

(1) 원지반 정지 및 흙다짐

- 원지반 정지 및 흙다짐은 운동장 녹지, 공원산책로 등의 개설, 정지 및 흙다짐으로 마감되는 포장공사에 적용한다.
- 모든 토공사가 완료된 후 인접한 배수시설과 구조물공사 및 뒷채움이 끝난 다음에 실시한다.
- 원지반 포장지역의 토질은 점토성분이나 사력, 암 또는 유기물 함량이 과다하지 않아야 하고, 그렇지 않은 경우 양질의 토사로 치환한다.
- 표면에 노출된 이물질은 깨끗이 없앤 후 외부반출처리하고, 표면배수를 고려하여 평탄하게 고른다.
- 포장마감면은 주변 경계블록 계획고 및 포장 계획고를 감안하여 자연스런 표면배수 기울기가 되도록 조정한다.
- 다짐 시 다짐대상 지반이 최적함수비 상태의 작업이 되도록 시행하며 집수정, 구조물 주변 등과 같이 다짐이 어려운 지역은 소형 평면다짐기 또는 인력다짐으로 철저히 다져야 한다.
- 산책로 개설을 위해 필요 시 벌개제근 작업을 시행하고 기존의 양호한 수목들의 훼손이 최소화될 수 있도록 임간 사이로 개설하는 등의 방법으로 시행한다.

• 산책로 조성 구간 내에 강우에 의한 표토 유실 또는 세굴현상이 있거나 예상될 때는 미리 우수처리계획을 수립 · 시행한다.

(2) 조립블록 문양포장

• 보차도용 콘크리트 인터로킹 블록과 포장용 점토 블록의 형상, 규격 및 색상은 설계도면에 의한다.

• 블록깔기용 모래의 입도는 2~8mm, 블록 줄눈채움용 모래의 입도는 3mm 이하를 기준으로 한다.

• 기층 및 보조기층용 골재는 견고하며, 내구적인 부순돌 또는 부순자갈, 기타의 승인을 받은 것으로 하고 보조기층용 골재의 최대입경은 50mm 이하로 하되, 유기물이나 불순물을 함유해서는 안 된다.

• 기초 침하가 발생하지 않도록 충분히 다지고 평탄하게 고르되, 흙쌓기 지반의 경우 균등한 지지력을 받을 수 있도록 0.6톤 이상의 진동롤러로 전압하여 부등침하가 일어나지 않도록 한다.

• 블록을 깔기 전 보조기층의 다짐 후 두께는 주차장 또는 차도지역은 0.15m, 보도포장지역은 0.1m로 한다. 이때 다짐도는 90% 이상으로 한다.

• 블록 설치는 보행이나 차량의 진행방향을 기준으로 설계도면에 명시된 문양으로 마감부부터 연속적으로 포설한다. 이때 블록과 블록 사이 간격은 2~5mm를 기준으로 한다.

• 곡선 부위나 블록을 절단하여 시공하는 경우 절단기로 정교하게 절단하여 정밀시공해야 하며, 블록을 깐 뒤에 모래를 표면에 골고루 깔고, 블록 사이에 모래가 완전히 채워지도록 비로 쓸어 넣고 평면 진동기로 표면을 고르게 다진다. 이때 경계석이나 인접한 구조물에 손상을 주지 않도록 주의한다.

(3) 우레탄포장

• 육상경기장, 테니스장, 롤러스케이트장, 배구장, 배드민턴장 등의 운동장 및 광장 등의 우레탄 바닥포장에 적용한다.

• 기층 부분은 일반포장의 경우와 같이 하여 설계도서의 지시대로 충분히 다져야 하며, 표면은 평평하게 골라야 한다.

• 프라이머 도포시공 시 화기에 주의해야 하며, 프라이머를 완전히 건조시켜 경화 후에 후속 작업을 시행한다.

- 혼합교반은 1회 사용량을 가사시간 내에 사용할 수 있는 양으로 하며, 제조업체의 제품 시방서에 따라 기포가 흡입되지 않게 균일한 혼합교반이 되도록 한다.
- 우레탄 도포의 우레탄 1회 시공두께는 5.5mm 이상을 초과해서는 안 되며, 소정의 두께가 나올 때까지 수 회 되풀이 시공하며, 2회차 도포 시 균일도포를 위해 1회차 도포와 직각방향으로 도포하고 규정된 재도포 시간간격을 준수해야 한다.
- 우레탄 마감처리공사가 완료된 후 7일 이상 양생하며, 하중을 동반하는 통행이 없도록 조치한다.

(4) 인조잔디포장

- 운동장, 실내골프장, 광장, 눈썰매장 등의 인조잔디포장에 적용한다.
- 인조잔디는 폴리아미드, 폴리프로필렌, 기타 섬유로 만든 직물에 일정 길이의 솔기를 단 기성품으로 하되, 각 롤의 섬유는 동일한 염료이어야 한다.
- 기층부는 콘크리트포장의 경우와 같이 하고 암거, 측구 등을 설치하여 배수가 잘 되도록 한다.
- 바닥은 요철이 없도록 고르게 다듬어야 하고, 접착제의 접착효과가 저하되지 않도록 오물, 먼지, 물기, 녹 등을 제거한다.
- 접착제는 고르게 도포하며, 시공 중 부주의로 접착제를 잔디면에 엉키지 않도록 한다.
- 외기온도 10℃ 이하 또는 습기가 많은 상태에서는 접착제의 접착력이 저하될 우려가 있으므로 감독자와 협의하여 공사를 진행한다.
- 접착시킨 후 롤러로 고르게 문질러서 접착면에 틈새가 생기기 않도록 한다.
- 롤러로 전압한 후에도 틈새가 생길 우려가 있는 곳은 무거운 것으로 눌러 고정시킨다.
- 옥상 부위에 설치하는 경우에는 특히, 물고임으로 인하여 건물에 손상을 줄 우려가 있으므로 바닥면에 기울기를 두어 잘 배수되도록 한다.

(5) 고무블록포장

- 고무블록은 충격흡수재와 내마모성 표면재를 조합하거나 균일재료를 이중으로 조밀하게 하고 내마모성 표면재를 상부로 하여 하나의 재료로 만들어 공장 성형한 것으로 품질기준 이상이다.
- 원지반다짐 후 콘크리트포장에 준하여 지정된 두께로 콘크리트를 치고 양생한 다음 바탕 위에 고무바닥타일을 완전히 접착 · 마감하며, 구조물에 접하여 도려낸 부위의 틈새는 최소가 되도록 하고, 틈새폭이 10mm를 넘는 경우 걷어내고 다시 깔도록 하며, 틈새는 실링재로 채워 마감한다.

5) 식재

(1) 수목 굴취

- 수목 굴취 시 수고 4.5m 이상의 수목은 감독자와 협의하여 가지주를 설치하고 가지치기, 기타 양생을 하여 작업에 착수한다.
- 표준적인 뿌리분의 크기는 근원직경의 4배를 기준으로 하며, 분의 깊이는 세근의 밀도가 현저히 감소된 부위로 한다.
- 표준규격을 벗어나거나 뿌리분을 만들 필요가 없다고 판단된 경우에는 감독자와 협의하여 승인받아야 하며, 기계굴취의 경우 기계에 의해 굴취 수목이 손상되지 않도록 주의한다.
- 뿌리분 둘레는 원형으로, 측면은 수직으로, 저면은 둥글게 다듬는다.
- 뿌리분 외부로 돌출된 굵은 뿌리는 약간 길게 톱질하여 자르며 절단면은 거적 등으로 충분히 양생하고 세근이 밀생한 곳은 이를 뿌리분에 붙여 보존한다. 절단된 뿌리부분이 일그러지거나 깨지는 등 손상을 받는 곳은 예리한 칼로 절단하고 석회유황합제 등으로 방부 처리한다.
- 뿌리분은 분이 부서지지 않도록 결속재료로 잘 고정시켜서 뜨도록 한다.
- 지엽이 지나치게 무성한 수목은 굴취 시 수형의 기본형이 변형되지 않는 범위 내에서 지엽을 정리하고, 필요한 경우 증산억제제 등의 약품을 처리하여 증산억제 및 운반에 도움이 되도록 한다.
- 운반에 지장을 받지 않는 범위 내에서 가지를 새끼, 밧줄 등으로 잡아맨다.
- 굴취 후 지반을 고르게 정리하고 정리방법에 대해서는 감독자의 지시에 따른다.

(2) 수목운반

- 포장, 굴취장 등으로부터 공사현장까지의 원거리운반과 가식장, 하차장 등에서 식재 위치까지의 근거리운반 등 수목의 제반 운반작업에 적용한다.
- 운반에 사용되는 기기는 체인블록, 크레인, 운반차량이 있다.
- 결속 · 완충재는 새끼, 철선, 고무바, 가마니, 보습재, 기타 보토재료 등이다.
- 운반 시에는 수목에 손상을 주지 않도록 주의하여 운반하고 필요에 따라 새끼, 밧줄 등으로 감거나 건조방지를 위해 거적, 시트 등으로 덮어 보호한다.
- 운반중 회복 불가능한 손상을 입거나 가지가 부러져 원형이 심하게 손상된 수목은 동종 규격품으로 교체하고, 경미한 가지 부러짐 등에 대해서는 감독자의 지시에 따라 조치한다.
- 수목의 상하차는 인력에 의하거나 대형목인 경우 체인블록이나 크레인 등 중기를 사용하여 안전하게 다룬다.

- 운반중 뿌리와 수형이 손상되지 않도록 다음과 같은 보호조치를 한다.
  - 뿌리분의 보토를 철저히 한다.
  - 세근이 절단되지 않도록 충격을 주지 않는다.
  - 가지는 간편하게 결박한다.
  - 이중적재를 금한다.
  - 비포장도로로 운반할 때는 뿌리분이 충격을 받지 않도록 흙, 가마니, 짚 등 완충재료를 깐다.
  - 수목과 접촉하는 고형부는 완충재를 삽입한다.
  - 운반중 바람에 의한 증산을 억제하며 강우로 인한 뿌리분의 토양유실을 방지하기 위해 덮개를 씌우는 등의 조치를 취한다.
  - 차량의 용량과 수목의 무게 및 부피에 따라 적정 수량만을 적재한다.

(3) 수목가식

- 가식장소는 공사시방서에 정하는 바가 없을 때에는 사질양토로서 배수가 잘 되는 곳으로 하며, 배수가 불량할 때에는 배수시설을 만들어야 한다.
- 가식수목 사이의 원활한 통풍을 위해 충분한 식재간격을 확보한다.
- 가식장은 관수 등 가식기간 중의 관리를 위한 작업통로를 설치한다.
- 가식수목의 뿌리분은 충분히 복토하여 분이 공기중에 노출되지 않도록 한다.
- 가식 후에는 뿌리분 주변의 공기가 완전히 방출되도록 충분히 관수한다.
- 가식장의 외주부 수목은 가지주 혹은 연결형 지주를 설치하여 수목이 바람 등에 흔들리지 않도록 한다.

(4) 수목재료의 측정기준

- 검사는 재배지에서의 사전검사와 지정장소 반입 후 검사로 구분하여 시행한다. 사전검사에 합격해도 굴취, 운반 등의 취급이 나쁘거나 굴취 후 장기간이 경과한 것은 지정장소 검사에서 합격품으로 인정하지 아니한다. 다만, 경우에 따라서는 재배지에서의 사전검사를 생략할 수 있으며, 야생수목은 굴취 시에 검사하여 사전검사로 대신할 수 있다.
- 수고(H)는 지표에서 수목 정상부까지의 수직거리를 말하며, 도장지는 제외한다. 단, 소철, 야자수 등 열대 · 아열대 수목은 줄기의 수직높이를 수고로 한다(단위: m).
- 흉고직경(B)은 지표면에서 1.2m 높이의 수간직경을 말한다. 다만, 둘 이상으로 줄기가 갈라진 수목의 경우는 다음과 같다(단위: cm).

- 각 수간의 흉고직경 합의 70%가 그 수목의 최대 흉고직경보다 클 때에는 흉고직경 합의 70%를 흉고직경으로 한다.
- 각 수간의 흉고직경 합의 70%가 그 수목의 최대 흉고직경보다 작을 때에는 최대 흉고직경을 그 수목의 흉고직경으로 한다.

• 근원직경(R)은 수목이 굴취되기 전 재배지의 지표면과 접하는 줄기의 직경을 말한다. 일반 성인의 가슴높이 이하에서 줄기가 여러 갈래로 갈라지는 성질이 있는 수목인 경우 흉고직경 대신 근원직경으로 표시한다(단위: cm).

• 수관폭(W)은 수관의 직경을 말한다. 타원형 수관은 최대층의 수관축을 중심으로 최단과 최장의 폭을 합하여 나눈 것을 수관폭으로 한다(단위: m).

• 수관길이(L)는 수관의 최대 길이를 말한다. 특히 수관이 수평으로 생장하는 특성을 가진 수목이나 조형된 수관인 경우에는 수관길이를 적용한다(단위: m).

• 지하고는 지표면에서 역지 끝을 형성하는 최하단 지조까지의 수직거리를 말하며, 능수형은 최하단의 지조 대신 역지의 분지된 부위를 적용한다.

• 수목 규격의 허용차는 수종별로 −5~−10% 사이에서 여건에 따라 발주자가 정하는 바에 따른다. 단, 허용치를 벗어나는 규격의 것이라도 수형과 지엽 등이 지극히 우량이거나 식재지 및 주변 여건과 조화될 수 있다고 판단되어 감독자가 승인한 경우에 사용할 수 있다.

(5) 수목의 규격 표시

① 교목의 규격 표시

• [수고(m)×흉고직경(cm)]으로 표시하며, 필요에 따라 수관폭, 수관 길이, 지하고, 뿌리분 크기, 근원직경 등을 지정할 수 있다. 근원직경으로 규격이 표시된 수목은 수종의 특성에 따른 [흉고직경−근원직경] 관계식을 구하여 산출하되, 특별히 관련성이 구해지지 않은 경우 R=1.2B의 식으로 흉고직경을 환산·적용할 수 있다.

• 곧은 줄기가 있는 수목으로써 흉고부의 크기를 측정할 수 있는 수목은 [수고(H, m)×흉고직경(B, cm)] 또는 [수고(H, m)×수관폭(W, m)×흉고직경(B, cm)]으로 표시한다.

• 줄기가 흉고부 아래에서 갈라지거나 다른 이유로 흉고부의 크기를 측정할 수 없는 수목은 [수고(H, m)×근원직경(R, cm)] 또는 [수고(H, m)×수관폭(W, m)×근원직경(R, cm)]으로 표시한다.

• 상록수로서 가지가 줄기의 아랫 부분부터 자라는 수목은 [수고(H, m)×수관폭(W, m)]으로 표시한다.

② 관목류의 규격 표시

- [수고(H, m)×수관폭(W, m)]으로 표시하며, 필요에 따라 뿌리분의 크기, 지하고, 가지수(주립수), 수관길이 등을 지정할 수 있다.
- 일반적인 관목류로써 수고와 수관폭을 정상적으로 측정할 수 있는 수목은 [수고(H, m)×수관폭(W, m)]으로 표시한다.
- 수관의 한쪽 길이방향으로 성장이 발달하는 수목은 [수고(H, m)×수관폭(W, m)×수관길이(L, m)]로 표시한다.
- 줄기의 수가 적고 도장지가 발달하여 수관폭 측정이 곤란하고, 가지수가 중요한 수목은 [수고(H, m)×수관폭(W, m)×가지수(지)]로 표시한다.
- 수고(H, m)
  - ○년생×가지수(지)

③ 만경류의 규격 표시

- [수고(H, m)×근원직경(R, cm)]으로 표시하며, 필요에 따라 [흉고직경(B, cm)]을 지정할 수 있다.
- 그 밖에 [수관길이(L, m)×근원직경(R, cm)], [수관길이(L, m)] 또는 [수관길이(L, m)×○년생] 등으로 표시한다.

④ 묘목의 규격 표시

수관길이와 묘령으로 표시하며, 필요에 따라 근원직경을 적용할 수 있다.

(6) 지주대 및 지주목 세우기

- 지주대는 통나무나 각재 또는 대나무 등을 사용하며, 특별히 고안된 지주도 사용할 수 있다.
- 지주목과 목재는 내구성이 강하고 방부처리된 것으로 하며, 지주용 통나무는 마구리를 가공하고 절단면과 측면을 다듬어 사용한다.
- 지주목의 대나무는 3년생 이상으로, 강도가 뛰어나고 썩거나 벌레 먹음, 갈라짐 등이 없어야 한다.
- 당김줄은 12게이지의 아연도금강선으로 하며, 당김줄 중간에 부착하는 턴버클은 규정에 적합한 것으로 한다.
- 노끈, 새끼줄 등의 결속재료는 잘 짜인 단단한 것으로 결속 후 쉽게 풀리지 않는 것으로 한다.
- 지주목과 수목을 결속하는 부위에는 수간에 완충재를 대어 수목 손상을 방지한다.

- 대나무지주의 경우에는 선단부를 고정시키고 결속부에는 대나무에 흠집을 넣어 유동을 방지한다.
- 삼각형지주 등은 수간, 주간 및 기타 통나무와 교착하는 부위에 2곳 이상을 결속한다.
- 당김줄은 수목 주위에 일정한 간격으로 고정말뚝을 박고 이를 수목높이의 1/2 지점과 연결하여 고정시킨 후 팽팽하게 당겨주기 위해 당김줄 중간에 턴버클을 부착한다. 수목과 접하는 부위에는 고무나 플라스틱 호스 등의 마찰방지재를 사용하여 수간을 보호한다.
- 식재지역의 지반침하가 우려되는 경우 침하 후 지주목이 유동하지 않도록 조치한다.

(7) 수목식재

- 수목의 굴취, 운반, 식재는 같은 날에 완료하는 것을 원칙으로 한다. 부득이한 경우에는 감독자의 승인을 받아 가식 또는 보양조치 후 식재한다.
- 보습, 보온 및 부패방지 등을 위한 활착보조제는 제품별 용법에 따라 식재구덩이에 넣거나 뿌리 부분에 접착시켜 식재한다.
- 기비는 완숙된 유기질비료를 식재구덩이 바닥에 넣어 수목을 앉히며, 흙을 채울 때에도 유기질비료를 혼합하여 넣는다. 시비량은 설계도면이나 공사시방서에 따른다.
- 식재는 뿌리를 다듬고 주간을 정돈하여 식재구덩이의 중심에 수직으로 식재한다.
- 식재 시에는 뿌리분을 감은 거적과 고무밴드, 비닐끈 등 분해되지 않는 결속재료는 제거하는 것을 원칙으로 한다. 단, 뿌리분 등에 심각한 손상이 예상되는 대형목의 경우 감독자와 협의하여 최소량을 존치시킬 수 있다.
- 식재 시 수목이 묻히는 근원 부위는 굴취 전에 묻혔던 부위에 일치시키고 식재방향은 원래의 생육방향과 동일하게 식재함을 원칙으로 한다. 다만, 경관, 기능 등을 고려하여 조정 · 식재할 수 있다.
- 식재 시 식재구덩이에 불순물을 제거한 양질토사를 넣고 바닥을 고른다.
- 수목의 뿌리분을 식재구덩이에 넣어 방향을 정하고 원지반의 높이와 분의 높이가 일치하도록 조절하여 나무를 앉힌다. 잘게 부순 양토질 흙을 뿌리분 높이의 1/2 정도 넣은 후 수형을 살펴 수목 방향을 재조정하고, 다시 흙을 깊이의 3/4 정도까지 추가해 넣은 후 잘 정돈시킨다.
- 수목 앉히기가 끝나면 물을 식재구덩이에 충분히 붓고 각목이나 삽으로 저어 흙이 뿌리분에 완전히 밀착되고 흙속의 기포가 제거되도록 한다.
- 물조임이 끝나면 고인물이 완전히 흡수된 후 흙을 추가하여 구덩이를 채우고 물받이를 낸 다음 식재구덩이 주변을 정리한다.

- 흙다짐은 흙이 습하여 뿌리가 쉽게 썩는 수종에 한하여 행하며, 관수 없이 흙을 계속 넣어가며 각목 등으로 다지고, 뿌리분과 흙이 밀착되도록 치밀하게 행한다. 흙다짐 대상 수종은 공사시방서에 따른다.
- 가로수 식재의 마감면은 보도연석면보다 3cm 이하로 끝마무리한다.
- 배수, 지하수위 등의 식재조건이 열악한 경우에는 감독자와 협의하여 맹암거 등의 필요한 조치를 취한다.

(8) 지피류 및 초화류 식재

- 식재에 앞서 지반을 충분히 정지하고 쓰레기, 낙엽, 잡초 등을 제거한 후 적정량을 관수하여 식재상을 조성한다.
- 객토는 사질양토의 사용을 원칙으로 하지만 지피류, 초화류의 종류와 상태에 따라 부식토, 부엽토, 이탄토 등의 유기질 토양을 첨가할 수 있다.
- 토심은 초장의 높이와 잎, 분얼 상태에 따라 다르지만 표토 최소 토심은 0.3~0.4m 내외로 한다.
- 식재하기 전 생육에 해로운 불순물을 제거한 후 바닥을 부드럽게 파서 고른다. 뿌리가 상하지 않도록 주의하면서 근원 부위를 잡고 약간 들어올리는 듯하면서 재배용토가 뿌리 사이에 빈틈없이 채워지도록 심고 충분히 관수한다.
- 왜성 대나무류 및 지피류 식재간격은 설계도서에 지정되지 않은 경우 0.15m(44주/m^2)를 표준으로 한다.
- 지피류 및 초화류를 뗏장 또는 기타의 방법으로 식재하는 경우 제조업체의 제품시방서에 따른다.
- 덩굴성 식물은 식재 후 주요 장소를 대나무 또는 지정재료로 고정한다.
- 종자의 파종은 재료별 파종방법에 따라 화단 전면에 걸쳐 균일하게 파종하며, 파종 시기는 기후조건을 고려하여 파종 직후 강우로 종자가 유출되지 않고, 또한 지나치게 건조하지 않도록 양생 · 관리하여 발아를 촉진시킨다.
- 특수 식물의 식재와 파종에 대해서는 각 식물별 재식 및 파종방법 또는 공사시방서를 따른다.
- 지피류 및 초화류 식재 후에는 멀칭재를 사용하여 냉해나 건조피해를 막아 주어야 한다.

(9) 가로수 식재

- 가로수는 교통장애가 없는 범위 내에서 일정한 선형을 유지하며, 구간별 수형 및 수고, 지하고가 유사한 수목을 반입하여 시공해야 한다.

- 도로의 길어깨, 도로의 곡선구간 중 내측지역, 수려한 자연경관을 차단하는 구간, 신호등 등과 같은 도로안전시설의 시계를 차단하는 지역, 장거리 이동을 주기능으로 하는 교외지역 일반 국도 도로구역과 그 주변 지역, 교차로 교통섬 내부, 농작물 피해 우려지역, 전기 · 통신시설물의 지하매설 또는 이설이 불가능한 경우는 가로수의 식재 위치를 변경하거나 식재수량을 제한하여 시공할 수 있다.
- 식재지역 상층부 및 하층부에 전기 · 통신시설 등으로 가로수의 정상적인 생육이 곤란한 경우 감독자와 협의하여 유지 및 관리방안을 수립하며, 경관미를 저해하지 않는 범위 내에서 가지치기 등으로 수고, 수관폭을 조절하여 시공할 수 있다.
- 가로수 식재기반이 불투수층, 쓰레기 매립지 등 불량 토층을 형성할 경우 배수시설을 도입하거나 객토 등의 방법으로 수목의 하자를 방지토록 하되, 식혈작업 시 굴취된 부적합 토양과 모래 등은 전량 반출하고 양질의 토사를 반입하여 식재한다.
- 수목보호대 및 보호덮개의 설치상태와 지주목 설치의 적합성 등을 검토하고, 관수, 배수시설 및 관리시설의 하자 및 손 · 망실처리에 대한 책임한계를 감독자와 협의해야 한다.
- 가을철 식재공사를 시행하는 경우 동해를 고려하여 수간을 녹화마대 등으로 감싸는 등의 보양조치를 한다.
- 보도가 없는 도로에 가로수를 식재하는 경우 길어깨 끝으로부터 수평거리 2m 이상 떨어지도록 식재한다. 다만, 현장여건상 불가능한 경우에는 가지치기 등을 통해 수고, 지하고, 수관폭 등 지속적인 관리방안을 수립하여 감독자의 승인하에 1~2m 범위에 식재할 수 있다.
- 식재 후 보행과 운전, 자전거 이용 등에 지장을 주는 가로수의 지하고 이하 가지 및 하향지 등은 설계도면 또는 공사시방서에서 제시한 지정 높이 이상으로 제거한다.
- 식재공사 완료 후 각종 공사로 인한 가로수 훼손, 제설제 등 화약약품에 의한 약해, 차량 등으로부터의 물리적 피해 등은 감독자와 협의하여 하자 및 손 · 망실처리에 대한 책임한계를 설정하고 훼손자에게 원상복구하도록 조치를 취한다.

(10) 고사식물의 하자보수 및 면제

- 수목은 수관부 가지의 약 2/3 이상이 고사하는 경우 고사목을 판정하고 지피 · 초화류는 해당 공사의 목적에 부합되는지를 기준으로 감독자의 육안검사 결과에 따라 고사 여부를 판정한다.
- 고사 여부는 감독자와 수급인이 함께 입회한 자리에서 판정한다.
- 하자보수식재는 하자가 확인된 차기의 식재적기 만료일 전까지 이행하고 식재 종료 후 검수받아야 한다. 이때 하자보수 의무의 판단은 고사확인 시점을 기준으로 한다.

- 하자보수의 식재수목 규격은 원설계 규격 이상으로 한다.
- 하자보수의 대상이 되는 식물은 수목이나 지피류, 숙근류 등의 다년생 초화류로 식재된 상태로 고사한 경우에 한한다.
- 다음의 경우 하자보수를 면제한다.
  - 전쟁, 내란, 폭풍 등에 준하는 사태
  - 천재지변(폭풍, 홍수, 지진 등)과 이의 여파에 의한 경우
  - 화재, 낙뢰, 파열, 폭발 등에 의한 고사
  - 준공 후 유지관리비를 지급하지 않은 상태에서 혹한, 혹서, 가뭄, 염해(염화칼슘) 등에 의한 고사
  - 인위적인 원인으로 인한 고사(교통사고, 동물의 침입 등)
- 지급품을 식재하는 경우 법정 하자보수기간 내에 고사목이 발생하면 발주자와 수급인이 별도 합의하지 않는 한 수급인은 다음의 기준에 따라 보수한다. 이 경우에도 수목의 고사 여부는 발주자와 수급인 쌍방이 입회하여 판정한다.

[표 4] 고사율에 따른 지급 수목재료의 보수의무

공사기준율 (수종별, 규격별, 수량 대비)	보수의무
10% 미만	• 전량 하자보수 면제
10% 이상~20% 미만	• 10% 이상의 분량만을 지급품으로 보수
20% 이상	• 10%~20%의 분량은 지급품으로 보수 • 20% 이상의 분량은 수급인이 동일 규격 이상의 수목으로 보수

6) 잔디

(1) 잔디

- 잔디는 일반잔디와 롤형잔디로 구분된다. 일반잔디는 자연산 또는 재배잔디로 규격은 가로 0.3m, 두께 0.03m를 기준으로 하되, 반입 잔디가 소규격인 경우 감독자와 협의하여 시공한다.
- 롤형잔디는 난지형잔디 또는 한지형잔디를 재배한 것으로서 잔디수확기로 떼어내어 롤형태로 말은 잔디로서 규격은 $1m^2$ 이상의 것을 사용한다.
- 잔디의 품질은 재배품이거나 야생잔디를 채취한 것으로 구비조건은 다음과 같다.

  ① 잡초가 없고 지하경이 치밀하게 발달한 것이어야 한다.

② 잎이 불규칙하거나 잎 끝이 찢어지지 않은 것이어야 한다.

③ 잡초가 섞이지 않고 병충해의 피해가 없는 것이어야 한다.

④ 두께 및 크기가 균일하게 굴취된 것이어야 한다.

⑤ 장기간 적재에 의해 부패되지 않는 것이어야 한다.

- 현장에 도착된 잔디는 1일 이내에 식재하는 것을 원칙으로 한다.

(2) 잔디종자

- 자생잔디는 국내 자생종 Zoysia계통과 Poa의 잔디종자를 사용하되 감독자와 협의하여 종을 선택한다. 잔디종자는 2년 이내에 채취된 것으로 발아촉진처리된 것이어야 하며, 발아율 60% 이상, 순량률 98% 이상이어야 한다.
- 도입잔디는 현지의 제반 여건에 따라 감독자와 협의하여 종자를 선정하며 발아율 80% 이상, 순량률 98% 이상이어야 한다. 혼합종자를 사용하는 경우 자재조달계획서를 제출할 때 원산지 증명과 품질보증서가 첨부되어야 하고 혼합률은 감독자의 승인을 받아야 한다.
- 잔디에서 흙을 털어낸 포복경 또는 지하경을 0.05~0.1m로 자른 것을 사용하되 마르거나 썩지 아니한 것을 사용한다.

(3) 잔디식재

- 토양이 잔디생육에 부적당하다고 판단되는 경우에는 감독자와 협의하여 잔디생육에 적합한 토양상태로 개량한다.
- 시공 대상지에 산재한 큰 부스러기, 쓰레기 등을 제거하고 지반을 토심 0.2m로 경운한 후 흙덩어리를 잘게 부수고 돌, 잡초 등 불순물을 제거한다.
- 잔디 전면붙이기는 토양개량과 정지작업이 이루어진 지면을 롤러나 인력으로 다진 후 잔디를 붙인다. 일반잔디는 서로 어긋나게 틈새 없이 붙인 후 모래나 사질토를 살포하고 다시 롤러나 인력으로 다진 후 충분히 관수하며, 롤형잔디는 전체 지면에 틈새 없이 붙이고 모래나 사질토를 가볍게 살포한 후 롤러로 다지고 충분히 관수한다.
- 줄떼 붙이기는 설계도면 또는 공사시방서에 달리 명시하지 않는 경우 잔디장을 0.1, 0.15, 0.2m 정도로 잘라서 동일 간격으로 붙인다. 잔디의 간격이 넓기 때문에 호미 또는 괭이로 잔디뿌리가 흙속에 묻히도록 표토를 파가면서 붙인다.
- 어긋나게 붙이기는 잔디를 0.2~0.3m 간격으로 어긋나게 놓거나 서로 맞물려 여유 있게 배열하여 호미 또는 괭이로 잔디뿌리가 흙속에 묻히도록 표토를 파가면서 붙인다.
- 풀어심기(Stolonizing or Sprigging)는 잔디에서 풀은 포복경 또는 지하경을 0.05~0.1m 정도로 잘라 산파한 후 잔디뿌리가 묻히도록 흙을 덮는다.

- 비탈면에 잔디를 붙일 때에는 잔디 1매당 2개의 떼꽂이로 잔디가 움직이지 않도록 고정시킨다.
- 잔디를 고정시킨 후 뿌리가 노출되지 않도록 사양토로 잔디 사이를 채우고 인력이나 롤러 등으로 잔디식재면을 다진다.
- 식재완료 후 남은 잔디 및 돌, 기타 부스러기, 쓰레기 등을 제거하고 정리한다.

(4) 파종잔디 조성

- 파종용 잔디종자는 감독자의 승인을 받아 구매하며 혼합종자의 경우 승인된 배합비율로 사용한다.
- 파종 시기는 난지형잔디의 경우 5~6월 초순, 한지형잔디는 9~10월 또는 3~5월을 적기로 하되 잔디품종의 특성을 고려하며, 공기 및 현장여건에 따라 감독자와 협의하여 결정한다.
- 잡초 발생이 우려되는 곳은 대상지 전면에 제초제를 살포하고 일정기간 경과해야 한다.
- 파종지는 인력 또는 경운기로 깊이 0.2m 이상 부드럽게 간다.
- 비료를 뿌리고 흙을 곱게 부셔 고른 후 롤러로 가볍게 다진다.
- 모래와 섞어 파종량의 1/2을 종으로 파종하고 나머지 1/2을 횡으로 파종한다. 파종량은 50~150kg/ha를 기준으로 하되 잔디의 종류에 따라 감독자와 협의하여 조정할 수 있다.
- 파종 후 롤러로 가볍게 눌러서 종자가 흙속에 박히도록 한다.
- 파종지가 충분히 젖도록 관수하되 흙이 흘러내리지 않을 정도로 물을 뿌려야 한다.
- 발아를 위한 적절한 수분과 토양온도 유지를 위해 폴리에틸렌필름(두께 0.03mm)이나 볏짚, 황마천, 차광막 등으로 피복하고 바람에 날리지 않도록 고정한다.
- 시드 벨트(Seed Belt)로 파종할 때에는 정지된 지면에 종자가 닿도록 벨트를 깔고 충분히 관수한 다음, 고운 흙을 1mm 내외로 배토하고 다시 관수한 후 폴리에틸렌필름을 덮어준다.
- 파종 후 종자가 발아한 것을 주시하여 웃자라거나 고온장애를 받을 우려가 있으면 즉시 폴리에틸렌필름을 제거한다.
- 파종지가 건조한 경우에는 전면에 살수하되 표면이 마르지 않게 해야 한다.
- 발아 후 2개월 경과시부터 시비를 하되 한국잔디의 경우 연간 순 성분량을 기준으로 질소, 인산, 칼리를 $1m^2$당 각각 15g, 10g, 10g의 비율로 생육기간 중 2~3개월 간격으로 시비한다. 기타 잔디시비는 유지관리계획에 따라 감독자와 협의하여 정한다.
- 파종 후 20일 이내에 발아되지 않거나 전면에 고루 발아되지 않고 일부만 발아하는 경우에는 처음과 동일한 공법으로 재파종한다.

(5) 종자뿜어붙이기

- 공사의 효율을 위하여 잔디종자를 섬유(Fiber), 색소, 접착제, 비료 등과 물로 혼합하여 고압분사기로 파종하는 잔디조성공사에 적용한다.
- 파종지는 잡석을 제거하고 계획된 기울기에 따라 평활하게 정지한다.
- 파종면이 건조한 경우에는 종자의 발아를 촉진하고 분사부착물의 침투를 좋게 하기 위해 $1m^2$당 1~3ℓ의 물을 미리 살포한다.
- 한지형잔디 종자를 비료, 섬유(Fiber), 색소, 접착제, 물과 혼합하고 살포기계를 이용하여 분사파종으로 시공한다.
- 파종 후 1개월 이내에 발아되지 않거나 전면에 고루 발아되지 않고 일부만 발아되었을 때에는 처음과 동일한 공법으로 재파종해야 한다.

(6) 천연잔디구장 조성

- 고도의 품질이 요구되는 축구장, 야구장, 잔디광장 등의 잔디밭 조성에 적용한다.
- 관수 및 배수체계 설치 전에 기초지반을 조성한다.
- 설계도면에 명시된 바에 따라 기준면에서 일정깊이로 전지역을 파내고 기초지반의 기울기를 잡아 표면을 조성한다.
- 관수 및 배수관망 설치 후 토양분리포를 설계도면에 따라 설치하고, 100~200mm 두께의 배수층을 여과골재로 고르게 깔고 토양분리포를 설치한 후 혼합토양을 0.3m 이상의 두께로 전부지에 고루 편다. 이때 혼합토양의 혼합비와 혼합재료의 사용에 대해서는 감독자의 승인을 받아야 한다.
- 혼합토양층을 조성한 후 물을 충분히 뿌려 물다짐을 하고 갈퀴나 드래그매트로 표면의 쓰레기, 풀 등을 골라내어 정확히 표면높이를 맞춘다.
- 관수용 살수기를 설치하여 살수반경이나 강우강도 등을 실험하며 조정한다.
- 물을 충분히 뿌려 혼합식생토양의 물다짐이 될 수 있게 하고 다시 최종 높이를 설계도면에 맞게 조정한다.
- 비료는 질소, 인산, 칼리를 각각 파종 전 순 성분량을 기준으로 $1m^2$당 각각 10g 비율로 시비한 후 상토 0.1m와 완전 혼합한다.
- 잔디 조성은 잔디식재 및 파종잔디 조성에 따른다.
- 준공까지의 경기장 잔디관리는 감독자의 승인을 받은 경기장 잔디관리지침에 따르고 준공시에는 이 지침을 보완하여 연중 잔디관리지침을 감독자에게 제출하여야 한다.

① 경기장 개요

- 면적
- 관개시스템에 관한 사항 및 설계도면
- 펌프 및 물탱크
- 표면배수 및 심토층 배수체계
- 잔디종류, 식재방법
- 보조경기장 및 보조잔디포의 유무

② 관리장비운용지침 및 장비관리내역

- 잔디깎기기계, 스파이커(Spiker), 에어레이터(Aerator), 스위퍼(Sweeper)
- 농약분무기
- 비료살포기
- 배토기
- 브러시(Brush)
- 롤러(Roller)
- 파종기
- 소드 커터(Sod Cutter)
- 라인 마커(Line Marker)

③ 살수지침

- 살수량(계절별)
- 산출 근거

④ 농약 및 비료살포지침

- 잔디병증 및 방제방법
- 시비방법 및 비료 종류, 살포량

⑤ 기타

- 연간 잔디관리계획표
- 연간 경기장 사용계획

• 준공시까지 사용할 관리장비는 발주자가 제공하며 준공 후 관리되고 작동되는 상태로 인계되어야 한다.

(7) 골프장 잔디조성

- 토공이 시작되기 전의 표토는 모아 두었다가 재사용해야 한다.
- 대부분의 토공이 완료되고 각 코스마다 표면조형작업을 할 때에는 장비를 사용하여 개략적으로 만들고 인력으로 다듬어 미적이고 자연스럽게 조형된 지표면으로 마무리한다.
- 지표면의 문양을 만들 때에는 설계도면에 따라 마운드의 크기와 배열을 변화 있고 다양하게 만든다.
- 흙의 종단 직선을 피하고 기복을 두어 플레이의 다양성, 원근감의 조작, 할로우(Hollow)를 통한 원활한 배수를 기해야 한다.
- 잔디깎기를 고려하여 평지형 홀에서는 최대 4~5% 정도의 기울기를 두고 조형해야 한다.
- 양질의 잔디를 유지해야 하는 곳에는 잔디조성 전에 기초지반을 조성하고 배수시스템과 특별한 목적이 있는 곳(Hollow와 Bunker)에는 기초기반을 조성하고 잔디식재를 하거나 모래를 포설한다.
- 골프장의 장소별 잔디식재방법은 다음과 같다.
  - 티는 조기녹화가 가능하고 답압에 강하며 관리가 용이한 초종 및 시공방법을 선택
  - 페어웨이, 러프는 넓은 면적에 대량수급이 용이한 경제적인 초종 및 시공방법을 선택
  - 벙커 주변은 벙커 비탈면 보호를 위한 시공방법 선택
  - 그린 주변은 그린 비탈면보호와 관리가 용이한 초종 및 시공방법을 선택
- 잔디조성은 잔디식재와 파종잔디조성, 비탈면녹화 시방서에 따른다.

7) 비탈면 녹화

(1) 비탈면 잔디식재

- 잔디생육에 적합한 토양의 비탈면 기울기가 1:1보다 완만할 때에는 비탈면을 일시에 녹화하기 위해 흙이 붙어 있는 재배된 잔디를 사용하여 붙인다.
- 비탈면 전면(평떼) 붙이기는 줄눈을 틈새 없이 붙이고 십자줄이 형성되지 않도록 어긋나게 붙이며, 잔디 소요면적은 비탈면 면적과 동일하게 적용한다.
- 비탈면 줄떼다지기는 잔디폭이 0.1m 이상 되도록 하고, 비탈면에 0.1m 이내 간격으로 수평골을 파서 수평으로 심고 다짐을 철저히 한다.
- 선떼붙이기는 비탈면에 일정 높이마다 수평으로 단끊기 후 되메우기한 앞면에 떼를 세워 붙이되, 흙층에 완전히 밀착되도록 다지기를 잘하고 줄눈은 수평이 되도록 시공하며, 침하율을 감안하여 계획높이보다 덧쌓기를 하고, 부위별 떼의 규격은 설계도서 및 감독자의 지시에 따라 정한다.

- 잔디고정은 떼꽂이를 사용하여 잔디 1매당 2개 이상 견실하게 고정하며, 시공 후에는 모래나 흙으로 잔디붙임면을 얇게 덮은 후 고루 두들겨 다져준다.
- 잔디붙이기는 비탈면의 침식방지 및 활착이 용이하도록 잔디판을 비탈면에 밀착 · 고정한다.

(2) 비탈면 수목식재

- 비탈면에 안정적이고 생태적인 녹화를 조기에 달성하기 위해 비탈면에 수목을 도입하여 식재 · 시공한다.
- 식재구덩이 작업, 수목 굴취작업, 관수 등의 식재와 관련된 작업 시 비탈면 유지와 관련된 시설에 피해가 없도록 한다.
- 비탈면 작업은 장비 및 인원에 대한 안전대책을 수립하여 감독자와 사전에 협의한다.
- 차폐식재
  - 일반식생의 도입이 불가능한 암반 비탈면 및 채석장 등의 불량 경관지역은 수목, 덩굴식물 등으로 차폐 식재한다.
  - 비탈면 하단부나 소단, 옹벽 등에 생육기반을 조성한 후 2열 이상으로 식재한다.
- 새집붙이기
  - 암석을 채굴하고 깎아낸 요철이 많은 암반 비탈면에 점적녹화를 목적으로 시공한다.
  - 수목생육에 충분한 깊이로 표토나 생육기반재를 채우고 배수시설을 해야 한다.
- 덩굴식재
  - 일반식생 도입이 불가능한 암절개지나 채석장 등은 덩굴식물로 차폐 혹은 녹화한다.
  - 비탈면 상단부, 소단부, 하단부에 생육기반을 조성 · 식재하여 상향식 및 하향식 녹화가 동시에 이루어질 수 있도록 한다.

(3) 종자뿜어붙이기

- 비탈면에 종자를 뿜어붙여 조기에 녹화될 수 있도록 시공한다.
- 종자착상이 어려운 부분은 감독자의 지시에 따라 적정 간격으로 수평 또는 기울어지게 골을 파고 시공한다.
- 종자가 비탈면 한 쪽으로 치우치지 않도록 종자살포기 탱크 안의 종자를 잘 섞어서 균일하게 분사한다.

- 파종 후 침식이 우려될 때에는 비닐 등 피복재를 전면에 덮어서 바람에 날리지 않도록 잘 고정한다.
- 파종 2개월 이내에 골고루 발아가 되지 않거나 일부만 발아되었을 때에는 재파종한다. 단, 10월 이후 시공할 때에는 다음해 6월 초순 이전에 재파종 여부를 결정한다.
- 종자뿜어붙이기를 실시 후 그 위에 볏짚으로 짠 거적을 비탈면 전체에 균일하게 덮을 때는 볏짚거적이 바람에 날리지 않도록 고정핀으로 고정하고 그 수량은 설계도서에 의거하여 적용한다.
- 볏짚거적을 시공할 때에는 비탈면의 위에서 아래로 길게 세로로 깔면서 양단이 서로 중첩되게 시공한다.

(4) 식생기반재 뿜어붙이기

- 식물의 자연생육이 곤란한 비탈면의 여건과 주변 식생환경을 고려하여 일정한 품질로 제조된 생육기반재에 종자를 섞어 조기에 경관적인 녹화와 생태적인 복원 및 보전을 도모하도록 시공한다.
- 비탈면이 특히 건조하거나 이물질이 붙어 있을 때에는 살수하거나 이물질을 제거한 후 시공한다.
- 토질암에 의한 분사붙이기를 할 때에는 시공 전 재료의 배합관리 실험을 반드시 실시한다.
- 암비탈면을 시공할 때에는 전면피복녹화를 지양하고 균열과 요철에 따른 자연스런 부분녹화를 시행하여 주변식생과 조화를 이루도록 한다.
- 암의 균열 간격이 클수록 시공두께를 두껍게 조절한다.
- 암의 돌출부 및 수직, 역기울기면은 녹화시공을 지양하고 움푹 팬 곳을 집중적으로 시공한다.
- 시공 후 검사는 $500m^2$당 1개소 이상의 측정구를 설치하여 조사하며, 측정이 곤란한 경우 시공투입량으로 대신할 수 있다.
- 생육판정은 피복률과 성립본수로 하되 피복률은 기울기 및 종자배합에 따라 조정해야 하며, 55° 이상은 60% 이상, 45~55°는 80% 이상, 45° 미만은 100%로 하고, 목본류를 배합할 때에는 각 기준에 70%를 적용한다. 또한 성립본수는 초본류만 배합할 때에는 300본/m^2 이상으로 하며, 목본류를 배합할 때에는 초본류와 목본류의 합계가 200본/m^2 이상으로 한다.
- 생육판정 시기는 시공 후 90일 후를 기준으로 하는 것이 원칙이며, 10월 이후에 시공할 때에는 익년 6~7월 초순으로 한다.

8) 하천

(1) 어도조성

- 하천에서 소상의 필요성을 갖는 하천에 서식하는 어류, 참게 및 다슬기, 수서곤충 등 동물의 이동통로로서 생태적 특성을 고려하여 어도를 설치한다.
- 어도는 개별 하천의 생물상을 면밀히 조사한 후 그 하천의 모든 생물의 소상이 용이하도록 조성한다.
- 소상어가 어도 입구 이외의 타 지역에 모여들지 않아야 하며, 진입한 소상어가 신속하고 안전하게 소상할 수 있어야 한다.
- 동절기를 제외한 3월부터 11월까지는 소상하고자 하는 동물이 어도를 이용할 수 있어야 한다.
- 어도 통과 후 안전하고 신속하게 하천 상류로 소상할 수 있어야 한다.
- 구조가 간단하고 견고하며 유지관리가 용이해야 한다.
- 어도는 높이가 1m 이상되는 하천 횡단구조물에 설치하여야 하며, 하천 유심선에 맞추어 조성한다.
- 어도는 하천 횡단구조물의 높이에 대하여 1:20~40의 완만한 기울기로 해야 하며, 소상어의 생태적 특성과 현장여건에 따라 기울기를 조정하여 시행할 수 있다.
- 어도의 폭은 하천과 유로의 규모 및 유량을 고려하여 선정하고 어도의 형식별로 어도 내부의 수심과 유하수량에 따라 조성한다.
- 어도의 출구부는 어도형식에 따라 별도로 조성하여 출구부에 낙차가 발생하지 않고 유속이 빨라지지 않도록 한다.

(2) 저수호안의 식생

- 살아 있는 식생을 이용한 하천공사는 장기적으로 경제성 및 유지관리에 유리하지만 단기적(활착기간)으로는 유실 대책이 필요하며 식생 위치, 지하수위, 저수위 및 홍수위와 같은 하천특성과 각각의 식생 특징을 고려하여 현장에 알맞은 수종을 선택한다. 또한 식물분자의 고유성을 보전하기 위해 식생재료는 해당 하천유역의 식물상을 파악하고 유사종을 선택하도록 한다.
- 유속이 느린 곳에는 갈대 이외의 달뿌리풀을 포함하고 종자를 채취하여 재배한 것 또는 자연산을 채취한 것으로서 뗏장, 분주 등의 형태로 사용한다.
- 유속의 흐름이 거의 없는 정수역이나 이에 준하는 인공시설물 내에 사용하여 홍수에 의한 유실을 억제하도록 한다.

- 갯버들

① 잎이 피기 전에는 삽순을 그대로 쓸 수 있으나 잎이 핀 후에는 미리 삽목한 묘목을 사용한다.

② 버드나무류의 생육은 평수위보다 높은 0.3~2.0m가 적절하며, 식재방법은 ∅0.01~0.03m, 길이 0.1~0.3m가 적당하며, 0.1m 정도를 땅에 묻어 식재한다.

③ 일정기간이 경과한 후 홍수의 소통에 지장을 주지 않기 위해 갯버들 부분을 전정한다.

- 갈대

① 갈대 이외에 달뿌리풀을 포함하고 종자를 채취하여 재배한 것이나 그 유역의 자연산을 채취한 것으로서 포트, 분주 등의 형태로 사용한다.

② 갈대류의 식재 및 이식은 6월 전에 시행하며, 지하경과 뿌리를 0.3~0.5m 길이로 잘라 0.3m 정도의 깊이에 0.5~1m 간격으로 사용한다.

- 물억새

① 종자를 채취하여 재배한 것이나 그 유역의 자연산을 채취한 것으로서 포트, 분주 등의 형태로 사용한다.

② 비탈면 기울기가 1:2보다 완만하고, 토압이 외력으로 작용하지 않는 곳이 적당하며, 뿌리의 발근을 고려하여 0.3m 이상의 근계층이 확보되어야 한다.

③ 갈대 및 달뿌리풀의 입지조건에 비하여 상대적으로 건조하며, 관수빈도가 적은 곳에 적당하므로 침수빈도 및 홍수위를 고려하여 적용한다.

(3) 고수호안의 식생재료

- 대상지의 환경조건에 잘 적응하는 동일 수계 내에 자생하는 식물로서 번식이 용이하며 유묘의 대량생산이 가능한 식물이어야 한다.
- 호안 조건에 따른 생육환경에 잘 적응 · 생장하고 생태적, 경관적으로 조화를 이루며 자연도를 향상시킬 수 있는 식물이어야 한다.
- 갈대, 달뿌리풀, 물억새, 잔디 및 기본 초본류의 호안식생은 줄기 및 뿌리가 잘 발달하고 강건하며 병충해가 발생하지 않은 것으로서 포기 또는 뗏장 등의 형태로 육모된 것이어야 한다.
- 수변에 직파할 초본류의 종자는 호안에서 채취하여 건조된 것으로서 병충해가 없고 이물질이 섞이지 않은 것이어야 한다.
- 수변에 식재할 교목류는 뿌리가 심근성으로 하천 비탈면의 안전성 도모에 효과적이거나 천이 초기단계를 이룰 수 있는 버드나무류, 오리나무류, 포플러류 및 동일 수계 내에 자라는

교목류 등을 강건하게 육묘한 것으로서 가지 및 뿌리가 잘 발달하고 병충해가 없는 것이어야 한다.

- 윗가지 덮기에 쓰일 버드나무 가지의 길이는 최소 1.2m로 추후 새싹이 날 수 있는 것을 선택하며, 1m당 약 20개의 버드나무 가지를 일렬로 바닥에 설치한 뒤 줄로 엮은 것이어야 한다.

(4) 하천 생태복원 관리(모니터링)

- 조성된 수변 완충지대의 기능을 효율적으로 유지시키기 위해서는 모니터링을 통해 지속적으로 관리해 주어야 한다.
- 생태하천 조성 후에도 정기적인 모니터링을 통해 조성된 하천이 생태적인 제 기능을 발휘하고 있는지 지속적으로 모니터링하며, 그 대상구역은 하천 및 주변부로 한다.
- 조성된 생태하천의 생태, 경관적 기능분석을 위해 생물상 모니터링은 각 항목별로 시행한다.

  ① 식생 : 모니터링은 조성된 생태하천의 식물상과 식생상황을 파악하고, 해당 하천에 생육하는 식물분포와 그 생육상황 모니터링

  – 조사항목 : 식생도 작성, 군락조성, 식물상 조사, 식생단면 조사

  ② 양서 · 파충류 · 포유류 : 조성된 생태하천에서의 양서파충류의 서식상황에 관한 모니터링

  – 조사항목 : 양서 · 파충류 · 포유류 현지조사결과 일람표, 사진표

  ③ 육상곤충 : 조성된 생태하천에서 육상곤충류의 종파악 및 서식상황에 대한 모니터링

  – 조사항목 : 육상곤충 현지조사 결과 일람표, 사진표

  ④ 조류 : 조성된 생태하천에서의 조류상 파악 및 서식상황에 대한 모니터링

  – 조사항목 : 조류의 분포 현황, 조류의 집단 분포지 조사표, 사진표

- 시공 초기와 같이 하천지형을 그대로 유지하고 있는지 모니터링하여 하천미지형 형성의 허용 여부를 파악하며, 토사가 과다하게 퇴적되거나 심한 세굴에 의하여 하천의 수리적 안정성에 영향을 줄 것으로 판단된 경우 수목의 간벌/제거, 부분 준설, 호안복구 등 수리적 안전대책을 강구한다.
- 생태하천 조성 후 하자보증(유지관리) 기간 동안 연 1회 이상의 생태 모니터링을 실시한다.
- 생태모니터링을 통하여 생태하천 식생의 보완 및 제거 등 적절한 수림대 및 생태계 관리가 이루어지도록 한다.

(5) 하천 생태복원 관리(유지관리)

- 조성된 생태하천을 효율적으로 관리하기 위해서는 생태적 천이에 교란을 주지 않는 범위 내에서 최소한의 관리를 해주어야 한다.
- 생태하천에서 비점오염원의 유입차단 및 수질정화 효과를 극대화시키기 위해 초본의 경우 연 1회(늦가을) 제초를 해주어야 하며, 제거된 초본은 하천부지 밖으로 유출시킨다.
- 다년생 초본류와 같은 식생대를 유지하기 위해서는 환삼덩굴 같은 덩굴성 식물이나 단풍잎 돼지풀 같은 외래식물은 지속적으로 규제해야 한다.
- 하천 내에서는 생태하천 조성 당시 원하지 않았던 식물이 도입되었더라도 이러한 식물을 제거하기 위해 제초제를 사용해서는 안 된다.
- 홍수 후에는 상류로부터 떠내려 온 부유물질이나 쓰레기 등이 수목에 걸리게 되므로 이를 제거해야 한다.
- 생태하천의 수림대 조성은 하천경관에도 영향을 미치므로 하천부지의 허용 범위 내에서 다양한 수종을 선택하는 것이 바람직하다.
- 생태하천 조성을 위하여 식재한 수림대는 상류로부터 공급되어온 토사를 퇴적시키게 되므로 장기적으로 수림화가 진행될 가능성이 있으며, 치수안정성 확보를 위해 3~5년에 1회 이상 전정을 통해 수목을 관리한다.
- 생태하천 조성 후 조성된 생물서식처의 기능을 주기적으로 점검하여 그 기능이 향상되도록 유기적으로 운영한다.

9) 생태연못 및 수질정화 인공습지

(1) 인공습지(생태적 수질정화습지)

- 인공습지의 개념은 자연발생적이 아닌 특정한 목적으로 조성된 습지를 말하며, 생태적 기능과 수질정화 기능을 겸한 인공적 시설물을 의미한다.
- 방수막 재료는 신축성 있는 재료로서 신장률은 200% 이상, 인장강도는 50kg/cm^2 이상의 것을 사용한다.
- 인공습지의 전체적인 구조는 평상시 점오염원, 강우시 비점오염원 처리를 고려하여 자유수면형 습지(Surface Wetland) 구조를 원칙으로 하고, 점 · 비점오염원 처리를 고려하여 정량적인 처리효율이 도출되어야 한다.
- 습지 배치 및 형태를 결정함에 있어서 먼저 대상지의 지형, 수리 · 수문, 토지이용 및 주변 생태계 등을 종합적으로 분석한다. 특히, 대상지의 지형적 잠재력을 최대한 고려하여 기존의 단순한 사각형 구조에서 탈피하여 지형에 순응하면서도 자연유하가 가능한 구조가 되도록 한다.

- 인공습지의 차수방안은 차수기능이 일정 차수계수를 보장할 수 있는 방수재를 이용하며 재질, 내구성, 경제성, 땅깎기된 지반의 토양특성 등을 고려하여 선정 · 사용한다.
- 동절기에 습지토양의 결빙방지와 겨울철 수리부하율을 증가시키기 위해 습지토양의 토심은 0.5m가 되도록 하는 것을 기본으로 하되, 지하수위나 특정 요인 발생시 유동성 있게 한다.
- 습지의 지형에 따라 식재토양의 일정토심을 유지하도록 하며, 토양은 실트, 자갈 섞인 모래, 점토 및 모래 섞인 실트로 구성되며 표토를 집토하여 보관하였다가 활용하도록 한다. 수생식물의 생육과 수질정화 등을 고려하여 친환경적인 토양 보조재료를 필요에 따라 사용할 수 있다.
- 습지의 내부에 부분적으로 자갈을 적용한 웅덩이와 골, 호안 부분에는 백석층 등을 이용하여 정화효과와 경관향상, 생물서식처 기능을 할 수 있도록 설치한다.
- 식재식물은 수질정화 효능이 있는 수생식물을 선정하며, 식물의 공급, 관리의 용이성, 지역자생 여부 등을 고려하여 식재종으로 갈대 등 현지 자생수종을 시스템적으로 식재한다.
- 수질정화 외에 경관과 생태적 기능, 어류서식처 제공 등의 기능을 고려하여 어리연꽃류, 수련류, 창포류 등 다양한 식생을 도입한다.
- 식재시 식물의 간격은 이입종 침입과 초기의 안정적인 정착을 고려하여 일정비율로 한다.
- 수생식물의 생태적 특성을 고려하여 토양을 선별 · 식재한다.
- 설계상에 계획된 식재 이전에 습지의 일정구간을 구획하여 시험식재하고 수생식물의 초기 정착도, 수질정화능력 등을 검토하여 식재밀도를 조정할 수 있다.
- 습지 전체를 한꺼번에 식재하지 않고 계절과 기후조건을 고려하여 침강저류지, 습지, 연못, 침전지 등 각 부위별로 나누어 기간을 두고 식재할 수 있다.
- 습지 주변의 자연생태적 경관 및 특성을 고려하여 수생식물을 선정 · 식재한다.
- 현지 유량의 계절적 특성이나 생태적 특성을 고려하고 환경공학적 측면에서 호안 등과의 관계를 고려하여 식재한다.
- 습지의 통수 이후에도 수질오염 농도 및 수리 · 수문학적 요소 등을 감안하여 식재밀도를 조정한다.
- 면적은 수리 · 수문적 특성, 토양, 지질, 식물 등 생태적 특성에 따라 달리 결정한다.
- 일반공사로 진행될 수 없는 특이성으로 인해 현장여건 등을 충분히 고려하여 시공 중에도 수리 · 수문, 토양, 식생 등 생태공학적 측면을 모니터링하면서 시공한다.

(2) 생태연못

- 인공적으로 조성되는 생태연못 및 습지형 생물서식처 등에 적용한다.
- 생태연못은 생물서식공간과 관찰 등 이용 · 학습공간으로 구분하여 조성한다.
- 생태연못은 안정성을 확보해야 하며, 가급적 목표종을 설정하도록 한다.
- 현장시공 전에 인근지역의 생태조사 자료를 활용하여 설계(도)서의 적합성 여부를 확인한다.
- 진흙은 국제토양학회 분류에 의한 입경 조성 기준을 적용하고 점성이 강해야 하며, 내부에 유기물이 적은 것을 사용하고, 방수 등을 위한 인공재료는 식생 및 수질에 영향을 주지 않는 재료로 한다.
- 벤토나이트를 사용하는 경우 pH 등 물환경의 변화에 따라 적절히 중화조치를 해야 한다.
- 폐사목과 통나무 놓기 호안의 통나무는 수피가 있는 자연목을 활용하고, 가급적 활엽수목을 사용한다.
- 수면 안에는 정수식물 및 침수식물 등 수생식물을 식재하고, 외부에는 습생식물과 호습성 식생을 식재한다.
- 생태연못에 도입되는 생물종(동 · 식물)은 가급적 인근지역에서 도입한다.
- 습지 및 연못의 수질보전과 수원 확보를 위한 수리계획을 수립한다.
- 시공 전후의 우수와 배수체계 변화 및 공사중 폭우 등에 대한 대책을 수립한다.
- 기존 수로의 변경이 필요한 경우 다른 지역에 미치는 영향을 분석하여 부정적인 영향이 미치지 않도록 시공한다.
- 지하수위가 높거나 지하수가 유출되는 곳에서는 용출수를 처리하기 위한 배수시설을 설치한다.
- 방수공법은 유입 가능한 물의 양과 물의 유입에 소요되는 비용을 고려하여 결정하며, 유입 가능한 물의 양이 적거나 물의 유입에 소요되는 비용이 많을 경우 불투수성의 시트방수공법을 선택한다.
- 진흙으로 바닥을 처리할 때에는 입자가 미세하고 점성이 강한 것을 일정한 두께로 포설한다.
- 방수재를 포설하는 경우에는 재료의 손상이 없도록 하고 접합 부위는 이중으로 접합한다.
- 자갈을 바닥에 깔 때에는 방수재의 손상을 방지하기 위해 자갈을 포설하기 전에 보호용 재료를 도포하며, 접합 부위가 분리되지 않도록 한다.
- 바닥면과 호안의 연결 부분은 누수를 막기 위해 진흙을 겹쳐 축조한다.

- 지반 침하가 우려되는 곳에서는 지반보강용 부직포를 방수층 아래에 포설하고 방수층에서 부등침하가 일어나지 않도록 한다.
- 급배수시설은 조경공사 표준시방서의 관수 및 배수 해당 항목에 따른다.
- 유입로는 사용되는 물의 종류에 따라 조성방법을 달리하며, 저류조, 침전조, 여과조 등을 두어 수질정화 효과를 가져 올 수 있도록 한다.
- 유입로는 유입되는 유량을 고려하여 유입로의 단면과 재질 및 기울기를 결정한다.
- 배수구 높이는 목표 수위와 같아야 한다.
- 호안은 물로 인한 축조면 약화를 방지하기 위해 지반다짐 및 구조체 보완시설을 설치한다.
- 자연석 쌓기를 할 때에는 조경석 해당 항목에 따르고 목재 등 물에 약한 재료는 방수 및 방부처리를 해야 한다.
- 자연석 쌓기를 할 때에는 구조적 안정성 확보 이외의 경우 지나치게 큰 자연석을 이용하지 않도록 한다.
- 주변에서 유입되는 물은 자연스럽게 유입되도록 하고, 물이 과다하게 유입되는 경우 월류보를 통해 집수정으로 흘러가도록 기울기를 만들어야 한다.
- 호안 조성은 다양한 생물이 서식할 수 있도록 다음과 같은 소재를 활용하여 조성한다.

  ① 폐사목 놓기 호안

  ② 통나무 박기 호안

  ③ 통나무 놓기 호안

  ④ 자연석 호안

  ⑤ 자갈 및 진흙 호안

  ⑥ 모래톱 호안
- 호안의 기울기는 주변 지형과 환경조건에 따라 다양하게 조성하고, 완만한 기울기를 요구하는 곳에서는 최소한 1:7보다 완만하게 한다.
- 식물 선정시 생태적인 균형을 고려해야 하며, 가급적 향토수종을 도입하도록 한다.
- 식생 도입을 위해 방수, 호안처리, 토심 확보 등의 필요한 조치를 사전에 시행한다.
- 연못에 도입되는 식생의 과다한 번식을 조절하기 위해 필요시 수중분 식재를 하거나 통나무 박기 등 식생의 확산을 방지하기 위한 시설을 설치한다.
- 연못의 일부분은 여름철 그늘을 형성할 수 있는 호습성 활엽수의 군식도입을 검토할 수 있다.

(3) 생태연못 서식처 조성

• 곤충서식처

① 산림이나 숲 가장자리 추이대 지역의 햇볕이 잘 드는 곳이 최적의 입지이다.

② 적당한 크기의 연못과 초지, 그리고 덤불이나 조그만 숲을 조성한다.

③ 연못의 크기는 50m^2 이상이면 좋고, 가까운 곳에 다른 연못, 수변공간이 있으면 더욱 좋다.

④ 곤충의 생활사를 고려하여 필요한 식생(흡밀식물, 먹이식물, 수액식물 등)을 도입한다.

⑤ 다공질 공간인 돌무더기 놓기, 통나무 쌓기, 고목 배치, 나뭇가지 더미 놓기, 낙엽층 및 부엽토 쌓기 등을 한다.

⑥ 연못 내부와 호안 주변에는 말뚝과 통나무를 배치하여 잠자리와 나비의 휴식장소를 제공한다.

⑦ 대상지가 소음이나 대기오염이 비교적 심한 경우 상록활엽수 등을 이용한 차폐식재를 통해 소음과 대기오염으로 인하여 곤충서식이 저해되지 않도록 한다.

• 어류서식처

① 어류의 서식에 지장을 주지 않도록 수질관리가 가능한 형태로 조성한다.

② 휴식 및 은신처로서 웅덩이나 연안의 가장자리 부근에 수초 및 돌틈을 조성한다.

③ 여름철 수온상승과 겨울철 동결심도를 고려하여 1m 내외의 깊은 수심을 일부 조성한다.

④ 모래, 자갈, 진흙 등의 재료를 이용하여 다양한 저서환경을 제공한다.

⑤ 연못에 어류를 도입하고자 할 때에는 연못을 조성한 후 부유물질 등이 가라앉아 수환경이 어느 정도 안정성에 도달할 때 어류를 도입한다.

⑥ 어류는 자생어종을 도입하되, 조성대상지역의 인근 유역에서 채집하여 방사한다.

• 양서류서식처

① 햇볕이 잘 드는 곳으로 물이 너무 차갑지 않아야 올챙이의 성장에 적합하며, 연못 주변의 수목에 의해 지나치게 그늘이 생기지 않도록 한다.

② 저습지의 규모는 최소 30m^2 정도로 한다.

③ 수심이 최고 1m에서 수변 부위는 0.35m 내외로 만들어 주어야 하며, 중앙 부분에는 턱을 만들어 가끔 개구리가 휴식(일광욕: 포식 후 먹이의 소화를 돕기 위함)할 수 있는 공간을 만들어준다.

④ 양서류의 생활사를 고려하여 휴식지, 산란지, 동면지 등을 함께 조성한다.

⑤ 양서류의 먹이가 되는 곤충 등의 유인을 위한 조치를 취한다.

- 조류서식처

① 연못 주위로 물새류를 유인하기 위해서는 수변부에 몸을 숨길 수 있는 갈대와 습지 수목의 숲을 조성하도록 하며, 물새들이 먹을 수 있는 각종 수생동물과 곤충류의 서식밀도를 높이도록 연못의 수변부를 다양하게 조성할 필요가 있다.

② 수심은 일반적으로 2m 이하의 깊이가 되게 하며, 다양하게 조성한다.

③ 호안은 완만한 비탈면으로 조성한다.

④ 다층구조화의 식생구조를 형성해 준다.

⑤ 나무구멍을 둥지로 이용하는 조류를 위해 인공새집을 가설해 준다.

⑥ 중도를 조성해 준다.

⑦ 조류의 휴식처로 인공식물섬이나 고목, 횃대 등을 조성한다.

⑧ 필요한 경우 조류관찰을 위한 이용자 통제 및 관찰시설(조류관찰벽) 등을 조성한다.

(4) 생태연못 모니터링

- 조성된 생태연못의 생태환경과 생물종의 변화추이를 관찰 · 기록하여 자연천이 과정을 살피고, 생태적으로 바람직한 관리방향을 제시하여 시행하는데 도움을 주도록 한다.
- 모니터링은 조성 직후부터 1년, 2년, 3년, 5년, 10년 등의 주기로 한다.
- 모니터링은 물리적 환경과 생물적 요소를 모두 고려하며, 외래종 등 관리 대상종에 특히 주의를 기울여야 한다.
- 모니터링은 가급적 지역주민, NGO, 전문가 등이 함께 참여하도록 한다.

(5) 생태연못 유지관리

- 수질 및 수량

① 물순환 시스템이 지속적으로 유지될 수 있도록 유입구와 유출구를 주기적으로 청소한다.

② 유입수에 포함된 이물질을 제거하기 위해 설치한 침전조는 주기적으로 청소한다.

③ 연못 내의 수질을 주기적으로 점검하여 수질이 나빠지고 있는 경우에는 물순환의 양과 횟수를 늘려준다.

④ 생태연못의 부영양화를 제어하기 위해 부영양화의 원인 물질인 영양염류의 유입원을 차단한다.

- 식물상

① 여름철에 성장한 수초는 겨울철에 말라서 연못 내에 잔존하게 되는데, 부영양화를 가져올 우려가 있는 경우 적절한 시기에 제거한다.

② 습지식물이 지나치게 번성한 경우 부수식물이 차지하는 면적이 수면적의 1/3 이하가 되도록 식물 하단부(뿌리부근)에 차단막을 설치하거나 수시로 제거해 준다.

③ 개망초, 환삼덩굴 등 귀화식물이 확산되어 우점종이 된 경우에는 인위적으로 제거한다.

④ 생태연못에 조성된 교목림 때문에 수면에 지나치게 그늘이 질 경우 가지치기를 해 주어야 한다.

⑤ 우점종이 출현하여 식물종이 단순화될 우려가 있을 때에는 우점종의 수를 줄여주고, 우점종 확산을 방지할 대책을 세운다.

- 동물상

① 인공습지의 목표종에 따른 개방수면의 면적비율은 공사시방서 또는 감독자의 협의에 의해 정한다.

② 모기 등 위생에 문제가 되는 생물종이 급증할 때에는 적절한 관리대책을 마련한다.

③ 수중 생물종을 위하여 항상 적절한 수질과 수온을 유지하도록 한다.

④ 붉은귀거북, 블루길, 베스, 비단잉어 등의 외래종은 제거한다.

- 이용자

① 출입이 제한된 생태연못 내로의 진입 등을 하지 못하도록 펜스, 안내판 등을 설치하여 출입자를 관리한다.

10) 훼손지 복원

(1) 생육기반 조성 및 보호

- 깊이 0.15m 미만으로 침식된 훼손지에는 원지형선까지, 깊이 0.15m 이상 침식된 지역에는 기반안정공사 후 0.15m 두께의 개량된 표토를 깐 뒤, 다짐처리하고 땅고르기한다.
- 비탈면의 원지표로부터 깊이 0.15m 이상 훼손된 지역은 먼저 깊이 0.3m까지는 잡석 채우기, 깊이 0.3m에서 0.15m까지는 왕모래, 잔자갈 채우기로 기반안정공사를 실시한다.
- 표토를 깔 때, 소반상(小斑狀) 또는 방석모양으로 분포하는 잔존식생은 그 자리에 보존하면서 표토를 채워 지면높이를 맞춘다. 그러나 불가피한 경우는 잔존식생을 떼어 한쪽에 가식하였다가 야생풀포기 심기에 사용한다.
- 강한 바람맞이 지역이나 바람 통로지역에는 방풍울타리를 설치하여 식생활착에 필요한 미기후를 조성한다.

(2) 야생풀포기 심기

- 겨울철 동해를 막기 위하여 식재공사는 현지에 자생하는 야생풀포기로 4월 초순~5월 중순 사이에 실시한다.
- 야생풀포기 심기는 기울기 20% 이상이거나 훼손이 심한 지역에 우선적으로 실시한다.
- 대상지 주변의 초원지대, 관목지대에서 0.1×0.2m 정도의 야생풀포기를 떼어내어 줄심기를 하며, 줄간격은 0.15m 정도로 한다.
- 야생풀포기는 가능한 이용객들의 시야에서 벗어난 곳에서 채취하며, 야생풀포기를 떼어낸 다음 반드시 개량된 표토를 원지표선까지 채우고 다짐한다.
- 야생풀포기를 떼어 낼 때에는 0.3m 이상 거리를 두어야 하고, 연속적으로 떼어내지 않는다.
- 풀포기를 두께 0.05m 정도로 떼어내고 가능한 뿌리흙을 부착시킨 채 운반한다.

(3) 파종

- 훼손지 복원에 사용하는 식물종자는 현지 또는 주변지역에 자생하는 종 또는 유사종을 선정한다.
- 파종식물은 가능한 훼손지에서 잘 생육하는 선구식물종과 식생천이계열상 중기식물종을 중심으로 선정한다.
- 볏짚식생매트는 피도 75%, 전중량 250g/m^2 정도의 볏짚거적에 현지에서 채종한 종자, 2겹의 식생용지, 완효성 특수코팅복합비료(14-14-14) 30g/m^{2}를 부착시켜 제조한다.
- 파종용 종자는 선별 후 1℃의 저온에 저장 후 파종시 호마이수화제 등으로 소독처리한 후 볏짚식생매트에 부착시킨다.
- 미세종자(1g당 100립 이상)는 삶아 말린 '조'와 부피비율 1:1,000 이상으로 혼합한 후 부착시킨다.
- 개량표토를 깐 생육기반공사지에 볏짚식생매트를 깔고 그 위에 개량한 표토를 0.01m 정도 두께로 살포한다. 그리고 볏짚식생매트 위에 거친 황마그물로 멀칭한 후 2m 간격으로 녹화핀을 꽂아 고정한다.
- 멀칭 재료는 규격 6.5세선/0.1m×4.5세선/0.1m의 황마로 짠 그물로서 차광률 35%, 중량 520g/m^2 정도이다.
- 녹화핀은 끝을 'U'자형으로 구부린 철근으로서 지역별 동결심도(약 0.3m) 이상으로 충분히 길고(∅10mm, L0.45m) 끝을 뾰족하게 다듬어야 한다. 단, 동결심도가 명확하지 않을 때는 핀의 길이를 0.45m 이상으로 한다.

(4) 야생초본류 뗏장 심기

- 뗏장용 식물은 훼손지 주위에서 야생하는 초본류를 중심으로 선정하며 일부 관목류도 포함한다.
- 현지에서 채종한 식물의 종자를 파종하여 뗏장을 만들되 한 가지 식물만을 이용한 단용 뗏장과 여러 식물을 혼파한 혼용 뗏장으로 구분하여 사용한다.
- 뗏장의 조기성숙을 위해 잔디류를 혼파하여 뗏장을 생산한다.
- 뗏장의 규격은 0.3m×0.3m를 원칙으로 한다.
- 야생초본류의 뗏장심기는 조경공사 표준시방서 잔디의 해당 항목에 따른다.
- 시공 후 뗏장이 활착할 때까지 1일 1회 충분히 관수한다.

(5) 등산로 복원 정비

- 등산로 복원 정비시 훼손된 등산로 경관이 주변 경관과 조화될 수 있도록 복원한다.
- 계획등산로를 제외한 자연발생적 등산로는 먼저 지형을 복원한 후 식생을 복원한다.
- 기존의 불필요한 구조물을 제거한 후 등산로를 복구 정비하도록 한다.
- 등산로 정비 및 복원공사는 산정상부에서 산록부 방향으로 하며, 동일 비탈면의 경우는 상부에서 하단부로 진행하도록 한다.
- 등산로 조성공사 후 경계책 설치공사를 할 때에는 콘크리트 기초와 함께 지주만 세워 놓았다가 식생복원공사가 끝난 후 철망과 유지관리용 출입문을 설치한다.
- 지반다짐용 장비는 램머(Hand Compactor) 등을 사용한다.
- 침식된 등산로는 하층부에서 상층부로 왕모래 잔자갈층, 사양토층 순으로 복구시켜야 한다.
- 등산로의 종단기울기에 따라 노면시설은 다음 기준을 적용한다.
  - 7% 이하 기울기 : 흙바닥 정비
  - 7~15% 기울기 : 노면침식이 적은 포장재료
  - 15% 이상 기울기 : 목재계단
- 등고선방향으로 형성된 등산로는 노면상의 지표수 집중 또는 정체를 방지하기 위하여 약 2~4%의 횡단기울기를 주어 신속한 노면배수를 유도한다.
- 종단기울기방향의 등산로를 따라 흐르는 지표수의 집중을 막기 위하여 적정 간격으로 횡단배수로를 설치한다.
- 횡단배수로의 출구 끝 부분은 부채꼴 모양의 사석돌받침(Stone Riprap)을 깔아주어 유수의 집중에 의한 세굴을 막고 유수를 비탈면 아래로 자연 분산시킬 수 있도록 한다.

(6) 흙바닥 등산로 복원 및 정비

- 현 등산로상의 암석이나 돌 등을 제거하고, 현지 사양토를 이용하여 노반을 평탄하게 정지한 후 40kgf/cm^2 이상의 균등한 지지력을 갖도록 인력으로 충분히 다진다.
- 등산로 양측으로 자연석(200mm×200mm×200mm 기준) 등 경계를 구획할 수 있는 자재를 사용하여 노면 좌우의 경계 표시로 한다.
- 유수에 의한 노변침식을 방지하기 위해 적정한 배수처리를 하며, 배수는 비탈면의 자연기울기에 따라 하단부로 분산되도록 한다.
- 안전한 등산 및 보행이 될 수 있도록 등산로 주변의 난간을 설치한다. 난간의 높이는 0.5~1.2m 미만으로 하며, 재료는 목재, 로프 등을 사용한다.

(7) 목재 계단로 복원 및 정비

- 우수에 의한 침식방지, 식생보전, 이용자의 안전 확보 측면에서 기울기 15% 이상의 비탈면에 설치하도록 하며, 그 이하라도 미끄러지기 쉬운 장소에 설치하도록 한다.
- 비탈면의 암석이나 돌 등을 제거하고 평탄하게 기반 정지작업을 한다.
- 통나무 계단은 수직박기용 통나무를 향하여 박은 후 수평깔기용 통나무를 1~2단으로 단단히 결속하고 흙을 뒷채움하여 다진다.
- 통나무 원목계단은 직경 0.3m 내외의 방부처리된 통나무를 단차이를 두어가면서 지반다짐과 함께 꺾쇠로 결속하여 견고하게 설치한다.
- 침목계단은 설계도서에 맞는 높이와 너비로 켜를 쌓아가면서 측면을 결속하여 단단하게 설치한다.
- 계단 설치 최상단 경계부와 최하단 경계부 밖의 노면에는 길이 1m 이상 튼튼한 재료로 마감처리하여 계단 끝부분이 훼손되지 않도록 처리한다.

(8) 평지형 보행로 복원 및 정비

- 보행동선 주변의 식생 훼손지는 동선 조성 부적합지역을 파악하여 이용 동선을 재조정해 준다.
- 보행로 주변 훼손지는 토양을 개량하거나 주변 표토를 살포한 후 주변식물의 종자를 파종하여 주연부 식생을 복원한다.
- 수목뿌리가 노출되어 수목의 생육환경이 불량한 경우 답압된 토양은 연화처리하고 수목뿌리보호공법을 시행한다.
- 수목뿌리의 채움재는 개량토양, 표토 등을 사용하며, 표토를 위해 포설한 후 복구 정비한다.

- 이용객의 답압이나 유수에 의한 침식방지와 연약지반의 보호를 위해 노면포장을 시행할 경우 강우시 미끄러지지 않도록 표면처리를 하는 등 이용객의 안전을 고려한다.
- 주변경관과의 조화를 고려하여 안정된 생태계가 조성될 수 있도록 바닥 포장 재료는 가급적 원목, 자연석, 자갈, 기타 자연석 재료로 조성한다.
- 자연석 포장시 편평한 면이 상단이 되도록 하며, 가급적 수평을 이루도록 하여 이용객의 피로도가 최소화될 수 있도록 시공한다.
- 시공 후 추가 훼손 방지 및 노면바닥에 유수 유입으로 인해 겨울에 노면이 얼어 미끄러지지 않도록 횡단배수로를 설치한다.

(9) 생태통로의 복원 일반사항

- 생태통로를 복원하기 위해서는 통로를 주로 이용할 동물에 대한 생태조사를 우선 실시하고 이에 따라 목표종을 선정한다.
- 생태통로의 형태, 설치 위치, 폭은 반드시 이용할 동물종에 대한 조사와 분석 후 결정한다.
- 생태통로의 설치 위치는 능선이나 건조한 지역을 선호하는 종과 계곡이나 습한 지역을 선호하는 종에 대한 생태적 특성에 따라 선정한다.
- 육교형 생태통로는 산림지역의 능선이 단절된 경우 조성한다.
- 박스형 생태통로는 흙쌓기 지역에 조성한다.
- 파이프형 생태통로는 양서 · 파충류의 이동을 돕기 위하여 설치한다.
- 기울어진 생태통로는 콘크리트 측구를 설치할 때 기울기를 주어 소동물이 빠지더라도 쉽게 빠져 나올 수 있도록 일정한 간격으로 설치한다.
- 징검다리 생태통로는 도시의 전체적인 네트워크를 고려하여 옥상에 곤충류, 조류 등을 위한 서식환경복원을 위하여 설치한다.

11) 생물서식공간 조성

(1) 생물서식공간 조성

- 복원 식생은 해당지역의 식생조사를 거쳐 대상지 내 식물개체와 같은 종의 개체를 활용한다.
- 생물서식공간에 자연관찰 · 학습의 기능을 수용할 수 있도록 포함시키는 경우 생태통로를 관찰 및 탐방로, 학습장 등과 연계시키고, 정보안내 기능 시설과 휴게공간 등 생물서식공간을 보호하는 범위 안에서 최소한의 시설물을 도입한다.
- 야생동물의 서식과 관련하여 둥지, 보금자리, 은신처로서의 틈새, 웅덩이, 관목숲, 덤불 등을 조성할 때는 인위적 형태나 인공적 마감재는 배제시킨다.

- 생태연못 등의 수생비오톱 조성에는 오염되지 않은 물을 수원으로 확보해야 하며, 곤충류와 어류가 공존할 수 있도록 수심의 변화를 주어 성충을 유인할 수 있는 서식공간을 조성하고 곤충과 어류의 산란조건을 갖춰야 한다.
- 수생비오톱의 오염을 방지하기 위해 식생정화대를 설치하고 정화효과가 탁월한 수생식물을 선정한다.

(2) 조류서식처 조성

- 조류의 서식환경에 적합한 유치 목표종을 선정하고 수질 및 식생 관리를 통하여 서식환경을 조성한다.
- 개방지역을 선호하는 조류는 개방지역을, 수면을 선호하는 조류는 개방수면을, 수풀을 선호하는 조류는 초지를 조성해 준다.
- 인간에 의한 간섭을 최소화할 수 있도록 인간과 생물간 적절한 이격거리를 확보해 준다.
- 조류의 먹이가 되는 수서곤충, 양서 · 파충류, 어류 등의 서식환경이 최대가 될 수 있도록 조성한다.
- 조류의 먹이가 될 수 있도록 팥배나무, 노박덩굴, 찔레나무, 초피나무, 산초나무, 벚나무, 감나무 등 식이식물을 식재한다.
- 조류관찰대는 조류가 채식이나 휴식을 하는데 인간의 관찰행위가 인지되지 않도록 조용한 환경으로 조성한다.
- 조류의 먹이가 되는 수초류가 자랄 수 있는 사수역을 조성하며 주변에 버드나무와 갈대밭 등 조성한다.
- 생물의 서식공간으로 수생식물지역과 개방수면의 비율은 1:1 정도가 바람직하다.
- 도요새류, 물떼새류, 할미새류는 하천의 수변부, 해안 갯벌 등을 선호하며 저서무척추동물인 갯지렁이류와 수서곤충 등을 채식하므로 하천의 자갈밭, 모래톱, 수변부의 초지 등을 조성한다.
- 논병아리, 뜸부기류는 유속이 거의 없는 정수역을 선호하며, 주 먹이는 수서곤충, 수초 등이므로 먹이가 풍부하게 유지되어야 한다. 최소 반경 50m 이상 부정형의 다원 모양으로 수심은 5m 이내로 조성한다.
- 가마우지류는 하구와 기수 및 염수성 호소지역을 선호하며, 주 먹이는 어류이고 번식지는 자연석을 이용하므로 인공 식물섬이나 횃대 등의 서식처를 조성해 준다.
- 백로 및 황새류는 얕은 수역에서 어류 및 무척추동물을 채식하므로 수위를 0.25m 이내로 유지하도록 한다.

- 수면성 오리류는 얕은 수심의 수생환경을 선호하며, 잠수성 오리류는 결빙되지 않은 안정적인 채식지와 바람을 피할 수 있는 휴식지가 중요한 요인이며, 수심 2~3m 정도의 지역을 선호한다. 호수의 경우 반경 300m 이상의 부정형 타원 모양으로, 하천의 경우 50m 이상의 폭으로 조성하며 인공섬은 호수면적의 1/5 이상, 1/3 이하가 되도록 조성한다. 얕은 수역(0.4~1.5m)과 깊은 수역(3m 이내)을 동시에 조성한다.
- 수리류는 개활지나 평지, 농경지 등에서 개구리류, 쥐류, 소형 조류 등을 포식하므로 개활지와 먹이사슬이 형성되도록 조성한다.
- 멧비둘기나 산새들을 위해 버드나무 등 교목류와 덤불을 조성해 준다.
- 조류의 서식처로 인간의 간섭이나 서식처 훼손 등 장애요인을 제거한다.

(3) 포유류 서식처 조성

- 포유류의 서식환경에 적합한 목표종을 선정하고 행동반경을 고려하여 서식환경을 조성한다.
- 너구리, 오소리 등 식육류는 수변과 인접한 산림내 개활지에 흙굴을 파서 생활하므로 쓰러진 흙, 나뭇가지, 돌더미 등을 이용하여 직경 0.5m×길이 2m의 동굴을 조성해 준다.
- 멧토끼는 흙이 움푹 들어간 곳을 잠자리로 이용하고 낮에는 나뭇가지 더미나 덤불에서 휴식하므로 덤불숲이나 나뭇가지를 쌓아 둔 시설을 조성해 준다.
- 멧돼지는 억새군락을 조성하거나 조릿대 군락지 등에 번식하며, 고라니는 초본을 깔고 자므로 억새나 조릿대 군락을 조성한다.
- 족제비는 어두운 굴을 선호하므로 직경 0.2m, 깊이 1m의 원통을 조성해 주되 입구는 돌더미, 흙, 나뭇가지 등으로 은폐한다.
- 수달은 수환경 생태계의 최상위 포식자로서 수변부와 삼림지대에 서식하므로 출입구는 직경 0.45~0.6m 흄관구조, 내부 보금자리는 높이 0.5m, 폭 1m의 공간을 조성하고 배설용 바윗돌은 최소 무게 30kg 이상, 표면적 50cm^2 이상 조성한다.

(4) 양서파충류 서식처 조성

- 양서파충류의 서식환경에 적합한 목표종을 선정하고 이동권을 고려하여 서식환경을 조성한다.
- 양서류의 개체수 증가는 먹이사슬을 다양하게 만들므로 생태연못 등을 조성하여 개체수 증가 등 종보전에 노력한다.
- 양서류의 이동거리는 대략 150m 정도로 반경 내에 다른 연못이나 수환경을 조성한다.

- 개구리류는 봄철에 번식을 위하여 산란장소인 수역으로 이동하고 여름철에는 먹이를 찾아 산림으로 이동하는 습성이 있으므로 도로 등으로 인하여 이동통로가 단절되지 않도록 한다.
- 햇볕이 잘 드는 곳으로 수온이 너무 차갑지 않아야 올챙이의 성장에 적합하다.
- 두꺼비류는 웅덩이와 같이 고여 있는 물에 산란하고 주변 야산에서 생활하며 수심 0.2~1m에 서식하므로 수위 변화가 거의 없어야 하고 물은 순환되도록 조성한다.
- 참개구리와 금개구리는 주로 저지대에서 서식하며 논웅덩이나 수로 등지에서 산란하고 그 주변에서 활동하며 동면하므로 이를 고려하여 서식처를 조성해 준다.
- 도롱뇽류는 폭 1~2m, 바닥에 낙엽층, 나뭇가지 등이 충분히 공급되고 계류의 경우 틈이 있는 돌무더기나 암반이 있는 곳에 산란하며, 산란지에서 100m 이내의 위치에서 동면하므로 낙엽이 많고 습도가 유지되는 계곡부에 나뭇가지, 고목 등을 조성한다. 산란지의 수심은 0.2m 내외가 적당하고 정수식물과 버드나무, 참나무 등의 산림과 연계되도록 조성한다. 수위변화는 거의 없어야 하고 물은 순환되도록 조성한다.
- 도마뱀류는 바위나 암반에 산란하고 일반적인 저지대 산림의 돌무더기에서 동면하므로 자갈, 모래, 낙엽을 이용하여 조성한다.
- 자라와 남생이 등 거북류는 계곡 주변, 서시내 웅덩이, 하천 등에서 관칠되며 소형물고기 등을 섭식하므로 마사토와 고운모래가 혼합된 형태로 면적은 $100m^2$ 이상 되도록 하고 홍수기에 잠기지 않도록 0.5~1m 이상 되도록 조성한다.
- 뱀류는 돌담이나 산비탈면의 가시덤불에서 많이 서식하므로 초지, 저습지, 논, 수로 등을 조성한다. 돌 크기는 0.3~0.4m 내외의 돌무덤을 조성하고 산림과 농경지가 연계되도록 한다.

12) 실내조경

(1) 실내조경 일반 요구조건

- 실내조경은 식물의 특성과 대상지의 광선, 온도, 수분, 토양을 고려하여 공간에 적합하도록 함은 물론 환경적, 심미적, 기능적으로 만족하도록 한다.
- 실측하거나 또는 관련공사 설계도서(건축, 설비, 조명 등)를 참고하여 도입식물의 생육에 적당한 광도를 확보한다.
- 식재지역의 실내온도를 실측 또는 예측하여 이에 부합하는 식물재료를 도입하거나 도입식물의 적정 생육온도를 확보하도록 하며, 특히 최저 · 최고 온도 및 일교차 등 생육한계온도에 유의한다.

- 도입식물의 수분 요구도를 참고하여 표면관수, 점적관수, 저면관수, 이중관수 등 적당한 관수방법을 채택하며, 뿌리에 물이 고이지 않도록 배수층을 조성한다.
- 실내식물의 생육 최소 광도는 1,000Lx, 생존을 위한 최소 광도는 500Lx로 하고 식물에 따라 인공조명을 보광할 수 있도록 한다.
- 식물의 생육에 필요한 광조건을 점검하고 자연광 유입이 하루에 3시간 이하인 경우 이에 대한 보광계획을 세워 시공한다.
- 실내식물의 생육적온은 23~25℃로 하고, 32℃ 이상이거나 5℃ 이하가 되지 않도록 하며 적당히 통풍이 유지되도록 한다.
- 실내의 냉·난방을 위한 기구를 설치하는 경우 식물생육에 방해되지 않는지에 대해 검토하고 환기시설이 적당한지에 대해 점검한다.
- 엽면관수 후 실내의 먼지집적으로 인해 식물생육이 불량해지지 않도록 실내환경을 점검한다.
- 실내식물의 생장기반이 되는 토양은 배수력과 보수력을 동시에 가져야 하며, 토양 개량제를 포함하는 배합토를 사용하는 경우 인공토양 식재의 토심 기준을 적용한다.
- 공사기간이 건축공사, 조명설비공사, 인테리어공사 등과 중복되는 경우 공정상의 문제가 야기되지 않도록 상호 협의하여 시공한다.

(2) 실내조경 식재용토

- 식재용토는 식물의 종류와 여건에 적합하도록 인공토양에 산흙, 마사토, 모래, 부엽토, 바크, 피트모스, 펄라이트, 질석, 화산회토 등의 토양개량제를 설계도면에 명시된 종류와 비율로 혼합한 배합토 또는 혼합 포장되어 있는 인공배합토를 사용한다.
- 별도로 규정하지 않는 한 토양부피에 대한 토양습윤 상태하의 무게비중은 0.6~1.2g/cm^{2}이며, 적합한 토양산도(pH) 범위는 6.0~7.0이 되도록 한다.
- 배합토의 비중을 가볍게 하기 위해 유기물과 공극이 큰 입자와 토양개량제를 첨가한다.
- 토양산도를 중화시키려면 질산칼슘비료나 석회를 첨가하고, 산성화시키려면 토양배합물에 피트모스를 첨가한다.
- 물의 침투와 이동이 불량한 경우 무기물이나 유기물을 첨가하여 공극률을 증대시킨다.
- 배합토의 통기성이 불량한 경우에는 거친 입자의 토양개량제를 첨가하며, 토양이 적당한 습윤상태에서 배합토 조성작업을 시행하고, 식재공사 과정에 지나치게 전압되지 않도록 한다.

13) 조경석

(1) 경관석 재료 일반

- 경관석은 경질의 돌로서 표면의 질감, 색채, 광택, 무늬 등이 우수하여 관상적 가치가 있어야 한다.
- 입석은 세워서 쓰는 돌로, 전후좌우 어디에서나 관상할 수 있어야 한다.
- 횡석은 가로로 쓰이는 돌로, 불안감을 주는 돌로 받쳐서 안정감을 가지게 한다.
- 평석은 윗부분이 편평한 돌로 안정감을 가지게 하며, 주로 앞부분에 배석하고 화분을 올려놓기도 한다.
- 환석은 둥글둥글한 돌로, 축석에는 바람직하지 못한 돌이나 무리로 배석하여 복합적인 경관이 형성될 수 있어야 한다.
- 각석은 각진 돌로 삼각, 사각으로 다양하게 이용되며, 사실적 경관미를 표현하는 배석이 되어야 한다.
- 사석은 비스듬히 세워서 이용되는 돌로, 해안 땅깎기벽과 같은 풍경을 묘사할 때 사용한다.
- 와석은 소가 누워 있는 것과 같은 돌로 횡석보다 더욱 안정감을 주어야 하며, 뒷부분 돌과의 조합에서 연결 부분을 가려주기도 하며, 균형미를 살릴 수 있도록 배석한다.
- 괴석은 흔히 볼 수 없는 특이하게 생긴 모양의 심미적 가치가 있는 자연석으로 개체미가 뛰어나야 한다.
- 경관석 선정은 단독 또는 무리지어 배석하는 자연석의 크기, 외형 및 종류를 설치 위치나 주변여건에 맞추어 선정하고 특수용도의 경관석은 미리 선정해 둔다.
- 경관석을 무리지어 배석하는 경우 중심석과 보조석의 2석조가 기본이며, 특별한 경우를 제외하고는 3석조, 5석조, 7석조 단위로 조합하는 것을 원칙으로 한다.

(2) 경관석 놓기

- 경관석을 설치하는 방향, 자세(누이기, 세우기, 빗놓기, 겹쳐놓기 등) 및 매입깊이 등을 설계도면 또는 공사시방서에 따라 감독자와 협의하고, 경관석 고유의 특징을 살릴 수 있도록 배치하되 주위 미관과 조화되도록 한다.
- 소정의 깊이를 터파기하여 앉히고 옆은 돌받침, 돌괴, 콘크리트 뒤채움 등을 하여 흔들리지 않게 한 다음 주위 흙을 빈틈없이 밀어 넣으며 다져 메운다.
- 세운돌, 빗세운돌, 설치에 있어서 쓰러지지 않도록 깊게 묻거나 돌받침, 콘크리트 뒤채움 등을 튼튼히 하고 주위 흙을 채워 다진다.

- 생김새가 좋은 경관석을 설치할 때에는 경관석이 가진 특징을 충분히 살릴 수 있도록 관상 가치를 고려하여 설치한다.
- 돌을 설치하는 작업이 끝나면 돌틈과 주위에 마른 흙을 채워 수평으로 메우고, 채우는 흙의 두께 0.3m마다 충분히 다진다.
- 돌을 겹쳐 놓을 때에는 흔들거리거나 무너지지 않게 상 · 하, 좌 · 우, 전 · 후의 돌과 잘 맞물리도록 하고 필요에 따라 받침돌, 고임돌, 콘크리트 뒤채움 등을 하며, 아래에 놓은 돌은 상부에 놓은 돌보다 큰 것을 사용하는 것을 원칙으로 한다.

(3) 디딤돌 및 징검돌 놓기

- 보행을 위하여 공원, 정원의 잔디 또는 나지 위에 설치하는 디딤돌과 연못, 수조, 계류 등을 건너기 위하여 설치하는 징검돌 놓기 공사에 적용한다.
- 디딤돌로 쓰이는 재료는 평평한 자연석 또는 판석 등의 가공석과 단위포장재 전돌로 구분하고 그 재질, 크기, 모양새 등은 설계도면 및 공사시방서에 따른다.
- 디딤돌의 배치간격 및 형식 등은 설계도면에 따르되, 윗면은 수평으로 놓고 지면과의 높이는 설계도면 또는 공사시방서에서 정한 바가 없는 경우 0.05m 내외로 한다.
- 디딤돌의 두께에 따라 터파기를 하고 지면을 다진 후 안정되게 놓고 밑에서 괴임돌 등으로 흔들리지 않게 설치한 다음 주위를 흙으로 메우고 다진다.
- 징검돌은 상 · 하면이 평평하고 지름 또는 한 면의 길이가 0.3~0.6m, 높이 0.3m 이상인 크기의 강석을 주로 사용한다.
- 징검돌은 설계도면 또는 공사시방서에 따라 소정의 깊이까지 터파기를 하고 콘크리트기초를 한 위에 모르타르로 고정하여 설치하며, 높이는 설계도서에 따르되 평균수위보다 0.15m 내외로 높게 하는 것을 원칙으로 한다.

(4) 조경석 쌓기

- 경관적 목적 또는 구조적 목적으로 자연석을 쌓아 단을 조성하는 경우에 적용한다.
- 조경석 쌓기에 쓰이는 돌은 자연석 및 가공조경석을 사용하며, 기초 부분은 터파기한 지면을 다지거나 콘크리트기초를 한다.
- 크고 작은 조경석을 서로 어울리게 배석하여 쌓되 전체적으로 하부의 돌은 상부의 돌보다 큰 것을 쓰며, 석재는 자연스러운 면이 노출되게 하고 서로 맞닿는 면은 흔들림이 없도록 한다.
- 뒷부분에는 고임돌이나 뒤채움돌을 써서 튼튼하게 쌓아야 하며, 필요에 따라 중간에 뒷길이가 0.6~0.9m 정도의 돌을 맞물려 쌓아 붕괴를 방지한다.

- 미리 지반을 조사하여 연약지반은 말뚝박기 등으로 지반을 보강하고 필요한 경우 콘크리트나 잡석 등으로 기초를 보완하는 등 하중에 의한 침하를 방지해야 한다.
- 가로쌓기

① 조경석을 약간 기울어진 수직면으로 쌓을 때에는 설계도면 및 공사시방서에 따라 석재면을 기울어지게 하거나 약간씩 들여쌓되, 돌을 기초 또는 하부돌에 안정되게 맞물리고 고임돌과 뒤채움 콘크리트 등을 쳐넣어 흔들리거나 무너지지 않게 쌓는다.

② 상 · 하, 좌 · 우의 석재는 크기, 면, 모양새가 서로 잘 어울리고 돌틈이 크게 나지 않게 하며 잔돌을 끼우는 일이 없도록 가로로 길게 놓아 쌓는다.

③ 설계도면 및 공사시방서에 명시가 없는 경우 높이가 1.5m 이하일 때에는 메쌓기를 하고 1.5m 이상인 경우와 상시 침수되는 연못, 호수 등은 찰쌓기로 한다.

- 세워쌓기

① 조경석을 줄지어 세워놓고 돌 주위는 뒤채움돌, 고임돌, 받침돌 또는 콘크리트를 채워 견고하게 설치한다.

② 좌 · 우 돌의 겹치기, 띄기 등은 설계도면에 따라 전체가 조화되게 배열한 다음 흙을 필요한 높이까지 채워 다진다.

③ 둘째 단 돌의 밑부분은 하부석의 윗부분 뒤에 약간 걸리게 세워놓고 주위는 흙을 채워 다지며, 다음의 돌은 둘째 단의 돌 뒤에 걸리게 세워놓고 흙을 채우며 소정 높이까지 쌓는다.

④ 돌쌓기가 완료되면 뒤에 흙을 채워 다지며 지면 고르기를 하여 마무리한다.

14) 유희시설

(1) 유희시설 안전기준

- 보트, 관 등의 끝부분이나 땅깎기 단부 등의 돌출 부위는 둥글게 처리하여 인체나 의복 등이 걸리지 않도록 하고, 마개를 씌울 경우에는 도구를 사용하지 않으면 뺄 수 없도록 단단히 고정시킨다.
- 기초콘크리트, 유희시설의 면모서리, 구석모서리는 둥글게 처리하거나 모따기를 한다.
- 망루, 놀이집 등의 밀폐공간은 투시형으로 하여 비도덕적이거나 비행장소로 사용되지 않도록 한다.
- 계단, 통로 등의 디딤면은 미끄러지지 않도록 하고, 활주면과 같이 신체의 접촉 또는 마찰이 빈번히 발생하는 곳에는 녹이 발생하지 않도록 처리한다.

- 유희시설의 기초콘크리트 등 지하매설물은 놀이터 바닥면 위로 노출되지 않도록 하며, 모래에 매설하는 경우 모래 상단면으로부터 최소 0.05m 이상 깊게 매설한다. 또한 놀이로 인한 기초콘크리트의 노출로 신체와의 접촉이 예상되는 기초 상단면 모서리는 모따기한다.
- 그네, 회전무대 등 동적 유희시설은 시설물 주위로 2m 이상의 여유공간을 확보하고 시소 등 정적인 시설은 1.5m 이상의 여유공간을 확보하며, 시설간 이용공간의 중복이 없도록 한다. 또한 시설 간의 간격은 어린이가 뛰어넘을 수 없도록 충분한 간격을 띄운다.
- 그네, 회전무대 등 충돌의 위험이 많은 시설은 보행동선과 놀이동선이 상충하거나 가로지르지 않도록 배치한다.
- 철봉, 사다리, 그네 등 시설의 착지점에는 타 시설을 설치하지 않아야 한다.
- 추락위험이 있는 유희시설 주변은 모래 등 충격을 흡수 · 완화할 수 있는 완충재료를 사용한다.
- 동력 유희시설은 관련규정이나 설치업체의 안전기준을 따른다.
- 유희시설이 도입되는 놀이터 경계가 옹벽, 석축으로 되어 있거나 기울기가 심한 곳은 난간, 차폐식재 등 안전시설을 설치한다.

(2) 목재의 가공 및 제작

- 목재의 가공 및 제작은 목재구입 → 용도별 절단 → 박피 · 제재 · 깎기 → 구멍뚫기 · 따내기 · 모다듬기 등 1차 가공 → 건조 → 방부처리 → 양생의 순서로 제작한다.
- 목재의 단면을 표시하는 치수는 마무리치수로 하며 건조, 수축, 대패질, 기타 마무리 여유를 두어 3~5mm 정도 크게 제재한다.
- 목재 보관은 변형, 오염, 손상, 변색, 부패, 습기 등을 방지할 수 있도록 지면에 직접 접촉되지 않도록 하고, 습기나 직사광선에 직접 노출되지 않으며 통풍이 잘 되는 곳에 보관한다.
- 목재의 건조는 자연건조법과 인공건조법을 사용할 수 있으며 시공기간, 비용의 경제성, 목재의 품질을 고려하여 적절한 건조법을 선택한다.
- 목재의 자연건조는 적정한 온도, 습도, 풍속 등의 조건에서 건조시켜 함수율 12~18%의 기건상태가 되도록 하며, 인공건조는 1~3개월 정도 자연건조된 목재를 사용한다.
- 목재의 마감면은 별도의 규정이 없는 경우 모두 대패질 마무리를 하며, 마무리 정도는 상 · 중 · 하 구분 등급에서 상으로 한다.
- 목재의 끝부분은 둥글게 마무리해야 하고 기둥의 갈라짐을 예방하며 신축성을 높이기 위해 목재의 섬유방향으로 각 면의 중앙부에 선형의 홈을 줄 수 있다.

(3) 목재의 방부

- 유희시설용 목재는 방부처리된 것을 사용하고, 필요한 경우 별도의 방충 및 방연처리를 시행한다. 방부제, 방충제, 방연제의 품질, 종류, 용제 및 농도는 공사시방서에 따른다.
- 방부처리는 개설법, 가압법, 침지법, 도포법, 주입법, 표면탄화법, 뿜칠법으로 구분하며, 사용환경과 용도에 따라 적절한 방법을 사용한다.
- 방부처리는 산림청, 목재의 방부 · 방청처리 기준에 의한 목재의 사용 환경 구분에 따른 단계별 구분기준에 따른다.
- 목재는 방부처리 전에 방부처리를 원활하게 하기 위해 건조되어야 하며, 건조처리된 목재의 함수량은 18~25%로 한다. 구체적인 함수율 기준은 공사시방서에 따른다.
- 방부처리된 목재가 절단, 대패질 등의 추가가공이 되었을 경우에는 가공 부위에 대하여 방부제를 도포하여 방부성능이 저하되지 않도록 한다.

연습문제

01 조경공사 특성에 대하여 기술하시오.

02 시방서의 종류에 대하여 설명하시오.

03 시방서에 포함되어야 할 내용은?

04 조경공사에 있어서 시방서, 설계도면, 내역서 등 설계(도)서 간의 내용이 상이한 경우 적용순서는?

05 시방서의 정의, 내용, 분류에 대하여 설명하시오. (출처: 전익요, 조경시공실무, 2013)

06 조경공사 표준시방서 용어의 정의에 대한 설명이다. (　　) 안에 들어갈 용어를 쓰시오.

(출처: 전익요, 조경시공실무, 2013)

① (　　　) : 해당공사의 시행주체로서 공사를 시행하기 위하여 입찰을 부여하거나 공사를 발주하고 계약을 체결하여 이를 집행하는 자를 말한다.

② (   ) : 공사에 관해 발주자와 도급계약을 체결한 자 또는 회사를 말하며, 기타 규정에 의거 인정된 수급인의 대리인과 승계인을 포함한다.

③ (   ) : 공사감독을 담당하는 자로서 발주자가 수급인에게 감독자로 통보한 자와 그의 대리인 및 보조자를 포함한다.

④ (   ) : 발주자의 위촉을 받아 공사의 시공과정에서 발주자의 자문에 응하고 설계도서대로의 시공 여부를 확인하는 등 감리를 행하는 자를 말한다.

⑤ (   ) : 공사시방서, 설계도면, 물량내역서 및 현장설명서 및 질의응답서를 말한다.

⑥ (   ) : 수급인(혹은 현장대리인)으로부터 요청된 사항에 대해 감독자(혹은 발주자, 감리원)가 권한의 범위 내에서 서면으로 허락함을 뜻한다.

07 **인공지반 위의 조경수목 및 초본류, 잔디 등 식재에 필요한 토양의 심도에 대한 표준시방서 내용을 간략하게 쓰시오.** (출처: 진익요, 조경시공실무, 2013)

08 **인공식재 기반조성에서 인공토양의 구비조건에 대한 표준시방서 내용을 간략하게 기술하시오.** (출처: 진익요, 조경시공실무, 2013)

09 **벽돌쌓기공사에 대한 표준시방서 내용을 간략하게 작성하시오.** (출처: 진익요, 조경시공실무, 2013)

10 **조경수목을 이식하기 위한 굴취작업의 표준시방서 내용을 간략하게 기술하시오.** (출처: 진익요, 조경시공실무, 2013)

11 수목재료의 측정기준에 대한 표준시방서 내용을 간략하게 기술하시오.

(출처: 전익요, 조경시공실무, 2013)

12 임해매립지 식재 기반조성에 대한 표준시방서 내용을 간략하게 작성하시오.

13 정지작업 중 마운딩조성에 대한 표준시방서 내용을 간략하게 작성하시오.

14 수목운반에 대한 표준시방서 내용을 간략하게 작성하시오.

15 조경석쌓기에 대한 표준시방서 내용을 간략하게 작성하시오.

16 유희시설의 안전기준에 대한 표준시방서 내용을 간략하게 작성하시오.

CHAPTER

3

시공계획 및 공정관리

1 시공계획

2 공정관리

3 원가관리

4 품질관리

5 안전관리

제3장 시공계획 및 공정관리

01 시공계획

1-1 시공계획의 목적

설계도면 및 시방서에 따라 양질의 공사목적물을 생산하기 위하여 기간 내에 최소 비용으로 안전하게 시공할 수 있도록 제반 계획을 세우기 위한 것이다. 건설공사의 시공계획은 사전조사, 시공기술계획, 일정계획, 가설계획과 조달계획, 관리계획 등이 포함되며 발주자가 의도하는 품질, 기능 및 구조, 형태를 확보하려면 시공계획과정에서부터 발주자와 긴밀한 사전협의가 필요하다.

1-2 시공계획 시 일반적 원칙

- 재료와 제품의 이동에 소요되는 작업량을 최소화한다.
- 각 작업의 1일 작업량을 일정하게 계획한다.
- 작업은 되도록 기계화하여 공정을 단축하며, 작업량에 적합한 기계를 선정하여 작업능률을 높인다.
- 작업에 여러 기계와 설비를 함께 사용하는 경우 각각의 성능을 고려하여 고르게 이용될 수 있도록 계획한다.

1-3 시공계획 내용

- 사전조사
  - 계약서, 설계도서, 계약조건의 검토
  - 현장조건, 주변 환경 등 현지답사
- 노무계획
  - 직종별 인원과 사용기한
- 자재계획
  - 자재별 반입시기와 수량 확인
  - 종류별 수량과 소요시간

- 공정계획
  - 예정공정표 작성 및 검토
  - 공사순서와 시공법의 기본방침 결정
  - 일일, 주간, 월간 계획 대비 실제 공정 확인
  - 공기와 작업량 및 공사비 검토
- 자금계획
  - 실행예산서 작성
  - 자금 및 수지계획
- 기계사용계획
  - 시공기계 선정과 운용계획
  - 기종별 수량과 사용기간
  - 운반계획(방법과 시간)
  - 안전관리계획

1-4 시공계획의 수단과 목표

1) 생산수단(5M)

- 인력(Men)
- 재료(Materials)
- 기계(Machines)
- 자금(Money)
- 방법(Method)

2) 생산목표(5R)

- 제품(Right Product)
- 품질(Right Quality)
- 수량(Right Quantity)
- 공기(Right Time)
- 가격(Right Price)

1-5 시공관리

1) 목적

정해진 기간 내에 공정계획에 의한 관리를 함으로써 공기뿐 아니라 품질과 원가에 대한 적정성을 확보하는 데 있다.

2) 시공관리 단계

① 계획 : 공정계획에 의한 실시방법 및 관리의 생산수단(5M) 사용계획 수립

② 실시 : 공사의 진행, 감독, 작업의 교육 및 실시

③ 검토 : 작업 내용을 검토하여 실적자료와 계획자료를 비교 · 검토

④ 조치 : 실시방법 및 계획을 수정하여 재발 방지와 시정 조치

계획 → 실시 → 검토 → 조치

3) 시공관리 내용

① 공정관리 : 시공계획에 입각하여 합리적이고 경제적인 공정 결정

② 원가관리 : 경제성 확보를 위한 재료비, 노무비, 기타 현장경비를 통합적으로 분석

③ 품질관리 : 설계도서에 규정된 품질에 일치되거나 보다 좋은 품질을 위한 노력

④ 안전관리 : 공사시 발생하는 안전사고의 예방노력 및 관리

4) 시공관리의 3대 목표

- 품질은 좋게(품질관리)
- 공사기한은 빨리(공정관리)
- 경제성은 싸게(원가관리)

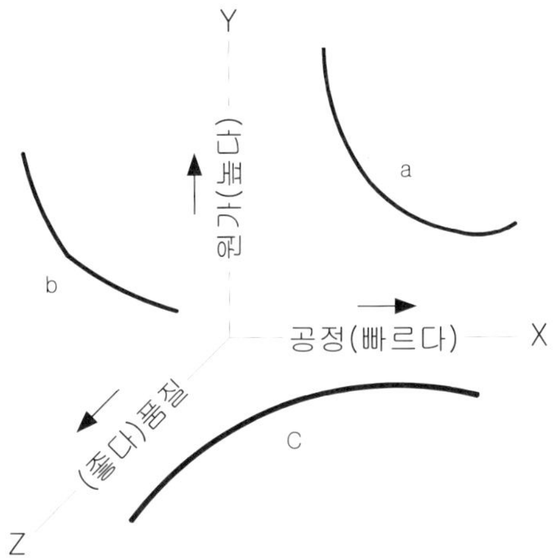

[그림 1] 공정 · 원가 · 품질의 상관관계

출처: 정용조, 조경적산 및 실무연습, 한국조경신문, 2017.

02 공정관리

2-1 공정계획 절차

부분작업의 시공순서를 결정 → 공정에 적정한 시공기간을 산정 → 총공사기간 범위에서 시공속도를 균등히 → 각 공정을 타당한 시간범위에서 진행 → 공기 내에 공사 종료

2-2 공정관리 기능

1) 계획기능

- 시공계획 : 시공법, 시공순서 등 기본방침 결정
- 공정계획 : 순서와 일정 계획, 공정표 작성
- 사용계획 : 재료, 노무, 기계장비, 자금 등의 사용 시기, 품목, 수량, 수송 등 계획

2) 통제기능

- 진도관리 : 공정표상의 계획과 실시된 공사와의 비교
- 작업량관리 : 작업량, 사용량 등 실적자료 정리와 검토
- 조달관리 : 재료, 노무, 기계, 자금 등의 조달
- 시정조치 : 작업내용 개선, 공정의 진척, 계획의 재검토

2-3 공정 · 원가 · 품질의 상관관계

- 공기가 너무 빠르거나 늦으면 원가 상승 : 최적 공기 설정
- 원가가 낮을수록 품질 저하 : 원가와 품질의 합리적 조정
- 공기가 너무 빠르면 품질저하 : 적정 공기 확보 필요

2-4 최적 공기 결정

1) 최적 공기

직접비(노무비, 재료비, 가설비, 기계운전비 등), 간접비(관리비, 감가상각비 등)를 합한 총 건설비가 최소로 드는 가장 합리적인 공기를 말한다.

2) 표준 공기

표준비용(각 공종의 직접비가 최소로 투입되는 공법으로 시공하면 전체 공사의 총직접비가 최소가 되는 비용)에 요하는 공기, 즉 공사의 직접비를 최소로 하는 최장 공기를 말한다.

2-5 공정표

1) 정의

- 공사의 진척을 알기 쉽게 도표로 표기하여 공사의 제반 문제점을 파악할 수 있을 뿐 아니라 공사기간 단축과 양호한 품질시공 등을 도모하기 위하여 사용한다.
- 공사 전체를 표시한 전체공정표가 있고, 부분작업을 위한 부분공정표가 있다.
- 일반적으로 횡선식 공정표, 사선식 공정표(기성고 공정곡선), 네트워크 공정표 등이 있다.

2) 공정표의 종류

(1) 횡선식 공정표(막대그래프 공정표, Bar Chart, Gantt Chart)

- 세로축에 공사종목별 공사명을 배열하고 가로축에는 각 공사명별 소요시간을 막대의 길이로 나타낸다.
- 제1차 세계대전 중 미 육군 병기국에서 병기생산을 위해 Henry L. Gantt가 개발한 칸트차트(Gantt Chart)에서 개량된 것이다.

① 장점

- 공정별, 전체 공사시기 등이 일목요연하게 나타냄으로써 알아보기 쉽다.

- 공정표가 단순하여 작성하기 쉽고, 수정작업도 용이하다.
- 작업의 시작과 종료가 명확하다.

② 단점

- 관리의 중심(주공정)을 파악하기 곤란하다.
- 작업의 수가 많을 경우 상호관계 파악이 어렵다.
- 작업상황 변동시 탄력성이 떨어진다.
- 전체의 합리성이 떨어지고 관리통제가 어렵다.
- 대형공사에서 세부공사를 표현하기 어렵다.

③ 용도

- 간단한 공사에 적용
- 시급을 요하는 공사에 적용
- 개략적인 공정표 필요시
- 공정을 비교할 때

(2) 사선식 공정표(기성고 공정곡선)

- 작업의 관련성은 나타낼 수 없으나 예정공정(기성고)에 대비하여 공정의 움직임 파악이 쉬워 공사지연에 대한 조속한 대처가 가능하다.
- 가로축은 공기, 세로축은 공정을 표시하여 공기와 공정의 관계를 쉽게 파악할 수 있다.
- 기성고 공정곡선, 바나나곡선, S-curve라고도 한다.
- 공정의 움직임을 정확하게 파악하기 곤란한 횡선식 공정표의 결점을 보완하여 예정공정과 실시공정을 대비시킨 진도관리를 위해 기성고 공정곡선을 사용한다.
- 기성고 공정곡선은 1일 공사기성량을 누계곡선으로 표현하고 예정과 실행을 비교하는 방법이다.
- 공정표 작성시 다음 내용을 포함하여 작성한다.
  - 횡성식 공정표를 작성한다.
  - 부분공종에 대하여 공사기간을 횡축에, 공사비(또는 총공사비에 대한 %)를 종축에 작성하고, 각각의 부분공정곡선을 작성하는 데 단순화를 위해 직선을 사용한다.
  - 횡축은 월별로 구분하고, 각 월에 대하여 부분공사의 공사비(또는 총공사비에 대한 %)를 가산하여 총공사비를 누계한 예정공정곡선이 작성된다.

- 누계곡선은 착공 초기에 진척상황이 완만하고 중간에 급해지며 준공단계에서 다시 완만해지는 양상인데, 전체적으로 S자형 곡선이 된다.
- 공정추진에는 계획곡선과 실행곡선이 일치하지 않는 경우가 많은데, 차이가 클 경우 공정회복이 어려운 상황을 초래하게 되므로 계획선의 상하에 허용한계곡선(바나나곡선)을 두어 안전구역 내에 실시공정곡선이 유지되도록 공정을 관리한다.

① 장점

- 전체공정의 진도 및 시공속도 파악이 쉽다.
- 바나나곡선에 의해 관리의 목표가 얻어진다.

② 단점

- 공정의 세부진척 상황을 파악하기 어렵다.
- 개개의 작업을 조정할 수 없다.
- 주공종표로 사용하기 어려워 보조적인 수단으로만 사용한다.

③ 용도

- 다른 방법과 병행하여 사용(보조수단으로 사용)
- 공정의 경향분석에 사용

(3) 네트워크 공정표

- 화살선과 원으로 조립된 망상도로 표현하며, 도해적으로 공사의 전체 및 부분을 파악하기 쉽고, 시간(시작, 종료, 여유)을 정량적으로 알 수 있다.
- 1958년 미국의 해군 Polaris 잠수함 미사일 건조기간 단축을 위하여 개발된 PERT(Program Evaluation and Review Technique)와 1957년 Dupont사에서 기업규모 확대 및 경쟁력 강화를 위하여 시간 이외의 비용문제를 중심으로 개발된 CPM(Critical Path Method)이 네트워크 기법을 이용한 대표적인 공정관리기법이다.
- PERT(Program Evaluation and Review Technique)는 확립된 표준이 없는 조건에서 수행되는 신규 사업에 많이 이용되며, CPM(Critical Path Method)은 경험이 많은 반복적인 사업 또는 작업표준이 확립된 사업에 적용된다.

① CPM과 PERT의 비교

구 분	PERT	CPM
개 발	• 미 해군 개발(1958), polaris 잠수함 탄도미사일 개발에 응용	• Dupont사에서(1957) 플랜트 보전에 이용
주 목 적	• 공사기간 단축	• 공사비용 절감
활 용	• 신규사업, 비반복사업, 대형 프로젝트	• 반복사업, 경험이 있는 사업
요소작업 시간추정	• 3점 추정 • 신규사업을 대상으로 하기 때문에 3점 추정시간을 취하여 확률 계산	• 1점 추정 • 경험이 있는 사업을 대상으로 하기 때문에 정상 시간치로 소요시간 추정
일정계산	• 결합점(node) 중심의 일정계산 • 최조시간(최초시간) ET, TE (earliest expected time 또는 earlist time) • 최지시간(최지시간) : LT, TL (latest allowable time 또는 latest time)	• 작업(activity) 중심의 일정계산 • 최조개시시간 : EST(earliest starting time) • 최지개시시간 : LST(latest starting time) • 최조완료시간 : EFT(earliest finishing time) • 최지완료시간(LFT(latest finishing time) 작업중심의 여유(float)시간 • 총여유 : TF(total float) • 자유여유 : FF(free float) • 간섭여유 : IF(interfering float) • 독립여유 : INDF(independent float)
주 공 정	• TL－TE＝0(굵은선)	• TF－FF＝0(굵은선)
일정계획	• 일정계산이 복잡 • 결합점 중심의 이완도 산출	• 일정계산이 자세하고 작업 간 조정 가능 • 작업 재개에 대한 이완도 산출

출처: 정용조, 조경적산 및 실무연습, 한국조경신문, 2017.

② 장점

- 공사의 전체 및 부분 파악이 쉽고, 부분 조정시 전체에 미치는 영향을 알기 쉽다.
- 관리의 중심(주공정)을 파악하여 집중관리가 가능하다.
- 공사일정 및 자원배당에 따른 문제점에 대하여 예측이 가능하다.
- 최적비용으로 공기단축이 가능하다.

③ 단점

- 공정표 작성과 검사에 숙련과 많은 시간이 요구된다.
- 수정작업이 어려워 작성시와 동일하게 상당한 시간이 필요하다.

④ 용도

- 대형공사에 적용한다.
- 복잡한 공사에 적용한다.
- 중요한 공사에 적용한다.

⑤ 네트워크 용어

㉠ 작업(Activity)

- 화살표로 나타낸다.
- 프로젝트를 구성하는 단위작업을 나타내며, 작업명과 소요시간을 화살표 위아래로 나타낸다.
- 화살표의 길이와 작업일수는 관계가 없다.

㉡ 결합점(Node, Event)

- 원으로 나타낸다.
- 작업의 시작과 끝을 나타내며, 작업과 작업을 연결하는 점이다.
- 정수를 사용하여 작업진행방향으로 작은 수에서 큰 수의 순서로 부여한다.

㉢ 결합점시각(Event Time)

- 개시결합점을 0으로 하여 각 결합점에 도달하는 시간을 의미한다.
- 최조결합점시각과 최지결합점시각으로 구분한다.
- 최조결합점시각(TE) : 임의의 결합점에서 개시할 수 있는 가장 빠른 시각
- 최지결합점시각(TL) : 임의의 결합점에서 완료하는 작업의 모두가 늦어도 완료되지 않으면 안 될 시각

㉣ 작업시간(Activity Time)

- 작업의 개시와 완료시각의 상관관계에 따라 최조개시시각(Earliest Starting Time, EST), 최조완료시각(Earliest Finishing Time, EFT), 최지완료시각(Latest Finishing Time, LFT), 최지개시시각(Latest Starting Time, LST)으로 구분한다.
- 최조개시시각(EST): 작업을 가장 빨리 개시할 수 있는 시각
- 최조완료시각(EFT): 작업을 가장 빨리 종료해도 되는 한계의 시각
- 최지완료시각(LFT): 공기에 영향이 없는 범위 내에서 작업을 가장 늦게 종료해도 되는 한계의 시각
- 최지개시시각(LST): 공기에 영향이 없는 범위 내에서 작업을 가장 늦게 개시해도 되는 한계의 시각으로 완료시각에서 소요시간을 공제한 시각

㉤ 더미(Dummy)

- 화살선을 파선으로 나타낸다.
- 명목상의 작업으로 소요시간은 0(Zero)이다.
- 넘버링 더미(Numbering Dummy): 두 작업의 전후 결합점 번호가 같을 경우를 방지하기 위해 넣는 더미를 말하며, 결합점과 결합점 사이에는 작업이 하나이어야 한다.

㉥ 여유시간(Float)

- 공기에 영향을 주지 않고 지연시킬 수 있는 시간이다.
- 작업의 대기시간이다.
- 총여유시간과 자유여유시간이 있다.
- 총여유 : 최초개시시각에서 시작하여 최지완료시각에 끝날 경우의 여유시간
- 자유여유 : 최초개시시각에 영향을 주지 않는 범위에서 작업에 사용할 수 있는 여유시간

㉦ 경로(Path)

- 임의의 두 결합점을 실선 방향(또는 역방향)에 따라 연결하는 Path를 말한다.
- 최장경로(Longest)와 한계경로(Critical Path)로 구분한다.
- 최장경로 : 임의의 결합점 p에서 또 다른 q에 이르는 경로 중 소요시간 합계가 가장 긴 경로를 말한다.
- 한계경로 : 개시결합점에서 완료결합점에 이르는 최장경로를 말하며, 다른 경로와 구별하기 위하여 굵은선으로 표시하는데, 공정계획 및 공정관리상 가장 중요한 경로가 되며, 공기는 이 한계경로에 의하여 결정되고 중점적 관리대상이 된다.
- 네트워크 공정계획 수립순서
  - 프로젝트를 작업단위로 분석한다.

    → 작업순서를 정하고 네트워크에 표현한다.

    → 각 작업의 소요시간을 견적한다.

    → 시간계산을 실시한다.

    → 공정계산을 실시한다.

    → 공정표를 작성한다.

    → 공정관리를 실시한다.

(4) 공사기간 산정

① 최조개시시각(EST)과 최조완료시각(EFT) 계산

㉠ 전자계산(작업흐름의 진행순서)으로 구한다.

㉡ 개시결합점에 나오는 작업의 EST는 0이다.

㉢ 작업의 EFT는 그 작업의 EST에 공기(D)를 더한 기간(EST+D)으로 구한다.

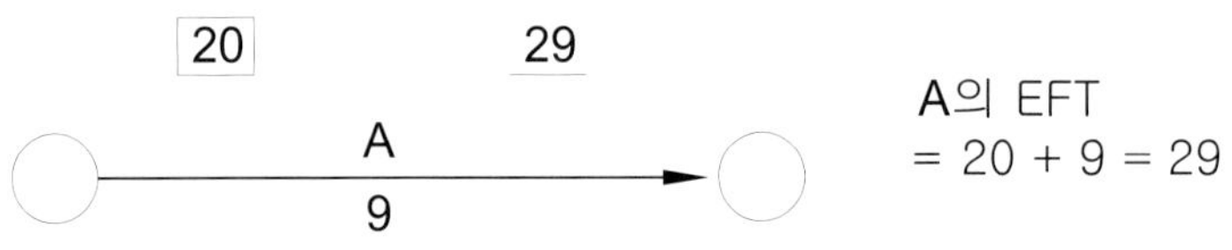

㉣ 작업의 EST는 선행작업의 EFT의 최대값으로 한다.

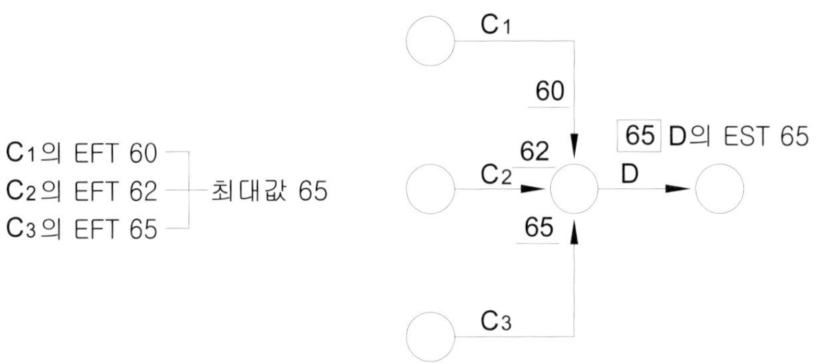

㉤ EST, EFT 계산을 네트워크 완료결합점까지 진행하여 종료결합점으로 들어가는 작업의 EFT 최대값을 계산공기로 한다.

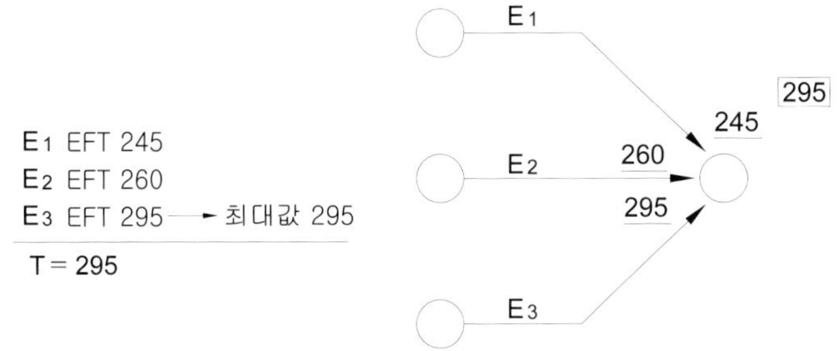

② 최지개시시각(LST)과 최지완료시각(LFT)의 계산

㉠ 역진계산(작업흐름의 반대방향)으로 구한다.

㉡ 완료결합점에 들어가는 작업의 LFT를 그 공사의 공기로 한다.(역진계산의 초기치를 계산공기 T로 할 때는 계산공기에 대한 LST, LFT가 구해지며, 지정공기 T0로 할 때는 지정공기에 대한 LST, LFT가 구해진다.)

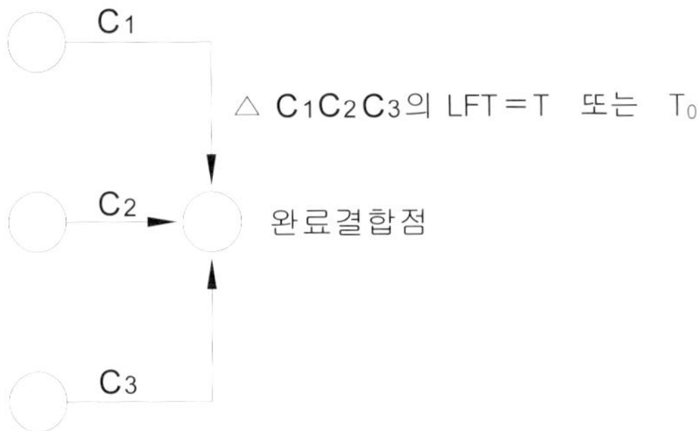

㉢ 작업의 EFT는 그 작업의 LFT에 공기(D)를 감한 기간(LFT－D)으로 구한다.

B의 LFT 80
B의 D 9

LST = LFT − D = 80 − 9 = 71

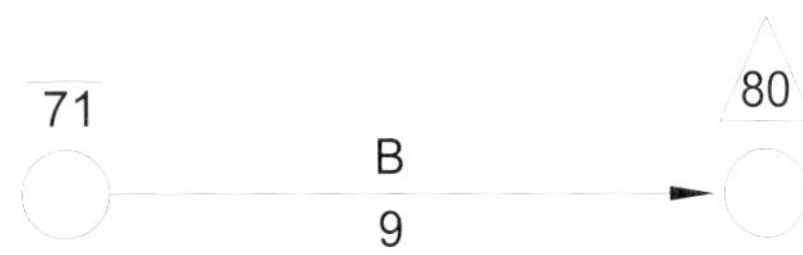

㉣ 작업의 LFT는 그 후속작업 LST의 최소값으로 한다.

B_1LST 72 ← 최소값
B_2LST 90
B_3LST 95

A의 LST 72

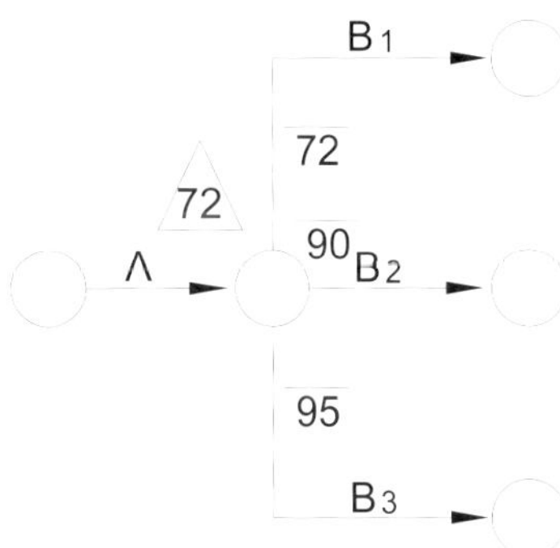

㉤ LST, LFT 계산을 네트워크의 개시결합점까지 진행한다.

③ 총 여유(TF), 자유여유(FF), 간섭여유(IF)의 계산

㉠ 총 여유 TF, 즉 TF=LFT−EFT로 계산한다.

A_1 TF △30 − 15 = 15

A_2 TF △30 − 20 = 10

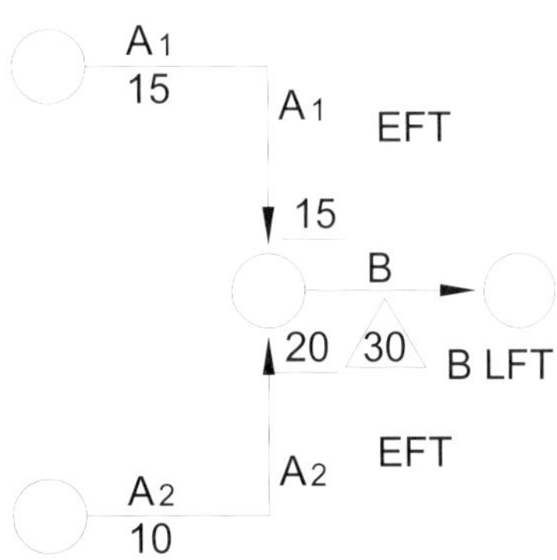

㉡ 자유여유 FF, 즉 FF=후속작업 EST−당해작업 EFT로 계산한다.

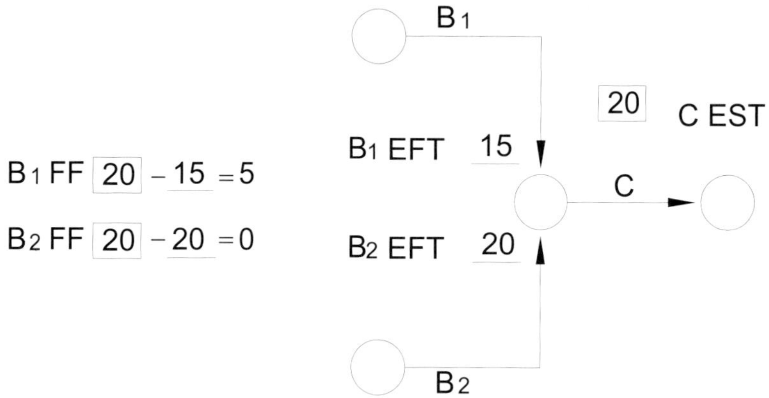

㉢ 간섭여유 IF, 즉 IF=TF−FF로 계산한다.

④ 네트워크 공정표상의 공사기간 산정

㉠ 작업 A, F, G는 여유일이 모두 0이므로 공사가 하루만 지연되어도 전체 공사기간이 연장되는 주공정선(CP)이 된다.

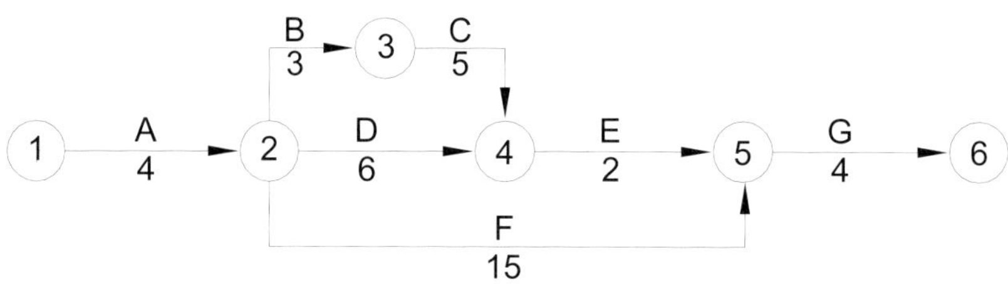

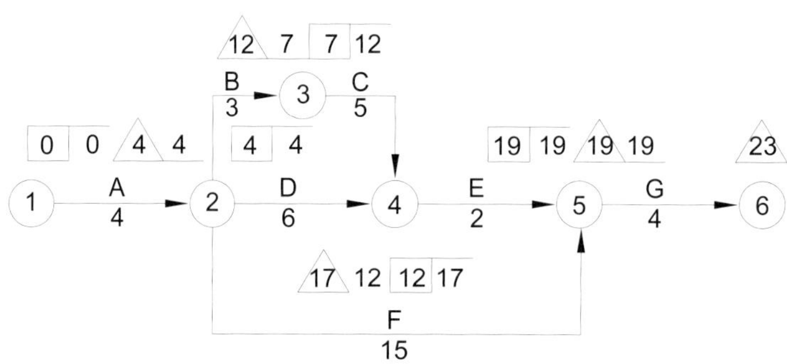

㉡ 작업 A−B−C−E−G : 18일, A−F−G : 16일, A−F−G : 23일로 계산되므로 주공정선 CP(A−F−G), 즉 선체 공사기간은 23일이 된다.

(5) 공기단축

• 건설공사의 공사기간은 시간과 공사비 투입 측면을 고려하여 결정한다.

- 가장 저렴하게 공사를 완공시킬 수 있는 합리적인 공기단축 접근법이 요구된다.
- 공정계획 수립 시 작성한 총공기가 지정공기에 부합되지 않거나 공기가 지연되어 예정공기에 공사를 완료하기 어려운 경우 공기단축 방법을 수행하게 된다.
- 공기단축 방법
  - 계획공정표상의 주공정선(CP)을 대상으로 단축한다.
  - 주공정선을 대상으로 비용기울기(Cost Slope, CS)가 가장 적은 작업부터 공기단축이 가능한 범위 내에서 단계별로 단축시켜 나간다.
  - 주공정선상에 있지 않은 작업의 공기를 단축시킨다 해도 계획공기는 단축되지 않으므로 반드시 주공정선상의 작업공기를 단축시켜야 한다. 이때 비용기울기가 적은 작업공기를 중심으로 단축시켜야 최소의 비용추가로 공기단축을 달성할 수 있다.

03 원가관리

3-1 지표

- 실행예산과 실제 시공비를 내조하여 원가 발생 통제
- 실행예산과 실제 시공비의 대비에서 차액 발생원인 분석 및 검토
- 장래 또 다른 공사 예산편성을 위한 원가자료 작성

3-2 저해요인

- 시공관리 미비
- 작업의 비능률
- 작업 대기시간 과다
- 부실시공에 따른 재시공작업 발생
- 물가 등 시장정보 부족
- 자재, 노무, 기계 과잉 조달

3-3 원가관리 수단

- 가동률 향상 : 작업실태 분석에 따라 생산손실 저감

- 기계설비 정비 : 기계 및 장비의 고장에 따른 작업손실 방지
- 품질관리 강화 : 재시공 등의 시공 불량 저감
- 공정관리 개선 : 작업속도를 능률적으로 운용하여 공기단축
- 공법 개선 : 공업화, 표준화, 기계화 등 공법 개선에 의한 원가절감
- 구매방법 개선 : 구매량, 대금지불방법 등의 개선에 의한 원가절감
- 현장경비 절감 : 불필요한 현장경비 절감

04 품질관리

4-1 개념

- 수요자의 요구에 맞는 제품을 경제적으로 만들어내기 위한 수단 체계이다.
- 결과물에 대한 시험과 검사를 위주로 시공과정 및 시공방법이나 공정관리를 포함한 전과정을 관리하는 것이다.

4-2 품질관리 목적

- 시공능률 향상
- 품질 및 신뢰성 향상
- 설계의 합리화
- 작업의 표준화

4-3 품질관리 대상

- 사람(Men)
- 재료(Materials)
- 기계(Machines)
- 자금(Money)
- 공법(Methods)

4-4 품질관리 순서

계획 → 실시 → 검토 → 시정

4-5 품질관리 종류

- SQC(Statistical Quality Control) : 시공법, 사용방법, 재료 등을 통계적으로 관리, 계량치, 계수치, 순위, 층별치
- TQC(Total Quality Control) : 설계, 시공 등 전 부문에서 품질 우선 관리기법
- OR(Operating Research) : 관리활동을 수리적 모형으로 최적의 경영을 위한 의사결정기법
- IE(Industrial Engineering) : 효율적인 업무추진을 위한 분석 개선방안 설계
- SE(System Engineering) : 설계, 시공의 효율적인 운영을 위해 상세한 시방서 작성
- VE(Value Engineering) : 자재 및 관리기술 대체로서 원가절감에 이용

4-6 통합적 품질관리(TQC)기법

1) 히스토그램(Histogram)

품질의 특성을 파악하기 위해 데이터를 일정한 규격에 따라 정리된 도수분포로 작성하고 이를 막대그림으로 나타낸 것이다.

2) 특성요인도(Fish-Bone Diagram)

결과에 원인이 어떻게 관계하고 있는가를 한눈에 알 수 있도록 작성한 그림으로 원인과 결과 관계의 어골형 다이어그램이다.

3) 파레토도(Pareto Diagram)

수집된 데이터에서 문제점의 원인과 발생빈도 등을 항목별로 분류하여 크기 순서대로 배열하고, 누적수를 표시한 그림으로 발생량, 발생건수, 분류항목별 크기순서로 나열한 것이다.

4) 그래프(Graph)

데이터의 내용과 통계적 해석 결과를 한눈에 파악할 수 있도록 나타낸 그림으로 막대, 원, 꺾은선 그래프 등이 있다.

5) 산점도(산포도, Scatter Diagram)

두 종류의 특성을 측정하여 그 데이터의 특징을 파악하는 것으로 특성과 요인의 상관관계를

파악할 수 있도록 데이터를 그래프에 점으로 나타낸 그림으로 대응되는 2개의 짝을 점으로 표시한다.

6) 층별(Stratification)

집단을 구성하고 있는 데이터를 특징에 따라 몇 개의 그룹으로 구분한 것으로 품질에 영향을 미치는 산포의 원인을 찾아내거나 문제의 근원을 파악하는 것으로 특징에 따라 부분집단화, 산포원인별, 층별로 구분한다.

7) 체크 시트(Cheek Sheet)

데이터 수집단계에 사용하는 것으로 불량수, 결점수, 불만건수 등을 항목별로 보기 쉽게 나타낸 그림이나 표를 말하며, 계수치 데이터 분류항목상 집중도 파악 등이 있다.

05 안전관리

5-1 개념

- 건설공사의 규모가 대형화되고 시공기술의 혁신과 기계화 시공 등으로 인력시공에 의한 의존도가 점차 감소되고 있으며, 자연재해를 비롯한 산업재해나 공해 등 새로운 재해가 증가하고 있다.
- 이러한 재해로부터 건설공사에 종사하는 기술자는 인명과 재산, 시설 등을 지키기 위해 어떻게 대처하는지가 중요한 과제이며 합리적인 공사관리계획을 세워서 공사를 안전하게 시행할 수 있도록 안전관리에 최선을 다해야 한다.

5-2 재해 요인

1) 인위적 요인

- 심리적 요인 : 미지와 미숙련, 부주의와 태도 불량
- 생리적 요인 : 신체적 결함, 질병과 피로
- 기타 요인 : 노약자, 복장 불량 등

2) 물적 요인

- 설비 : 구조, 재료, 안전설비의 불안전, 협소한 작업장 등

- 작업 : 정비 · 점검 및 수리 불량, 기계공구 불량, 급속한 시공, 불합리한 지시 등
- 기타 : 예산부족, 공기상의 불합리 등

3) 기후적 요인

추위, 바람, 더위, 비, 눈 등

5-3 안전대책

1) 안전관리 고려사항

- 계획단계 : 자연재해 방지 대책, 시공 중 · 준공 후 자연환경의 보전대책 검토
- 설계단계 : 건설된 시설이나 구조물 등 안전성 확보 검토
- 시공단계 : 노동재해나 현장 주변의 제3자 재해방지 검토

2) 안전대책

- 안전관리 기구의 구성
- 노동재해 기구의 방지계획
- 안전교육 실시
- 매일 현장점검
- 현장 정리정돈
- 위험장소의 기술적 안전대책 검토
- 응급시설 완비

연습문제

01 시공관리의 4대 목표와 내용에 대해 기술하시오.

02 횡선식 공정표와 PERT, CPM 공정표에 대하여 설명하시오.

03 사선식 공정표(바나나곡선)의 장 · 단점과 용도에 대하여 쓰시오.

04 네트워크 공정표의 장 · 단점과 용도에 대하여 쓰시오.

05 시공계획의 생산수단(5M)과 생산목표(5R)에 대하여 쓰시오.

06 품질관리 대상의 종류를 쓰시오.

07 안전관리 고려사항과 안전대책에 대하여 기술하시오.

CHAPTER

4

조경재료

제4장 조경재료

01 재료의 분류

1) 생산방법에 의한 분류

- 천연재료 : 목재, 석재, 골재, 점토 등
- 인공재료 : 콘크리트 및 제품, 금속제품, 요업제품, 석유제품 등

2) 화학성분에 의한 분류

① 무기재료

- 금속재료 : 철재, 알루미늄, 동, 아연, 합금류 등
- 비금속재료 : 석재, 시멘트, 벽돌, 유리, 석회, 콘크리트, 도자기류 등

② 유기재료

- 천연재료 : 목재, 아스팔트, 섬유재 등
- 합성수지 : 플라스틱, 도료, 접착제, 실링재 등

3) 성능에 의한 분류

방수재, 방습재, 내화재, 음향재, 단열재, 보호재, 접합재 등

4) 부위에 의한 분류

구조재, 지붕재, 벽재, 천장재, 바닥재 등

5) 용도에 의한 분류

① 구조재료

목재, 철근콘크리트구조재, 철골구조재(형강), 조적구조재(벽돌, 블록, 석재) 등

② 수장재료

내·외장재(타일, 유리, 도료, 금속판, 섬유판, 석고판 등), 차단재(유리, 아스팔트, 루핑, 실링재 등), 채광재(유리, 플라스틱 등), 창호재(목재, 금속재, 플라스틱 등), 방화재(내화벽돌 등)

③ 설비재료

급 · 배수재, 냉 · 난방재, 건기재, 가스재 등

④ 기타 재료

접착재, 가구재, 장식재, 첨경재 등

6) 공사에 의한 분류

목공사용 재료, 철근콘크리트 재료, 철골공사용 재료, 조적공사용 재료, 타일공사용 재료, 방수공사용 재료, 지붕공사용 재료, 금속공사용 재료, 미장공사용 재료, 유리공사용 재료, 도장공사용 재료, 수장공사용 재료, 설비공사용 재료, 기타 재료 등

02 재료의 성질

1) 역학적 성질

① 탄성(Elasticity)

재료에 외력이 작용하여 순간적으로 변형되었다가 외력이 제거되면 다시 원래의 형태로 회복되는 성질

② 소성(Plasticity)

재료에 작용하는 외력이 어느 한도에 이르러 외력의 증가 없이도 변형이 증대하는 성질

③ 점성(Viscosity)

재료에 외력이 작용했을 때 변형이 하중속도에 따라 영향을 받아 고무처럼 서로의 저항이 생기는 성질

④ 강도(Strength)

- 재료에 외력(하중)이 작용할 때 그 외력에 의한 변형과 파괴 없이 저항할 수 있는 응력
- 단위 : kgf/cm^2

⑤ 경도(Hardness)

재료의 단단한 정도로 마감재의 내마모성 등에 영향을 미치는 요인

⑥ 강성(Rigidity)

- 재료가 외력에 강한 성질로 변형이 적으면 강성이 큰 재료이다.
- 강성은 탄성계수와 관계가 있으나 강도와 직접적인 관계는 없다.

⑦ 인성(Toughness)

재료가 외력으로 변형을 일으키면서도 파괴되지 않고 견딜 수 있는 성질

⑧ 취성(Brittleness)

재료가 외력으로 변형되지 않거나 극히 미비한 변형으로 파괴되는 성질

⑨ 연성(Ductility)

재료가 탄성한계 이상의 힘에도 파괴되지 않고 가늘고 길게 늘어나는 성질

⑩ 전성(Malleability)

재료가 압력이나 타격에 의하여 파괴 없이 판상으로 펼쳐지는 성질

2) 물리적 성질

① 비중(Specific Gravity)

동일한 체적을 4℃ 물의 중량으로 나눈 값

② 함수율(Percentage of Content)

재료 속에 포함된 수분의 중량을 건조시의 중량으로 나눈 값

③ 흡수율(Coefficient of Water Absorption)

재료를 일정시간 물속에 넣었을 때 재료의 건조중량에 대한 흡수량의 비율이며, 중량 백분율(℃/wt)로 표시

④ 열전도율(Thermal Conductivity)

재료의 마주하는 면에 단위온도차를 주었을 때 단위시간당 전해지는 열량

⑤ 열팽창계수(Coefficient of Thermal Expansion)

재료가 온도의 변화에 따라 팽창 · 수축하는 비율이며, 단위는 ℓ /℃로 표시

⑥ 투과율(Transmission Factor)

광선의 투과 정도로 단위는 %로 표시

⑦ 반사율(Reflection Factor)

재료의 입사 광속에너지에 대한 반사 광속에너지의 백분율이며, 단위는 %로 표시

⑧ 흡음률(Sound Absorption Coefficient)

재료의 입사 음에너지에 대하여 재료에 흡수 · 투과되는 음에너지의 비율

⑨ 차음도(Noise Insulation Factor)

재료의 한편에 투사된 음이 반대편에서 얼마나 약화되었는가, 즉 재료가 음을 차단하는 정도를 말하며, 단위는 dB(데시벨)로 표시

03 재료의 구비조건

- 사용목적에 부합되는 품질을 가질 것
- 외부공간에 적절한 내구성을 가질 것
- 사용목적에 부합되는 미적 성질을 가질 것
- 대량 생산 및 공급이 가능할 것
- 가격 및 운반이 용이할 것
- 가격 경제성이 높을 것
- 친환경적일 것

04 재료 선정 시 고려사항

- 재료의 산출 상태, 제조 및 가공방법
- 재료의 역학적, 물리적, 화학적, 미관적, 친환경적 성질
- 재료의 사용조건에 따른 품질기준 및 시험방법
- 재료의 생산규격, 가격, 생산 및 수요 상황
- 재료의 내구성 및 유지관리비

05 조경재료

1) 콘크리트

(1) 용어정리

① 시멘트(cement)

- 석회질과 점토 등을 혼합하여 구운 다음 가루로 만든 일종의 결합경화제이다.
- 포틀랜드 시멘트, 혼합 시멘트, 특수 시멘트 등으로 분류한다.
- 흔히 시멘트로 불리는 것은 포틀랜드 시멘트가 대표적이다.
- 시멘트가 공기 중의 수분을 흡수하여 일어나는 수화작용을 풍화라 한다.

- 수중공사나 추운지역에서 공사할 때에는 조강시멘트를 사용해야 하며, 조강시멘트는 수축이 크므로 양생할 때 틈이 생기지 않도록 주의한다.

② 시멘트풀(시멘트 페이스트, cement paste)

시멘트와 물만을 혼합한 것을 말한다.

③ 모르타르(mortar)

- 시멘트와 모래를 물로 반죽한 것이다.
- 모르타르도 광의적으로는 콘크리트의 일종이다.

④ 슬럼프(slump)

콘크리트 반죽질기 정도를 나타내는 것으로서 일반 콘크리트는 반죽 상태에서 내려앉은 정도를 측정하게 된다.

⑤ 반죽질기(consistency)

- 반죽의 되고 진 정도를 나타내는 아직 굳지 않은 콘크리트의 성질을 말한다.
- 변형 또는 유동에 대한 저항성의 정도를 나타낸다.

⑥ 성형성(plasticity)

가소성이라고도 하며, 거푸집에 쉽게 다져 넣을 수 있고, 거푸집을 제거했을 때 재료가 허물어지거나 분리되는 일이 없는 굳지 않은 콘크리트의 성질이다.

⑦ 피니셔빌리티(finishability)

- 마무리하기 쉬운 정도를 나타내는 굳지 않은 콘크리트 성질이다.
- 영향을 미치는 요인은 굵은골재의 최대 치수, 잔골재율, 잔골재 입도, 반죽질기 등이 있다.

⑧ 워커빌리티(workability)

㉠ 반죽질기에 따른 운반, 타설, 다짐, 마무리 등 작업 난이도의 정도 및 재료분리에 저항하는 정도를 나타내는 굳지 않은 콘크리트 성질이다.

㉡ 워커빌리티에 영향을 미치는 요소는 다음과 같다.

- 온도가 높을수록 슬럼프는 감소하고 워커빌리티는 나빠진다.
- 시멘트 사용량을 증가시키면 워커빌리티는 일반적으로 좋아진다.
- 물의 양이 많을수록 시공성이 좋아지나 너무 많으면 재료 분리를 일으키기 쉽다.
- 감수제, AE제 등을 사용함으로써 워커빌리티를 개선할 수 있다.
- 깬자갈보다 강자갈을 사용할 때 워커빌리티는 좋아진다.

⑨ 블리딩(bleeding)

- 콘크리트나 모르타르에 함유된 내부의 물이 위로 상승하는 현상이다.
- 굳지 않은 상태에서 골재 및 시멘트 입자의 침강(沈降)으로 물과 입자가 분리하여 상승하는 현상이다.

(2) 시멘트

① 시멘트의 성질

㉠ 강도

- 시멘트풀 : 2,800kgf/cm^2 정도
- 모르타르 및 콘크리트 : 1,400kgf/cm^2 정도

㉡ 수화열

- 시멘트가 물과 접하여 수화반응(水和反應)을 할 때 발생되는 열
- 매스콘크리트는 수화열이 적은 시멘트를 요구(열균형 발생 억제)
- 한중공사(寒中工事)는 수화열이 많은 것을 요구

㉢ 수축률(收縮率)

- 오그라들거나 줄어드는 비율이다.
- 수축에는 수화에 의한 화학적 수축, 건조에 의한 수축, 탄산화에 의한 수축 등이 있다.
- 수축은 사용수량에 의존하지만 화합물 조성의 영향을 더 많이 받는다.
- 저열시멘트는 수축이 작은 반면, 발열량이 많은 조강시멘트는 수축이 크다.
- 건조에 의한 수축은 경화체의 균열을 발생시키는 원인이 되며 가장 중요한 요소이다.

㉣ 응결

- 수화작용에 의해 굳어진 상태이다.
- 1시간 후부터 응결이 시작되어 10시간 정도면 완료된다.
- W/C비가 클수록 응결은 지연된다.
- 온도가 높을수록 응결은 빨라진다.
- 습도가 낮을수록 응결은 빨라진다.
- 분말도가 높을수록 응결은 빨라진다.
- 알루미나 성분이 많을수록 응결은 빨라진다.
- 시멘트의 응결온도는 20±3℃ 정도가 적당하며, 하절기의 고온 · 다습한 시기에는 풍화되기 쉽다.

㉤ 경화

- 응결 후 시멘트 구체의 조직이 치밀해져 강도가 커지는 상태이다.
- 보통 포틀랜드 시멘트의 초결은 약 4시간 전후이며, 종결은 6시간 전후이다.
- 온도가 4℃ 이하이면 경화는 진행되지 않는다.

㉥ 분말도

- 시멘트의 클링커를 분해할 때 그 입자의 고운 정도를 말한다.
- 분말도가 높을수록 수화작용이 빠르므로 조기강도가 높고, 발열량도 약간 높아지며, 워커빌리티, 공기량, 수밀성, 내구성 등에 영향을 준다.
- 분말도가 높을수록 풍화되기 쉽고, 수화열이 많으며, 수축으로 인한 콘크리트에 균열이 발생할 우려가 높다.
- 분말도가 높을수록 점성이 증가되어 컨시스턴시(Consistency)가 적어진다.
- 분말도가 너무 낮으면 시멘트 입자가 크므로 면적이 적어지고, 워커빌리티(시공연도)가 나빠지고, 수밀성이 저하되며, 골재를 둘러싸는 능력이 떨어지고, 강도도 저하된다.
- 분말도가 가는 것일수록 수화작용이 빠르다.
- 분말도가 가는 것일수록 조기강도는 커진다.
- 분말도가 가는 것일수록 워커빌리티는 좋다.
- 분말도가 가는 것일수록 수축, 균열이 발생하기 쉽다.

② 시멘트의 종류와 특징

종 류	특 징
보통 포틀랜드 시멘트	• 주성분은 석회(CaO), 실리카(SiO_2), 알루미나(Al_2O_3) 등 • 원료인 석회석과 점토에 함유된 실리카 등을 구하기 쉽고, 제조공정도 간단하며, 성질이 우수하여 토목이나 건축구조물, 콘크리트 2차 제품 등에 널리 사용
중용열 포틀랜드 시멘트	• 수화열에 의한 균열 발생을 줄이기 위해 C_3S와 C_3A의 함유량을 제한하고, C_2S의 양을 적당량 증가시킨 시멘트 • 수화열이 적고, 건조수축이 적음. • 댐과 같은 매스 콘크리트, 방사선 차폐용 등의 대형 단면의 콘크리트용으로 사용
저열 포틀랜드 시멘트	• 중용열 포틀랜드 시멘트보다 5~10% 정도 수화열을 작게 한 것 • 댐과 같은 매스 콘크리트 시공에 사용

종 류	특 징
조강 포틀랜드 시멘트	• 보통 포틀랜드 시멘트보다 C_3S의 함량을 높이고, C_2S를 줄이는 동시에 온도를 높여 분말도를 높게 하여 조강성 부여 • 한지(寒地)공사, 긴급공사에 적합
초조강 포틀랜드 시멘트	• 긴급공사, 보수공사, 그라우팅공사에 적합
내황산염 포틀랜드 시멘트	• C_3A 함량을 줄인 것 • 해양구조물공사에 적합
백색 포틀랜드 시멘트	• 건축물의 미장, 장식용, 표식용 등에 사용
혼합 시멘트	• 댐, 방파제, 하수처리시설, 지하철공사 등에 이용되며, 모르타르용으로도 사용
특수 시멘트	• 종류에는 알루미나 시멘트와 초속경 시멘트 등이 있음. • 알루미나 시멘트는 긴급을 요하는 공사, 한중(寒中)공사에 적합 • 초속경 시멘트는 보수공사, 긴급공사, 콘크리트 2차 제품, 뿜어붙이기 공법, 그라우팅 등에 사용되며, 포틀랜드 시멘트와 혼합하여 사용하면 안 됨.

③ 시멘트의 저장방법

- 시멘트는 풍화하기 쉬우므로 풍화되지 않도록 저장한다.
- 시멘트가 풍화하면 응결이 늦어지고 경화 후의 강도가 저하되므로 가능한 한 3개월 이내에 사용한다.
- 시멘트는 방습구조의 보관창고에 저장한다.
- 포대 시멘트는 지상 30cm 이상의 마루 위에 통풍이 되지 않도록 13포대 이하로 쌓는다.
- 조금이라도 굳은 시멘트는 사용하지 않는 것이 좋다.
- 시멘트량이 600포대 이내일 때는 전량을 저장할 수 있는 창고를 가설한다.
- 시멘트량이 600포대 이상일 때는 공기에 따라 전량의 1/3을 저장할 수 있는 기준으로 한다.

④ 시멘트의 품질시험

- 혼합시멘트에서 혼화제의 혼입량이 많아질수록 비중은 작아진다.
- 비표면적이 큰 시멘트일수록 분말이 미세하여 강도발현이 빨라지고 수화열의 발생도 많아진다.
- 풍화된 시멘트는 입상, 괴상으로 굳어져 수화열이 낮아지고, 응결이 지연되며, 강도의 발현점도 점점 저하된다.
- 수화열은 시멘트의 화학조성과 비표면적에 의해 좌우된다.

(3) 혼화제

① 혼화제의 특징

- 콘크리트를 만들 때 물과 골재 이외에 적당량의 재료를 첨가하면 콘크리트에 다양한 성능을 부여하고 품질을 향상시킬 목적으로 사용되는 재료이다.
- 혼합 시멘트에서 혼화제의 혼입량이 많아질수록 비중은 적어진다.

② 혼화제의 종류별 용도

종 류	용 도
AE제	콘크리트용 표면활성제
감수제	단위수량을 감소시키는 재료
촉진제	초기강도를 얻기 위한 재료
지연제	응결과 경화를 늦추는 재료
급결제	응결시간을 빠르게 하는 재료
방수제	수밀성을 높이기 위한 재료
발포제	용적률 증가와 경량을 위한 재료
방청제	철근부식 억제를 위한 재료
유동화제	배합 · 경화 후의 품질이 변하지 않도록 하고 유동성을 개선시키는 재료
팽창제	경화과정에서 팽창을 일으키는 재료

③ 혼화제의 종류별 작용과 효과

종 류	작 용	효 과
AE제	미세하게 독립된 기포(氣泡)를 콘크리트에 골고루 분산시키기 위해 사용	• 워커빌리티 개선 • 재료의 분리 및 블리딩 감소 • 슬럼프 약 2.5cm 증가로 공기량 약 1% 증가 • 동결융해에 대한 저항성 증가 • 압축강도와 휨강도 약 2~5% 감소 • 철근과 부착강도 감소 • AE제의 공기량은 온도가 높거나 진동을 가하면 감소
감수제	반죽질기를 얻는데 필요한 수량을 감소시키기 위해 사용	• 워커빌리티 개선 • 콘크리트의 응결시간 조절 • 동결융해에 대한 저항성 증가 • 건조수축률 감소

종 류	작 용	효 과
촉진제	시멘트의 응결 · 경화를 촉진 또는 지연시키기 위해 사용	• 콘크리트의 조기강도 발현 촉진 • 거푸집 존치기간 단축 • 한랭(寒冷)공사의 초기동해 방지 • 2% 이상 사용하면 큰 효과 없고, 급결 및 강도저하 우려
지연제	콘크리트의 응결 및 초기경화를 지연시키기 위해 사용	• 당류, 인삼염 등의 무기화합물 사용
급결제	시멘트의 응결을 극도로 촉진시켜 단시간에 굳게 하기 위해 사용	• 알루미늄염, 탄산염을 주성분으로 하는 것이 많다. • 지수용으로는 규산소다를 주성분으로 한 것을 사용
방수제	콘크리트의 특수성과 흡수성을 감소시키기 위해 사용	• 무기질계 : 염화칼슘, 규산소다, 실리카 분말 등 사용 • 유기질계 : 실리콘, 파라핀, 아스팔트, 고무라텍스 등 사용

(4) 골재

① 골재의 분류

㉠ 입경에 의한 분류

종 류	내 용
잔골재(모래)	5mm체에 중량비로 85% 이상 통과하는 골재
굵은골재(자갈)	5mm체에 중량비로 85% 이상 남는 골재

㉡ 비중에 의한 분류

종 류	내 용
경량골재	비중이 2.5 이하인 골재
보통골재	비중이 2.5~2.7인 골재
중량골재	비중이 2.7 이상인 골재

㉢ 골재의 함수상태

구 분	내 용
습윤상태	골재를 채취했을 때
표건상태	표면건조, 내부포화상태
기건상태	공기 중 건조상태
절건상태	완전 건조상태
함수율	$\frac{\text{습윤상태}-\text{절건상태}}{\text{절건상태}} \times 100(\%)$
흡수율	$\frac{\text{표건상태}-\text{절건상태}}{\text{절건상태}} \times 100(\%)$
표면수율	$\frac{\text{습윤상태}-\text{표건상태}}{\text{표건상태}} \times 100(\%)$
유효흡수율	$\frac{\text{표건상태}-\text{기건상태}}{\text{기건상태}} \times 100(\%)$

㉣ 골재 선정시 유의사항

- 청결하며 견고하고, 내구성이 있는 골재를 사용한다.
- 먼지, 흙, 유기불순물, 염화물 등의 유해량을 함유하지 않아야 한다.
- 골재의 표면은 거칠고 구형에 가까운 것이 가장 좋으며, 표면이 매끄러운 것이나 모양이 편평하거나 세장한 것은 좋지 않다.
- 골재의 강도는 콘크리트 중의 경화된 모르타르 강도 이상이어야 한다.
- 입도는 잔 것과 굵은 것이 골고루 혼합된 것이 좋다.
- 운모가 다량 함유된 골재는 콘크리트강도를 떨어뜨리고, 풍화되기 쉽다.

㉤ 골재 사용시 유의사항

- 바다골재는 염분이 허용범위를 넘는 경우 수밀성을 높이고, 방청제를 사용하며, 아연도금한 철근을 사용하는 등의 조치가 필요하다.
- 바다골재의 제염방법은 살수법, 침수법, 자연방치법 등이 이용된다.
- 부순골재를 이용할 경우 동일한 워커빌리티를 얻기 위해 단위수량은 약 10% 정도 증가시켜야 하며, 잔골재율은 3~5% 정도 증가시켜야 한다.
- 부순모래를 사용할 경우 동일한 워커빌리티를 얻기 위해 단위수량은 약 8% 증가시켜야 한다.

- 재생골재를 사용할 경우 동일한 워커빌리티를 얻기 위해 단위수량을 증가시켜야 하므로 적절한 AE감수제를 사용해야 한다.
- 염분이 많은 물은 콘크리트 표면에 백화현상(白化現象)을 일으켜 철근을 부식시킬 수 있으므로 염분이 없는 혼합수를 사용해야 한다.
- 혼합수로는 상수도, 공업용수, 지하수 및 하천수 등으로 식음 가능할 정도의 깨끗한 물을 사용한다.

(5) 철근

① 철근의 종류

종류	특징
원형철근	• 건축공사에 사용하는 것은 지름 9, 13, 16, 19, 22, 25mm 등 6종이 있다.
이형철근	• 보통의 원형철근보다 부착력이 40% 이상 증가되고, 사용 장소에 따라는 정착길이를 짧게 할 수 있다.
고장력 이형철근	• 특수강을 재료로 한 고강도철근이다. • 소요단면을 축소하고 자중의 경감을 위해 쓰인다.
철선, 피아노선	• 프리스트레스트 콘크리트에서반 사용되는 고탄소강이다. • 강도는 200kg/mm^2 정도이다.
각강	• 단면이 4각형인 압연강재이다.

② 철근의 보관

- 철근은 종류 및 품종별로 구분하여 품질이 변화되지 않게 한다.
- 철근은 직접 땅바닥에 놓는 것을 피하고, 장기간 우로 · 조풍에 맞지 않게 하며, 먼지나 진흙, 기름 등이 묻지 않도록 한다.
- 철근은 조립하기 전에 청소하고, 들뜬 녹이나 기름, 먼지, 기타 콘크리트와의 부착력을 감소시킬 우려가 있는 것은 제거한다.
- 철근은 조립 배근하고 콘크리트를 부어 넣기까지 장기간 경과되었을 때는 콘크리트를 부어 넣기 전에 다시 검사하고 필요에 따라 철근을 청소한다.

③ 철근의 가공

- 25mm 이하는 상온에서, 28mm 이상은 적당히 가열하여 굽힘기로 굽힘가공을 한다.
- 이형철근은 기둥 또는 굴뚝 외의 부분인 경우 갈고리 가공을 생략할 수 있다.

④ 철근의 절단

철근 절단기, 쇠톱 등으로 사용 용도에 맞게 절단한다.

⑤ 철근의 조립

㉠ 조립순서

철근콘크리트 : 기초 → 기둥 → 벽 → 보 → 슬래브 → 계단

㉡ 철골철근콘크리트

기초 → 기둥 → 보 → 벽 → 슬래브 → 계단

㉢ 철근 조립용 결속선 : 철근이 서로 교차하는 곳에 지름 0.8~0.85mm 이상의 달군 철선으로 2개소 이상을 결속한다.

㉣ 철근과 철근의 순간격 : 굵은골재 최대 치수의 1.25배 이상이나 25mm 이상 또는 철근 공칭지름의 1.5배 이상, 이형철근에는 1.7배 이상으로 한다.

㉤ 덕트(duct) 및 파이프 등의 관통 구멍 및 각종 매설물의 위치 허용차는 ±0.5cm를 표준으로 한다.

⑥ 철근 조립시 유의사항

- 기초 철근은 피복두께(6cm)를 고려하여 6cm 정도의 굄을 설치한다.
- 밑창 콘크리트 위에 먹줄치기를 하여 위치를 정확하게 한다.
- 기둥 주근의 이음은 주근 개수의 반 정도에 위치를 바꾸어 엇갈리게 한다.
- 대근(hoop bar) 간격은 30cm 이하, 작은 주근 지름의 15배 이내로 한다.
- 상하층 기둥 단면이 다를 때에는 기둥 철근을 완만한 경사로 구부려 줄인다.
- 주근은 바깥에, 부근은 안쪽에 두는 것을 원칙으로 한다.
- 철근과 철근의 교차부 또는 접촉부는 결속선으로 결속하고, 철근과 거푸집 · 철근과 철근 · 거푸집과 거푸집의 간격을 유지해야 한다.
- 콘크리트를 부어 넣을 때 이동변형을 방지하기 위해 긴결재 · 격리재 · 위치고정재가 쓰인다.

⑦ 철근의 이음 및 정착

㉠ 이음 및 정착 길이

- 인장력이 적은 곳에서 이음을 하고, 동일 장소에서 철근수의 반 이상을 잇지 않는다.
- 이음길이는 갈고리의 중심간 거리로 한다.

- 철근지름이 다를 때에는 작은 지름의 철근을 기준으로 한다.
- 보 철근 이음의 경우 상부근은 중앙에, 하부근은 단부에서 한다.
- 갈고리 길이는 정착, 이음 길이에 포함하지 않는다.

㉡ 이음 위치

- 큰 응력을 받는 곳은 피하고 엇갈려 잇게 함을 원칙으로 한다.
- 한 곳에서 철근 수의 반 이상을 이어서는 안 된다.
- D29(∅28) 이상의 철근은 겹친 이음으로 하지 않는다.

㉢ 정착 위치

- 기둥의 주근은 기초에 정착시킨다.
- 보의 주근은 기둥에 정착시킨다.
- 작은 보의 주근은 큰 보에 정착시킨다.
- 벽 철근은 기둥, 보 또는 바닥판에 정착시킨다.
- 바닥 철근은 보, 벽체에 정착시킨다.
- 지중보 주근은 기초 또는 기둥에 정착시킨다.

⑧ 철근의 간격

철근의 간격은 철근 지름(d)의 1.5배 이상, 2.5cm 이상, 콘크리트에 쓰이는 최대 자갈 지름의 1.25배 이상 중 큰 값을 적용한다.

⑨ 철근의 피복두께

㉠ 정의 : 콘크리트 표면과 그에 가장 가까이 배치된 철근 표면 사이의 콘크리트 두께를 말한다.

㉡ 철근피복의 목적

- 철근의 내화성 확보
- 철근의 부식방지
- 콘크리트와의 철근 부착력 확보
- 소요 강도 확보
- 콘크리트 타설시 유동성 확보

2) 목재

(1) 목재의 성질

① 목재의 장 · 단점

장 점	단 점
• 석재나 강재에 비하여 가벼워 운반, 가공 및 취급이 용이하다. • 목재는 석재나 콘크리트 재료에 비해 자연성이 높고, 친환경적인 재료이므로 그 용도가 매우 다양하다. • 공작에 필요한 설비가 간단하다. • 열전도율이 낮으며, 온도에 대한 신축성이 작고, 충격이나 진동을 잘 흡수한다. • 외관이 아름답고, 비중이 작은 반면에 압축강도 및 인장강도가 크다.	• 부패성이 크고, 내화성이 약하다. • 건조변형 및 함수량이 다소에 따른 수축 및 팽창이 크다. • 재질 및 방향에 따라 강도가 다르다. • 크기에 제한을 받는다.

② 함수율

• $\text{함수율}(\%) = \dfrac{\text{건조 전 무게} - \text{건조 후 무게}}{\text{건조 후 무게}} \times 100$

• 벌목시기는 병충해가 적은 가을~겨울철 휴면기간에 하는 것이 가장 좋다.

• 변재는 100~200%의 높은 함수율을 가지며, 심재는 수종에 따라 30~100%의 변이를 보인다.

• 변재는 심재보다 내후성, 내구성이 약하고, 비중이 작다.

• 고목일수록 변재의 폭이 넓은 편이다.

• 심재는 신축성이 크고, 건조하면 변하지 않는다.

• 벌목한 목재가 좋은 재료로 이용되기 위해서는 10~15%(평형함수율)까지 건조되어야 한다.

• 목재의 기건함수율은 12% 정도이다.

③ 강도

• 목재의 중요한 성질은 인장, 휨, 압축, 전단강도 등이다.

• 목재의 섬유포화점 이하에서는 함수율의 감소에 따라 강도가 증가한다.

• 목재의 강도 중 섬유와 평행방향의 인장강도가 가장 크다.

• 목재의 강도 크기는 인장강도, 휨강도, 압축강도, 전단강도 순이며, 휨강도는 압축강도의 약 1.75배로 매우 크며, 전단강도는 세로방향 인장강도의 1/10 정도로 매우 취약하다.

• 섬유와 직각방향의 압축강도와 평행방향의 전단강도는 낮다.

④ 비중

• 목재의 기건비중은 목재에 함유된 수분을 공기 중에서 제거한 상태의 비중이다.

• 기건함수율이 12%일 때를 기준으로 0.3~0.9 정도이다.

(2) 목재의 건조

• 조경공사에 일반적으로 사용되는 구조재의 함수율은 20% 이하가 되도록 한다.

• 구조적으로 문제가 없는 조경시설물의 경우 24% 이하로 규정하기도 한다.

① 건조의 분류

구 분	내 용
자연건조	• 인위적인 온도·습도 조절 없이 자연상태에서 목재를 서서히 건조시키는 방법
인공건조	• 인공건조방법에는 수침법, 자비법, 열기건조법, 증기건조법, 고주파건조법, 약물건조법 등이 있다. • 조경공사용 목재의 건조는 주로 증기건조법을 이용한다.

(3) 목재의 방부

① 기능

목재 성분을 영양원으로 분해·흡수하는 부후균이 목재 성분을 이용하지 못하도록 차단시킴으로써 목재의 내구연한을 15~30년까지 증대시키는 기능을 한다.

② 방부의 구비조건

• 열화방지 효력 및 내구성이 커야 한다.

• 침투성이 좋아야 한다.

• 내부식성과 내흡수성이 좋아야 한다.

• 도장성이 좋아야 한다.

• 독성으로 인해 사람과 가축에 대한 피해가 없어야 한다.

③ 방부의 종류

구 분	종 류
유성 방부제	A(크레오소트유)
유용성 방부제	IPBC(유기요오드 화합물계), IPBCP(유기요오드 · 인화합물계) 등
수용성 방부제	CCA(크롬 · 구리 · 비소 화합물계), ACC(산화크롬 · 구리 화합물계), CCB(크롬 · 구리 · 붕소 화합물계), ACQ(구리 · 알킬암모늄 화합물계) 등
유화성 방부제	NCU, NZN(지방산금속염계) 등

출처: 이승원, 조경기사 · 산업기사(성안당, 2013), 저자 재작성

3) 석재

(1) 석재의 성질

장 점	단 점
• 외관이 아름답다. • 내구성과 강도가 크다. • 가공 정도에 따라 다양한 외양을 가질 수 있다. • 산지에 따라 다양한 색조와 질감을 갖는다. • 압축강도, 내구성, 내화학성이 크고 마모성은 적다.	• 무거워서 다루기 불편하다. • 타재료에 비해 가공하기 어렵다. • 경제적으로 비싸다. • 압축강도에 비해 휨강도나 인장강도가 작다. • 화열을 받을 경우 균열 또는 파괴되기 쉽다.

(2) 석재의 일반적 특징

- 자연성이 높다.
- 석재의 종류에 따라 크기와 형태, 색채 및 성질이 다양하다.
- 내구성이 높다.

(3) 암석의 분류와 특징

분 류		종 류
화성암	심성암	화강암, 섬록암, 감람석
	화산암	안산암, 현무암, 사문암
수성암(퇴적암)		응회암, 사암, 석회암, 점판암 등
변성암		대리석, 편마암, 편암

출처: 정용조, 조경적산 및 실무연습, 한국조경신문, 2017.

- 압축강도와 휨강도의 크기 : 화강암 > 점판암 > 사문암 > 응회암
- 강도가 높고 내마모성, 내구성과 내산성이 높은 것 : 화강암
- 내화성이 낮은 것 : 화강암
- 내화성이 큰 것 : 안산암 > 응회암
- 흡수성이 큰 것 : 응회암 > 사암
- 판상조직을 가진 것 : 점판암
- 건물 내장재로 가장 많이 사용하는 것 : 대리석

(4) 석재의 종류별 특징

종 류	특 징
화강암	• 강도가 높고, 내마모성, 내구성과 내산성이 높다. • 흡수성이 적고, 빛깔이나 광택 등이 우수하다. • 매장량이 풍부하고, 구조용이나 장식용으로 우수하여 외장재로 많이 이용한다. • 자중이 크고, 경도가 높아 가공이나 시공이 곤란하다.
안산암	• 석질이 강하고, 강도가 비교적 높으며, 내구성이 크다. • 내화성이 매우 우수하다. • 주상절리를 가지고 있어 채석 및 가공이 쉽다. • 종류가 다양하여 장식재나 조각용으로 사용된다.
응회암	• 내화성이 강하고, 채석이나 가공이 쉽다. • 다공질이라 흡수성이 커 한랭지역에서는 풍화되기 쉽다. • 비중이 작고 강도가 약하다. • 사고석이나 부순돌 등의 석재로 사용
사암	• 가공이 쉽고, 석질이 치밀하다. • 강도가 약하고, 흡수성이 커 동해와 풍해를 받기 쉽다. • 산화 속도가 화강암보다 빠르다. • 사고석이나 부순돌, 각석으로 사용한다.
점판암	• 석질이 치밀하고 흡수성이 적다. • 상조직을 가지고 있어 지붕재료나 바둑돌, 벽면 붙임돌 등에 사용한다.
대리석	• 비중이 크고, 치밀한 조직을 가지고 있으며 연마효과가 크다. • 내구성이 떨어지고, 풍화되기 쉽고, 화열에 약하다. • 대표적인 건물 내장재이며 옥외에는 거의 사용하지 않는다.

(5) 석재의 형태별 특성

종 류	내 용
마름돌(다듬돌)	• 채석장에서 떼어 낸 돌을 지정된 규격에 따라 직육면체가 되도록 각 면을 다듬은 석재 • 석재 중에서 가장 고급품으로 정형적인 미관과 내구성이 요구되는 구조물이나 쌓기용으로 쓰인다. • 시공비가 많이 든다. • 규격은 30×30×L60cm
각석	• 너비가 두께의 6배 미만이고, 너비보다 길이가 긴 직육면체형의 석재 • 쌓기용, 기초석, 경계석 등의 구조용으로 사용 • 사괴석 : 15~25cm 정도의 각석, 한식건물의 바깥벽 담, 방화벽에 사용 • 장대석 : 네모지고 긴 석재, 전통공간의 후원, 섬돌, 디딤돌 등에 사용
판석	• 두께가 15cm 미만이고, 너비가 두께의 3배 이상인 판모양의 가공석재 • 주로 디딤돌, 원로포장용, 계단설치용 등으로 사용
견칫돌	• 채석장에서 돌을 뜰 때 앞면, 길이, 뒷면, 접촉면, 허리치기의 치수를 특별한 규격에 맞도록 지정하여 다듬어 만든 석재 • 형상은 절두각추체에 가깝고, 전면은 거의 평면을 이루며 대략 정사각형으로 접촉면의 폭은 전면 1변의 길이가 1/10 이상, 접촉면의 길이는 1변의 평균 길이의 1/2 이상 • 주로 흙막이용 돌공사의 쌓기용으로 사용
잡석(깬돌)	• 엄격한 규격에 맞추어 만들지 않고, 견칫돌과 비슷하게 막 깨낸 돌(견칫돌보다 값이 싸다) • 흙막이용 돌쌓기 또는 붙임돌용으로 사용
야면석	• 표면을 가공하지 않은 자연석으로 운반이 가능하고 공사용으로 사용될 수 있든 비교적 큰 괴석
호박돌	• 지름 18cm 이상의 큰 호박모양의 둥근 자연석재 • 수로의 사면보호, 연못바닥, 벽면 장식 등에 사용 • 조약돌 : 10~20cm 정도의 계란형 자연석 • 굵은자갈 : 7.5~20cm 정도의 가공하지 않은 자연석
뒤채움돌	• 계곡이나 산지에 자연석으로 산재되어 있는 작은 돌이나 채석장에서 생기는 작은 깬돌 등을 이용한다. • 주로 메쌓기공법에서 뒷부분을 채우기 위해 이용된다.

(6) 암석의 압축강도와 흡수율

분류	압축강도(kg/cm^2)	흡수율(%)	겉보기비중(g/cm^3)	석재 종류
경석	500 이상	5 이하	2.7~2.7	화강암, 안산암, 대리석
준경석	500~100	5~15	2.0~2.5	경질사암, 경질회암
연석	100 이하	15 이상	2.0 이하	연질응회암, 연질사암

출처: 정용조, 조경적산 및 실무연습, 한국조경신문, 2017.

4) 금속재

(1) 금속재의 종류

종류	분류 및 사용용도
철금속	• 제철, 탄소강, 특수강 등이 있다. • 아치 식수대, 잔디 보호책, 조합놀이대, 시소, 그네, 미끄럼대, 사다리, 철봉 등의 시설물에 사용한다.
비철금속	• 알루미늄과 그 합금, 동과 그 합금, 니켈과 그 합금, 주석, 납, 아연과 그 합금 등이 있다. • 환경조경, 유희, 수경, 가로장치물 등의 시설공사 재료에 사용한다.

(2) 금속재의 성질

장 점	단 점
• 다양한 형상의 제품을 만들 수 있고 대규모 공업생산품을 공급할 수 있다. • 각기 고유한 광택이 있고 하중에 대한 강도가 크다. • 재질이 균일하고, 불에 타지 않는다.	• 가열하면 역학적 성질이 저하되고 비중이 커진다. • 녹이 슬고, 부식되는 등 화학적 결함이 있다. • 색채와 질감이 차가운 느낌을 준다.

연/습/문/제

01 조경재료의 구비조건과 재료 선정시 고려사항에 대하여 기술하시오.

02 조경시설재료의 성질 중 물리적 성질에 대하여 기술하시오.

03 조경시설재료의 성질 중 역학적 성질에 대하여 기술하시오.

04 다음의 굳지 않은 콘크리트 성질에 대하여 기술하시오.

[성형성, 반죽질기, 워커빌리티]

05 콘크리트 작업성(Workability)에 영향을 미치는 요인은?

06 다음 시멘트의 특징에 대하여 기술하시오.

[보통 포틀랜드시멘트, 중용열 포틀랜드시멘트, 저열 포틀랜드시멘트, 조강포틀랜드시멘트, 초조강 포틀랜드시멘트, 백색 포틀랜드시멘트]

07 다음에 설명하는 혼화제의 종류를 각각 쓰시오.

① 계면활성작용에 따라 워커빌리티, 동결융해에 대한 저항력을 개선하는 것은:

② 워커빌리티를 향상시키며 수량 또는 시멘트량을 감소시키는 것은:

③ 배합 · 경화 후의 품질이 변하지 않도록 하고 유동성을 개선시키는 것은:

④ 응결 및 경화시간을 조절하는 것은:

⑤ 포졸란 작용이 있는 것은:

⑥ 잠재 수경성이 있는 것은:

⑦ 응결경화를 촉진하는 것은:

⑧ 슬럼프 값의 저하를 줄일 목적으로 사용하는 것은:

08 콘크리트 강도는 경과시간(재령)에 따라 강도가 증가하는데, 일반적으로 설계기준 강도를 규정하는 콘크리트의 강도는 표준양생시 재령을 몇 일 기준으로 하는가?

09 잔골재와 굵은골재의 기준에 대하여 기술하시오.

10 보통골재, 경량골재, 중량골재의 비중에 대하여 쓰시오.

11 다음의 골재함수상태에 대하여 기술하시오.

[습윤상태, 표건상태, 기건상태, 절건상태]

12 어느 골재 시료의 절건상태 무게는 500g, 표면건조 포화상태 무게는 650g, 습윤상태 무게는 700g일 때 이 골재의 흡수량은 얼마인가?

13 원형철근, 이형철근, 고장력 이형철근의 특징에 대하여 기술하시오.

14 철근피복의 목적은?

15 목재의 장 · 단점에 대하여 기술하시오.

16 다음에 제시된 목재의 강도 중 크기가 큰 것부터 나열하시오.

[휨강도, 압축강도, 인장강도, 전단강도]

17 목재의 건조 전 중량이 150g이고, 건조 후 중량이 125g인 목재의 함수량은?

18 화강암, 점판암, 사문암, 응회암, 사암 중 다음 내용에 적합한 석재는?

① 압축강도와 휨강도가 가장 큰 것은:

② 강도가 높고 내마모성, 내구성, 내산성이 높은 것은:

③ 내화성이 낮은 것은:

④ 내화성이 가장 큰 것은:

⑤ 흡수성이 가장 큰 것은:

⑥ 판상조직을 가진 것은:

⑦ 건물의 내장재로 많이 쓰이는 것은:

19 다음 석재의 특징에 대하여 기술하시오.

[마름돌, 각석, 판석, 견칫돌, 잡석, 야면석, 호박돌, 뒤채움돌]

20 금속재의 장 · 단점에 대하여 기술하시오.

CHAPTER

5

조경적산

제5장 조경적산

01 적산의 개념

1) 적산의 정의

건설공사의 공사비 산출은 도면과 시방서 등을 기준으로 시공계획에 따라 공사에 소요되는 재료의 수량과 노무의 품을 산출하고, 여기에 단가를 넣어 산정하는 재료비, 노무비, 경비, 일반관리비, 이윤 등을 합산하는 총공사비 산정 과정을 말한다.

2) 적산의 목적

공사목적물이 완성되기 전에 정확한 공사금액을 주어진 도면에 따라 산출하기 곤란하여 발주자는 예산을 편성하고 필요한 자금조달 계획을 수립하기 위한 것이고, 시공자는 공사를 수주하고 차질 없이 공사를 완성하기 위하여 공사원가를 산정하는 것이다.

3) 품셈과 표준품셈

(1) 품셈

- 품이란 몸을 움직이는 일에 드는 힘 또는 그 일을 하기 위하여 몸을 움직이는 일을 말한다.
- 품셈이란 품의 양을 셈하는 순수한 우리말로 건설공사에 있어서 품셈이란 사람이나 기계 등으로 어떤 공사목적물의 완성을 위한 단위규격당 소요량을 나타내는 것으로서 일반적인 재료 · 노무 · 기계사용의 종류 및 소요량을 표시한 것이다.
- 동일한 목적물의 시공에 필요한 재료는 일정할 수 있으나 품은 공법 등에 따라 달라지는 것은 물론 다양한 현장여건, 기상조건, 작업자의 숙련도 등에 따라 차이가 있어 공사비가 달라진다.

(2) 표준품셈

① 표준품셈은 공사수행의 기본단위인 길이(m), 면적(m^2), 체적(m^3), 개소(EA) 등을 시공할 때 소요되는 재료의 수량과 노무의 공수로서 단가와는 무관하다.

② 이는 공공공사의 적산시 표준품셈에서 표준적인 재료와 품의 소요량을 명기하여 원가계산의 편의를 도모하고 일정한 기준으로 공사비를 산정함으로써 공공예산을 합리적으로 책정할 수 있는 일반적인 기준을 제공한다.

③ 단위수량의 단위

- m : 공사연장, 공사폭원, 높이 및 너비
- m^2 : 면적, 떼, 견칫돌, 깬돌, 구리판 · 함석, 도장, 옹벽, 방수면적
- m^3 : 체적, 모래 · 자갈, 조약돌, 모르타르, 콘크리트
- kg : 시멘트, 아스팔트, 철강재, 철근 · 못, PC강선, 용접봉 등
- 장 : 합판, 가마니
- 개 : 벽돌 · 블록, 다듬돌, 볼트, 말뚝 등

④ 단위수량의 소수위

- 단위한(소수점 이하 없음) : 공사연장, 용지면적, 체적합계, 아스팔트, 석회, 볼트 · 너트
- 소수 1위 : 공사폭원, 공사면적, 단면적, 체적, 떼, 합판, 도장, 방수면적, 옹벽
- 소수 2위 : 직공인부, 너비 · 높이, 모래 · 자갈, 조약돌, 다듬돌, 모르타르 · 콘크리트
- 소수 3위 : 목재(합판), 화약류

02 적산 절차

1) 수량산출

설계도면과 시방서 등에 의하여 최종 목적물의 수량을 집계

2) 공사방법 결정

인력 및 기계 선정 등 시공방법 결정

3) 단위품셈 결정

단위공종의 시공방법 결정에 의한 품셈 결정

4) 단가 결정

재료비, 노무비, 경비 등 단가의 기준가격 결정

5) 일위대가표 작성

품셈과 단가를 기준으로 단위공정의 일위대가표 작성

6) 직접공사비 산정

단위공종 수량과 일위대가표에 의해 금액 세목별 공사비 산출

7) 간접공사비 산정

간접노무비, 기타 경비, 각종 보험료 등과 일반관리비, 이윤 등 산출

8) 총공사비 집계

직접공사비와 간접공사비 집계

03 공사원가 작성

1) 공사원가의 구성

구 분		내 용	산 식	비 고
공사원가	재료비 직접노무비 경비		품셈에 의하여 계상	
	간접노무비	품셈에 따라 계상되는 노무량을 제외한 현장시공과 관련하여 현장관리소에 종사하는 자의 노무량	직접노무비×간접노무비율	
	산재보험료	노동부 고시율(매년 변경 고시됨)	(직접노무비+간접노무비)×산재보험료율	
	고용보험료	총 공사 금액(지급자재비 포함)이 2천만 원 이상인 공사에 적용하는 노동부 고시에 의한 고용 보험료	(직접노무비+간접노무비)×고용보험료율	
	건강보험료	국민건강 및 연금보험법에 의해 건설현장들이 의무가입된 보험료	직접노무비×건강보험료율	
	연금보험료	–	직접노무비×연금보험료율	
	안전관리비	품셈에 의한 별도 계상비용을 제외한 법에 규정된 사항의 이행에 필요한 기본비용	(재료비+직접노무비+지급자재비)×안전관리비율	
	기타 경비	경비 비목에서 품셈에 의한 계상분을 제외한 비용	(직접노무비+간접노무비+재료비)×기타 경비율	
	환경보전비	환경오염방지시설 설치 및 운영비용과 건설폐기물의 처리 및 재활용에 소요되는 비용	(재료비+직접노무비+기계경비)×환경보전 비율	

구 분	내 용	산 식	비 고
일반관리비	기업의 유지를 위한 관리활동 부문에서 발생하는 제비용으로서 공사원가에 속하지 않는 모든 영업비용	(재료비+노무비+경비)×일반관리 비율	
이 윤	영업이익	(노무비+경비+일반관리비)×이윤율	

04 공사내역서 작성

1) 각종 산출서 작성

① 수량산출

- 각 작업공정에 대한 재료 및 자재, 노무의 종류 및 소요량, 시공장비의 내용, 수량 및 사용기간 등을 구체적인 수량으로 산출하는 절차
- 수량산출은 표준화된 1단위당 시공에 소요되는 수량을 집계하는 작업을 재료의 수량은 표준사용량에 운반, 저장 및 시공 중의 손실량(할증량)을 현장조건에 따라 가산하여 산정하되 일위대가 등에 할증이 포함된 경우에는 2중으로 계산되지 않도록 주의한다.
- 각각의 단위별 수량산출이 완료된 후 산출된 수량을 총괄적으로 집계하여 전체공사에 소요되는 수량을 총괄 · 집계한다.

② 단가산출

- 재료비와 노무비의 단가가 있으며, 수량산출에는 추출된 재료와 노무에 적용할 것인가를 결정하는 과정으로서 객관적이고 공정한 가격으로 책정되어야 한다.
- 재료비 단가는 시중 도매물가를 원칙으로 한다. 적용순서는 조달청 발표 가격정보, 공인된 물가조사기관의 조사자료(물가자료, 물가정보, 유통물가, 거래가격, 건설자재 등)를 우선 적용하고 감정가격, 거래실례가격, 견적가격 순으로 적용한다.
- 가격은 매입가격과 매입에 요구되는 비용 및 구입 장소에서 현장까지 운임 등의 합계액으로 한다.
- 노무비는 통계법 제3조의 규정에 따라 통계작업의 승인을 받은 기관이 매년 2회 조사 · 공표하는 가격 또는 거래실례가격을 적용한다. 기획재정부 회계예규에 명시되어 있는 노임의 개념과 적용기준은 1일 8시간 기준 기본급여액으로서 "예정가격 작성준칙"에 따른다.

③ 기계경비 산출

기계의 시간당 소요비용을 산출하는 기계장비 산출과 산출된 기계장비로 작업에 투입되는 단위장비 및 인력 비용을 산출하는 기계시공비 산출이 있다.

2) 공사내역서 작성

① 일위대가

- 일위대가란 단위공사에 소요되는 기본적인 재료와 인력의 표준적인 소요량을 말한다.
- 항목별 단가 산정으로 기초일위대가와 단위일위대가로 나눈다.
- 기초일위대가는 기초단위의 일위대가표로서 수량산출이 없어도 표준품셈에서 적용하는 항목을 추출하여 작성할 수 있는 터파기, 콘크리트, 거푸집 등이다.
- 단위일위대가는 기 산출된 단위공종별 수량에 단가 또는 기초일위대가를 곱하여 작성한다.
- 단위일위대가는 길이, 면적, 체적, 중량, 개소 등의 기본적인 단위 시공 1단위당 순공사비로서 파고라 1개소, 화강석포장 1m^2 등이며, 재료비, 노무비, 경비 등이 복합적으로 합산된다.

② 공사내역서

- 산출된 공사량에 항목별 단가(단위일위대가 또는 단가)를 곱하여 산출하는 내역서 및 총괄내역서로 구분한다.
- 내역서(순공사비)는 각 작업 공종의 수량과 일위대가에 의하여 산정된 단가를 곱하여 공사비를 추출하는 절차이다. 이때 수량은 도면 및 수량총괄집계표에 의하여 추출된 수량을 적용하고 적용단가는 단가산출, 기계시공비산출, 기초일위대가, 단위일위대가 등이 적용된다.
- 총괄내역서는 산출된 내역서에 간접노무비, 산업재해보상보험료(산재보험료), 산업안전보건관리(안전관리비), 퇴직공제부금, 고용보험료, 국민건강보험료, 장기요양보험, 국민연금보험료, 기타 경비를 더하여 공사원가를 산출하고, 공사원가에 일반관리비, 이윤을 더하여 총공사원가를 산출하며, 총공사원가에 부가가치세 또는 매입세, 지급자재비를 합하여 총공사비를 산출한다.
- 총괄내역서는 조성공사 전체에 소요되는 경비를 추출하는 과정으로서 총괄내역서 작성 후에는 조성공사에 소요되는 금액이 누락되지 않았는지 각별히 주의한다.

05 건설공사 표준품셈

1) 적용 목적

건설공사 표준품셈은 정부 등 공공기관에서 시행하는 건설공사의 적정한 예정가격을 산정하기 위해 일반적인 기준을 제공하는 것이다.

2) 적용 범위

국가, 지방자치단체, 정부투자기관 및 위 기관의 감독과 승인을 요하는 기관에서는 표준품셈을 건설공사 예정가격 산정의 기초로 활용한다.

3) 적용 방법

- 공사의 예정가격 산정은 표준품셈을 활용한다.
- 표준품셈에서 제시된 품은 일일 작업시간 8시간을 기준으로 한 것이다.
- 표준품셈은 건설공사 중 대표적이고 보편적이며 일반화된 공종, 공법을 기준으로 한 것이며, 현장여건, 기후의 특성 및 조건에 따라 조정 · 적용한다.
- 표준품셈에서 명시되지 않는 사항은 각종 사업을 시행하는 국가기관, 지방자치단체, 정부투자기관 등의 장의 책임 하에 적정한 예정가격 산정기준을 결정하여 사용한다.
- 건설공사의 예정가격 산정시 공사규모, 공사기간 및 현장조건 등을 감안하여 가장 합리적인 공법을 채택 · 적용한다.
- 표준품셈에 명시되지 않은 품으로서 타 부문(건축, 전기, 기계 등)의 표준품셈에 명시된 품은 그 부문의 품을 적용하고, 타 부문과 유사한 공종의 품은 표준품셈을 우선하여 적용한다.
- 소방법, 총포 · 도검 · 화약류단속법, 산업안전보건법, 산업재해보상보험법, 건설기술관리법, 대기환경보건법, 소음 · 진동규제법 등 관계법령이나 제약조건에 따라 소요되는 비용은 별도로 계상한다.
- 각 발주기관에서 별도로 결정하여 적용한 품셈이 표준품셈 보완에 반영할 필요가 있다고 인정될 경우에는 그 자료를 표준품셈 관리단체(한국건설기술연구원)에 제출한다.

4) 수량계산

- 수량은 C,G,S(Centimeter-Gram-Second) 단위를 사용한다.
- 수량의 단위 및 소수위는 표준품셈 단위표준에 의한다.
- 수량 계산은 지정 소수의 이하 1위까지 구하고, 끝수는 4사5입한다.

- 계산에 쓰이는 분도는 분까지, 원둘레율, 삼각함수 및 호도의 유효숫자는 3자리로 한다.
- 곱하거나 나눗셈에 있어서 기재된 순서에 의하여 계산하고, 분수는 약분법을 쓰지 않으며, 각 분수마다 그 값을 구한 다음 전부 계산한다.
- 면적 계산은 보통 수학공식에 의하는 외에 삼사법이나 구적기로 한다. 다만, 구적기를 사용할 경우에는 3회 이상 측정하여 그 중 정확하다고 생각되는 평균값으로 한다.
- 체적계산은 의사공식에 의함을 원칙으로 하나 토사체적은 양단면적을 평균한 값에 그 단면간의 거리를 곱하여 산출하는 것을 원칙으로 한다. 단, 거리평균법으로 고쳐서 산출할 수도 있다.
- 다음에 열거하는 것의 체적과 면적은 구조물의 수량에서 공제하지 않는다.

  ㉠ 콘크리트 구조물 중의 말뚝머리

  ㉡ 볼트의 구멍

  ㉢ 모따기 또는 물구멍

  ㉣ 이음줄눈의 간격

  ㉤ 포장 공종의 1개소당 $0.1m^2$ 이하의 구조물 자리

  ㉥ 강구조물의 리벳구멍

  ㉦ 철근콘크리트 중의 철근

  ㉧ 조약돌 중의 말뚝체적 및 책동목

  ㉨ 기타 전항에 준하는 것
- 성토 및 사석공의 준공토량은 성토 및 사석공 설계도의 양으로 한다. 그러나 지반침하량은 지반의 성질에 따라 가산할 수 있다.
- 절토량은 자연상태의 설계도 양으로 한다.

5) 금액의 단위표준

- 설계서의 총액 : 1,000원 이하 버림(단, 10,000원 이하의 공사는 100원 이하 버림)
- 설계서의 소계 : 1원 미만 버림
- 설계서의 금액 : 1원 미만 버림
- 일위대가표의 계 : 1원 미만 버림
- 일위대가표의 금액 : 0.1원 미만 버림

6) 할증률 계산

① 재료의 할증

- 재료의 할증이란 설계수량(정미수량)에 운반, 저장, 가공, 시공과정에서 발생하는 손실량을 예측하여 부가하는 것이다. 정미수량에 할증량을 더하여 재료량을 산출하고, 재료단가를 곱하여 총 소요금액을 일위대가의 재료비에 반영한다. 반면에 노무량을 산출할 때에는 정미재료량에 단위당 표준품을 곱하여 산출한다. 시공품을 적용할 때에는 재료할증에 대한 품까지 적용해서는 안 된다.
- 할증 1% : 유리, 레디믹스트 콘크리트 타설의 철골구조물 · 철근구조물
- 할증 2% : 도료, 시멘트 · 아스팔트 · 석분 · 혼화재(정치식), 현장혼합 콘크리트 타설의 철근구조물
- 할증 3% : 일반용 합판, 굵은골재, 붉은벽돌 · 내화벽돌, 경계블록, 이형철근
- 할증 4% : 블록, 부순돌 · 자갈 · 막자갈, 모래(관 및 구조물 기초 부설재료)
- 할증 5% : 시멘트 벽돌, 각재(목재), 수장용 합판, 호안블록, 기와
- 할증 10% : 조경용 수목, 잔디 · 초화류, 강판, 판재(목재), 잔골재 · 채움재(정치식)
- 할증 30% : 마름돌 시공용의 원석, 석재판 붙임용 부정형 돌

② 노임의 할증

- 시간외 근무, 야간 및 휴일근무가 불가피한 경우 통상 임금의 100분의 50 이상을 가산하여 지급한다.
- 노임할증 시간대의 작업단가 : 노임단가의 150%에 해당하는 단가
- 시간외 근무 ~ 1일 8시간 외 연장근무 : 노임단가의 150%에 해당하는 단가
- 야간근무(오후 10시 ~ 익일 오전 6시) : 노임단가의 150%×1.25에 해당하는 단가

③ 품의 할증

- 군 작전지구 내에서 작업능률에 현저한 저하를 가져올 때에는 작업할증률 20%까지 가산할 수 있다.
- 도서지구, 공항 및 도로개설이 불가능한 산악지역에서는 작업할증률(인력품)을 50%까지 가산할 수 있다.
- 공정계획 수립시 정상작업으로는 기한 내 완공이 불가능하여 야간작업을 할 경우와 공사성격상 부득이 야간작업을 할 경우에는 품의 25%까지 할증 계상할 수 있다.

7) 소운반의 운반거리 기준

- 표준품에 포함된 소운반거리는 작업반경 수평거리 20m 이내를 말한다.
- 소운반거리가 20m를 초과하는 경우 인력운반으로 별도로 계상한다.
- 수직 소운반거리는 직고 1m를 수평거리 6m의 비율로 계상한다.

8) 재료의 단위중량

- 화강암 : 2,600~2,700kg
- 안산암 : 2,300~2,710kg
- 현무암 : 2,700~3,200kg
- 자갈(건조) : 1,600~1,800kg
- 모래(건조) : 1,500~1,700kg
- 점토(건조) : 1,200~1,700kg
- 점질토(보통) : 1,500~1,700kg

06 인력공사 적산

1) 인력공사 기본공식

- $Q = N \times q$

$$N = \frac{T}{\frac{60 \times 2L}{V} + t} = \frac{VT}{120L + Vt}$$

Q : 1일 운반량(m^3 또는 kg)
N : 1일 운반횟수
q : 1회 운반량(m^3 또는 kg)
V : 평균왕복속도(m/hr)
T : 1일 실작업시간
L : 운반거리(m)
t : 적재적하시간(분)

2) 고갯길 운반 환산거리

① 환산거리 = $a \times L$

a : 경사 및 운반방법에 따른 계수

L : 운반거리(m)

② a의 값

경사(%) / 운반방법	1	2	3	4	5	6	7	8	9	10	12	14	16	20
리어카	1.05	1.11	1.18	1.25	1.33	1.43	1.54	1.67	1.82	2.00	–	–	–	–
트롤리	1.03	1.08	1.13	1.18	1.23	1.31	1.38	1.56	1.71	1.85	2.04	2.24	2.50	2.80

3) 목도운반

- 목도운반 $= \frac{A}{T} \times M \times \left(\frac{60 \times 2 \times L}{V} + t\right)$

A : 목도공 노임

T : 하루 작업시간(분)

M : 목도공수(인) = 총운반량/1인당 1회 운반량

L : 운반거리(m)

t : 준비작업시간(분)

V : 평균왕복속도(m/hr)

연/습/문/제

01 금액의 단위와 소수위 정리에 대하여 설명하시오.

① 설계서의 총액 :

② 설계서의 소계, 설계서의 금액, 일위대가표의 계 :

③ 일위대가의 금액 :

02 재료의 할증에 대하여 설명하시오.

① 유리, 콘크리트 타설의 철골구조물 :

② 시멘트, 아스팔트, 석분 :

③ 일반용 합판, 굵은골재, 붉은 벽돌, 경계블록 :

④ 블록, 부순돌, 자갈, 모래 :

⑤ 시멘트벽돌, 각재(목재), 호안블록 :

⑥ 조경용 수목, 잔디, 초화류, 판재(목재), 잔골재 :

⑦ 마름돌 시공용의 원석, 석재판 붙임 부정형 돌 :

03 노임의 할증에 대하여 설명하시오.

① 노임할증 시간대의 작업 단가 :

② 시간외 근무(1일 8시간 외 연장근무) :

③ 야간근무(오후 10시 ~ 익일 오전 6시) :

04 조경적산의 수량계산시 품에 포함된 것으로 규정된 소운반거리는 수평거리 (A)m 이내의 거리를 말하며, 별도 계상되는 경사면의 소운반거리는 수직높이 1m를 수평거리 (B)m의 비율로 본다. A, B는?(출처: 조경기사 필기시험 2003-2)

05 공사용 재료의 경사면 소운반거리 산정시 수직높이 3m는 수평거리 얼마에 해당하는가?(단, 건설공사 표준품셈을 기준으로 한다.)

06 비탈면의 경사가 1 : 1.5일 때 수평거리가 3m이면 수직거리는 얼마인가?

07 공사비를 산정하는 적산의 절차에 대하여 쓰시오.

08 다음의 공사원가 구성에 있어 산출근거를 쓰시오.

① 간접노무비 :

② 산재보험료 :

③ 고용보험료 :

④ 건강보험료 :

⑤ 연금보험료 :

⑥ 안전관리비 :

⑦ 기타 경비 :

⑧ 환경보전비 :

⑨ 일반관리비 :

⑩ 이윤 :

09 1주의 무게가 200kg인 수목 10주를 거리 50m 지점에 목도로 운반하려 한다. 평균 왕복속도는 2km/h, 1일 실작업시간은 6시간, 준비작업시간은 2분, 1인 1회 운반량은 50kg이고, 목도공의 노임은 72,000원이다. 전체 운반비는 얼마인가?

CHAPTER

6

식재공사

제6장 식재공사

01 용어정리

1) 조경수목

실내외 정원, 공원, 도로 등의 녹화 및 경관용으로 식재되는 수목으로 공간의 미적 기능, 건축적 기능, 공학적 기능 등 다양한 기능에 이용되는 수목을 말한다.

2) 이식

수목을 인위적인 방법으로 캐내어 운반 · 식재하는 것으로서 전과정에 걸쳐 활착 및 생육에 필요한 조치를 취하는 행위이다.

3) 식재

- 어떤 장소에 반입 · 운반된 수목을 시방기준에 맞추어 식재하는 행위이다.
- 식재구덩이 파기, 나무 앉히기, 되메우기, 지주목 설치, 비료주기, 물주기, 가지치기, 약제 살포 및 생육에 필요한 모든 조치를 포함한다.

4) 가식

식재하기 전에 일정기간 동안 지정된 장소에 임시로 식재하는 행위로서 식재의 여러 조치 중 일부만 포함된다.

02 수목재료

1) 수목의 유형

① 교목

- 다년생 목질인 곧은 줄기가 있고 줄기와 가지의 구별이 명확하여 줄기의 신장생장이 뚜렷한 수목
- 줄기가 곧고 굵으며 높이 자라는 나무

- 현재 나무의 크기는 중요하게 여기지 않으나 보통 5~8m 정도 이상으로 자라는 목본성 다년생 식물
- 소나무, 느티나무, 은행나무, 이팝나무, 회화나무, 단풍나무, 스트로브잣나무 등

② 관목

- 교목보다 수고가 낮고 일반적으로 곧은 뿌리가 없으며, 목질이 발달한 여러 개의 줄기를 이루는 수목
- 줄기는 뿌리목 가까이 또는 땅속에서 갈라지며 주립상 또는 총상을 이루거나 중심줄기가 땅에 대고 기는 듯한 수형을 나타내는 수목
- 뿌리 근처에서 가지가 갈라져 어느 것이 주된 가지인지 구분이 어려운 키가 크지 않은 목본식물
- 자산홍, 영산홍, 회양목, 개나리, 쥐똥나무, 조팝나무, 사철나무, 화살나무 등

③ 침엽수

- 잎이 바늘처럼 생긴 나무의 총칭
- 소나무, 잣나무, 스트로브잣나무, 전나무, 구상나무, 독일가문비 등

④ 활엽수

- 잎이 넓은 나무
- 느티나무, 목련, 이팝나무, 회화나무, 단풍나무, 참나무류 등

⑤ 상록수

- 잎이 일 년 내내 푸른 수목
- 소나무, 잣나무, 스트로브잣나무, 전나무, 주목, 구상나무, 독일가문비 등

⑥ 낙엽수

- 겨울이나 건조기일 때 잎을 전혀 볼 수 없는 수목
- 느티나무, 단풍나무, 목련, 벚나무, 모감주나무, 산수유, 은행나무, 느릅나무 등

2) 수목의 규격 표시

구 분	일반적인 표기방법	적용수종
교 목	수고(m)×수관폭(m)	곰솔, 잣나무, 전나무, 주목, 측백 등
	수고(m)×흉고직경(cm)	메타세쿼이아, 벚나무, 은행나무, 버즘나무, 자작나무 등
	수고(m)×근원직경(cm)	감나무, 느티나무, 단풍나무, 회화나무, 참나무류 등

구 분	일반적인 표기방법	적용수종
관 목	수고(m)×수관폭(m) 수고(m)×가지수	사철나무, 회양목, 무궁화, 수수꽃다리, 조팝나무 등
만경목	수고(m)×근원직경(cm)	등나무, 능소화 등
묘 목	간장(cm)×근원직경(cm)×근장(cm) 수령표시(1-1-1)	
초화류	분얼, 길이, 포트	벌개미취, 구절초, 원추리 등

※ 필요시 지하고(m), 수관고(m), 뿌리분의 크기(m) 표시
※ 소나무의 경우 수고(m) × 수관폭(m) × 근원직경(cm)으로 표시

3) 수목의 측정기준

① 수고(H, m)

- 지표에서 수관 정상부까지의 수직거리를 말하며, 도장지는 제외한다.
- 함척(Staff), 스틸(Steel)자 등 눈금이 있는 도구로 측정하되 교목 높이의 기준은 가지가 균일하고 치밀한 위치까지로 한다.
- 소철이나 야자수는 줄기의 수직높이를 수고로 하고, 잎은 높이에 포함시키지 않는다.

② 흉고직경(B, cm)

- 지표면에서 1.2m 높이의 수간 직경을 말한다.
- 윤척을 사용하여 측정하되 단면이 타원형인 경우 최대값과 최소값의 평균치를 채택하거나 줄자로 둘레를 측정한 후 π로 나눈 값을 채택한다.
- 쌍간일 경우에는 각 수간의 흉고직경 합의 70%가 그 수목의 최대 흉고직경보다 클 때에는 이를 채택하고, 작을 때에는 흉고직경을 그 수목의 흉고직경으로 판정한다.

③ 근원직경(R, cm)

- 수목이 굴취되기 전 재배지의 지표면과 접하는 줄기의 직경을 말한다.
- 측정 부위가 원형이 아닌 경우에는 최대값과 최소값의 평균치를 채택한다.
- 흉고직경으로 측정할 수 없는 관목이나 흉고 이하에서 분지하는 성질을 가진 교목성 수종, 만경목, 어린교목 등에 적용한다.

④ 수관폭(W, m)

- 수관투영면 양단의 직선거리를 측정하는 것으로 타원형 수관은 최대층의 수관축을 중심으로 한 최단과 최장의 폭을 합하여 평균한 것을 수관폭으로 채택한다.

• 여러 가지 형태로 조형한 교목이나 관목, 조형목도 이에 준하며 도장지는 제외한다.

• 수관이 길게 일정방향으로 성장하였거나 조형한 것은 수관폭과 수관길이로 표시한다.

⑤ 수관길이(L, m)

수관이 수평 또는 능수형 등 세장하는 생장특성을 가진 수종이나 이에 준하여 조형한 수관은 최대길이를 수관길이로 한다.

⑥ 수관고

역지 끝을 형성하는 최하단의 지조에서 정상까지의 수직거리를 원칙으로 하며 능수형은 최하단의 지조 대신 역지의 분지된 부위를 적용한다.

⑦ 지하고

지표면에서 역지 끝을 형성하는 최하단의 지조까지 수직거리를 원칙으로 하며, 능수형은 최하단의 지조 대신 역지의 분지된 부위를 적용한다.

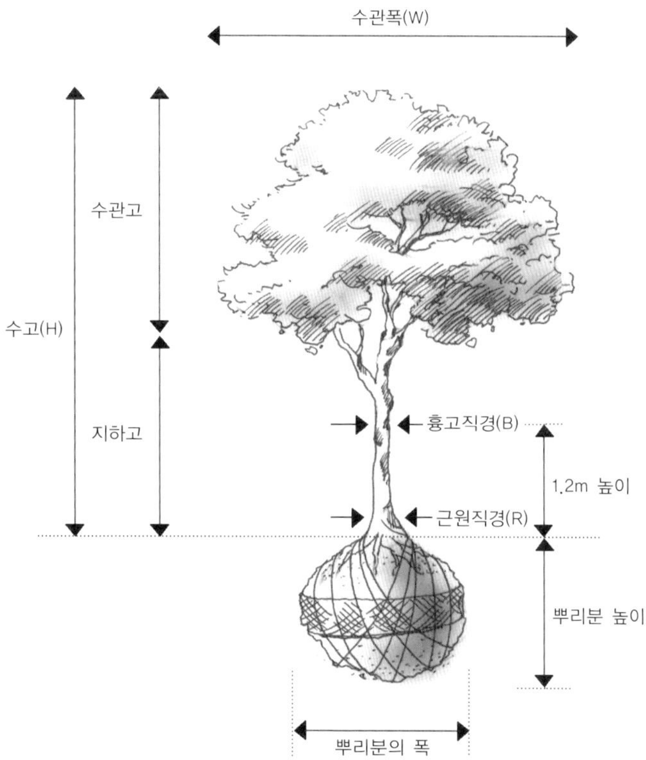

[그림 2] 수목측정의 기준

출처: 권영휴 등, 공동 및 개인주택 정원관리매뉴얼, 2013.

⑧ 줄기수

관목의 경우 나무높이와 수관폭에 대한 규격 표시 외에 수종에 따라 지면에서 분지한 가짓수를 표시하며, 이때 생장상태가 불량한 가지는 제외한다.

⑨ 형상

- 특수한 형상을 가진 수목을 원할 때는 그 형태를 지정하여 표시한다. 특별한 동물의 형태나 조형미를 나타내기 위해 수형을 장기간에 걸쳐 다듬고 자연형 수목과 구분되도록 한다.
- 수목의 형상은 시공상세 설계도면이나 시방서에 명시한다.

4) 수목의 중량

① 수목의 중량(W) = 지상부 중량(W_1) + 지하부 중량(W_2)

② 지상부 중량(W_1) $= k \times \pi \times \left(\frac{d}{2}\right)^2 \times H \times w_1 \times (1+p)$

k : 수간형상계수
d : 흉고직경
H : 수고
w_1 : 수간의 단위체적중량(kg/m^3)
p : 지엽의 다수에 의한 할증률

③ 지하부 중량(W_2) $= V \times w_2$

V : 뿌리분 체적

- 접시분 : πr^3
- 보통분 : $\pi r^3 + \frac{1}{6} \times \pi r^3$
- 조개분 : $\pi r^3 + \frac{1}{3} \times \pi r^3$

w_2 : 뿌리분의 단위체적중량(kg/m^3)

5) 뿌리분 크기와 형태

① 뿌리분 크기

- 수목의 종류에 의한 특성, 이식 전까지의 생육조건 등에 따라 달라지므로 동일할 수는 없으나 일반적으로 근원직경의 3~5배를 기준으로 한다.
- 분의 깊이는 세근의 밀도가 현저히 감소된 부위로 분 너비의 1/2 이상이어야 한다.

- 수목 뿌리분의 지름(cm) = 24 + $(N-3) \times d$

  N : 근원직경(cm)

  d : 상수(상록수=4, 낙엽수=5 적용)

② 뿌리분 형태

- 형태별 수종

구 분	수 종 명
일반 수종 (보통분)	일반적 수종(심근성 수종 및 천근성 수종 제외), 너도밤나무, 물푸레나무, 피나무, 버즘나무, 벚나무 등
심근성 수종 (조개분)	소나무, 해송, 리기다소나무, 전나무, 잣나무, 향나무, 은행나무, 태산목, 후박나무, 굴거리나무, 아왜나무, 먼나무, 목련, 팽나무, 느티나무, 회화나무, 모과나무, 가시나무 등
천근성 수종 (접시분)	낙우송, 낙엽송, 구상나무, 메타세쿼이아, 독일가문비, 히말리야시다, 팔손이, 일본잎갈나무, 후박나무, 치자나무, 매화나무, 배롱나무, 자작나무, 양버들, 감나무, 마가목, 아까시나무, 오리나무, 무화과나무 등

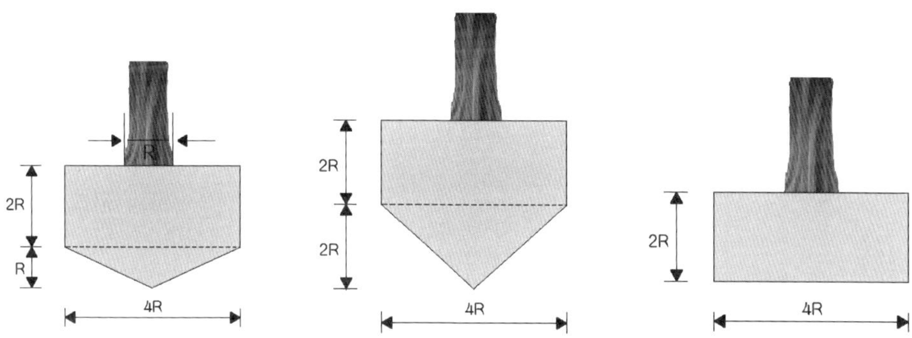

보통분(일반 수목)　조개분(심근성 수목)　접시분(천근성 수목)

[그림 3] 뿌리분 형태

출처: 권영휴 등, 공동 및 개인주택 정원관리매뉴얼, 2013.

③ 뿌리분 크기와 형태 결정시 고려사항

- 심근성 수종은 폭은 작게 길이는 크게, 천근성 수종은 폭은 넓게 길이는 납작하게 분을 뜬다.
- 이식이 어려운 수종은 이식이 잘되는 수종보다 약간 분을 크게 뜬다.
- 일반적으로 활엽수는 침엽수보다 작게, 침엽수는 상록수보다 분을 작게 뜬다.
- 이식적기가 아닌 때에는 분을 약간 크게 뜬다.

- 세근 발달이 느린 수종은 분을 크게 뜬다.
- 식재할 장소의 생육조건이 불량한 경우에는 분을 크게 뜬다.
- 많이 옮겨 심지 않는 것으로 산에서 채집한 수목의 경우에는 분을 크게 뜬다.
- 희귀수종이나 고가인 수종은 분을 크게 뜬다.
- 근원직경에 대한 뿌리분 직경의 비는 일반적으로 교목보다 관목이 크다.

6) 조경수목이 갖추어야 할 조건

- 이식하기 쉽고, 척박지에 견디는 힘이 강한 나무
- 열매 또는 잎이 아름다운 나무
- 수목 구입이 용이하며 지정된 규격에 합당한 나무
- 병충해가 적고 관리하기 쉬운 나무
- 수세가 강하고 맹아력이 좋은 나무
- 시공 해당지역의 기후, 토양 등 환경에 대한 적응성이 큰 나무
- 수명이 가급적 긴 나무

03 이식공사

1) 굴취

① 분의 크기 : 근원직경의 3~5배

② 굴취방법

방 법	내 용
뿌리분 굴취	• 분을 뜰 때나 운반할 때 충격으로 분이 깨지는 것을 막기 위해 녹화마대, 녹화끈, 거적, 부직포, 반생 등으로 단단히 감싸면서 나무를 깨올리는 방법 • 일반적으로 많이 사용하는 방법
틀고정형 굴취(상취법)	• 뿌리분을 뜰 때 녹화마대, 녹화끈 등을 감지 않고 나무판자로 틀을 짜서 분을 고정시키는 방법 • 대형목 또는 특수목에 적합 • 이식 후 활착률이 높다. • 이식시기의 제한이 적다. • 분이 크고 무거워 대형장비가 필요하고 경비가 많이 든다.

방 법	내 용
나근 굴취	• 분뜨기와 분감기를 하지 않고 뿌리와 흙이 떨어지는 그대로 캐내어 이식하는 방법 • 이식적기인 봄이나 가을에 직경이 5cm 이하의 낙엽수에 많이 이용 • 작업이 간단하고 비용이 적게 든다. • 이식이 잘되고 잔뿌리가 발달된 나무에 적합 • 어린나무 또는 관목류에 적합
추적 굴취	• 수간 밑둥까지 흙을 파내고 뿌리의 끝부분까지 추적하여 굴취하는 방법 • 뿌리를 자르면 생육이 나빠지므로 뿌리를 과감히 자를 수 없는 수종에 적합
동토법	• 근계를 감싸고 있는 토양이 동결되어 뿌리 주위를 파내도 흙이 부스러질 염려가 없고, 세근이 상할 우려가 없는 경우 뿌리감기를 하지 않고도 굴취하는 방법 • 겨울철 기온이 낮고, 땅속 깊은 곳까지 동결되는 지역이 적합

2) 뿌리돌림

① 목적

- 나무를 세워둔 채 나무의 뿌리 일부를 절단 또는 각피하여 새로운 잔뿌리 발생을 촉진하기 위해
- 잔뿌리의 신생과 신장을 도모하여 이식 후의 활착을 돕고자 하는 사전조치로써 이식 예정시까지 많은 뿌리를 발생시키기 위해

② 적용

- 잔뿌리 발생이 불량한 나무
- 이식 후 활착이 잘 되지 않는 나무
- 대형목 또는 특수목, 노거수
- 이식 경험이 없는 외래수종
- 이식적기가 아닌 시기에 이식하고자 할 때

③ 시기

- 침엽수 : 봄철 수액이 이동하기 직전
- 상록활엽수 : 봄철에 수액이 이동할 무렵부터 발아하기 이전
- 낙엽활엽수 : 봄철 해동할 무렵부터 수액이 이동하기 시작할 무렵

④ 방법

방 법	내 용
구굴식	• 나무 주위를 도랑 형태로 파내려가 노출되는 뿌리를 절단한 다음 흙을 다시 덮어 세근을 발생시키는 방법 • 일반적으로 많이 사용되는 방법
단근식	• 표토를 약간 긁어낸 다음 뿌리가 노출되면 삽이나 톱, 전정가위 등을 땅속에 삽입한 후 곁뿌리를 잘라 발근시키는 방법 • 비교적 작은 나무에 실시되는 방법

⑤ 뿌림돌림 후 관리

- 뿌리와 가지의 균형을 위해 가지 일부를 정지 · 전정해 주어야 한다.
- 지상부의 증산을 억제하기 위해 녹화마대, 녹화끈 등으로 줄기감기를 해준다.
- 20일 이상 가뭄이 지속될 경우 관수작업을 실시한다.
- 뿌리분의 건조와 보온을 위해 멀칭을 해준다.
- 일시적으로 수세가 약해져서 병충해 침임을 받을 수 있으므로 병해충 방제를 실시한다.
- 수세를 강화하기 위해 시비를 해준다.

3) 운반

① 운반시 주의사항

- 운반 전 절단면은 잔뿌리가 잘 형성될 수 있도록 다듬어 주어야 하며, 절단면이 클 때에는 콜타르 등을 발라 건조를 방지한다.
- 작은 나무는 인력으로 작업이 가능하나 큰 나무는 가급적 장비를 사용하도록 한다.
- 현장에 도착한 나무는 바로 식재하는 것이 가장 바람직하며, 불가능할 때에는 직사광선을 피하고, 서늘한 곳에 옮겨 놓고 뿌리분을 젖은 거적 등으로 덮어 수분 증발을 억제한다.
- 뿌리분이 마르지 않도록 운반 전 젖은 가마니나 거적 등으로 덮어 주고, 하절기에는 잎이 마르지 않도록 수분증산억제제를 살포한다.
- 농장이나 현장은 비포장도로가 대부분이므로 뿌리분이 충격받지 않도록 완충재를 깔아 준다.
- 가지가 상차와 운반, 하차시 부러지지 않도록 무리가 가지 않은 범위 내에서 굵은 가지, 부러지기 쉬운 가지, 강하게 뻗은 가지 등은 녹화끈이나 밧줄로 감아서 수간쪽으로 당겨 묶어 놓는다.

- 나무의 수피가 손상되지 않도록 적재함의 철재 부위와 맞닿은 곳은 완충재를 삽입한다.
- 운반도중 직사광선이나 바람에 의한 수분증산을 억제하기 위해 차광막을 씌어야 한다.
- 운반도중 강우로 인한 뿌리분의 토양 유실을 방지하기 위한 조치를 한다.
- 굴취한 순서대로 운반하며, 이중적재를 금한다.(적정량 적재)
- 농장에서 굴취한 수목은 장기간 방치하지 않도록 한다.

[그림 4] 조경수 운반

4) 가식

① 일빈사항

- 반입된 수목은 당일 식재하는 것이 가장 바람직하나 현장 여건상 부득이 식재하지 못하고 현장에 장기간 방치할 경우 뿌리분의 수분이 증발하여 하자의 원인이 된다.
- 이식 후 활착을 원활하게 하기 위해 현장에 반입된 수목을 하루 이상 방치해 두는 일이 없도록 한다.
- 여건상 반입된 수목이 당일 식재가 곤란할 경우에는 가식장을 마련하여 가식해 두어야 한다.

② 가식장소 선정시 유의사항

- 현장과 거리가 가까워야 한다.
- 배수가 잘되고 양질의 토사(사질양토)이어야 한다.
- 5톤 이상의 차량과 장비 진입이 가능해야 한다.
- 배수가 불량할 경우 배수시설을 설치해야 한다.
- 가식장의 임대기간은 공사기간의 연장을 고려하여 공사 계약기간보다 약간 여유있게 한다.

[그림 5] 가식

5) 이식

① 계절별 시기

이식시기	특징 및 장 · 단점
춘식	• 봄에 발아하기 전에 이식하는 것을 말하며, 이른 봄에 실시할 경우 낮은 기온에 피해를 보지 않도록 주의한다. • 지역별, 수종별, 규격별로 약간의 차이는 있으나 일반적으로 해토 직후에는 3월 초순에서 중순, 상록수의 경우 4월 상순에서 중순, 낙엽수는 해토 직후에서 4월 초순, 이식시기를 놓쳤을 경우에는 장마철인 6~7월이 적기이다. • 장점 - 뿌리의 활력이 강하기 때문에 이식 후 곧바로 생장을 시작할 수 있다. - 상해와 한해의 위험성이 적다. - 이식 후 생장과정을 단시일 내에 판단할 수 있다. • 단점 - 식재기간이 짧아 다른 작업과 중복될 수 있다. - 늦은 봄에는 발육이 시작되기 때문에 고사율이 높아질 수 있다.
하절기	• 식재 부적기이므로 가급적이면 작업을 하지 않도록 한다. • 부득이 식재해야 할 경우 특히, 낙엽수는 가지에 달려 있는 잎훑기 후 식재하고, 식재 후 충분히 관수, 멀칭해주면 고사율을 줄일 수 있다.
추식	• 1년 동안 생육을 마치고 수체가 완전히 굳어져서 휴면에 들어가는 시기에 이식하는 것이다. • 곧바로 추운 겨울이 다가오기 때문에 동해의 피해를 받지 않도록 철저히 관리한다. • 일반적으로 낙엽활엽수에서 많이 이루어진다. • 시기는 10월 하순에서 11월 하순이 적기이다.(토양이 동결되기 전까지) • 장점 - 춘식보다 식재기간이 길다. - 춘식에 비하여 뿌리의 생장은 늦지만 주위의 흙과 뿌리가 완전히 결합된다. - 가지와 뿌리의 손상이 적고, 춘식에 비하여 발아가 빠르다.

이식시기	특징 및 장·단점
추식	• 단점 – 이식 성공의 판단 여부가 춘식에 비해 오래 걸린다. – 곧바로 겨울이 다가와 동해를 입기 쉽다. – 과습토양일 경우 뿌리가 썩기 쉽다.
동절기	• 식재 부적기이므로 가급적이면 작업을 하지 않도록 한다. • 부득이 식재해야 할 경우 수간 및 수간 전체를 녹화마대 등으로 감싸 동해를 막고, 보토나 멀칭을 통해 표토동결을 방지한다.

② 수종별 이식

수 종	이식시기
침엽수	• 이식적기 : 2월 하순~4월 하순 또는 9월 하순~11월 상순 • 최상적기 : 3월 상순~4월 중순 • 소나무류 및 전나무 등의 적기 : 3~4월(가장 적기), 8~9월 • 종비나무 및 구상나무 적기 : 이른 봄 • 주목이나 향나무류 적기 : 연중 가능 • 침엽수의 이식은 생리적으로 흡수력이 적고, 지엽의 전정이 용이하지 않아 다른 수종에 비해 이식이 불리하다.
상록활엽수	• 이식적기 : 3월 상순~4월 중순 또는 6월 상순~7월 상순 • 추운지방에서는 가급적 가을 식재는 피하는 것이 좋다. • 봄에 개화하는 수종의 적기 : 늦은 봄이나 이른 여름 • 난대지방에서 자라는 수종(녹나무, 후박나무, 먼나무 등)의 적기 : 5~6월부터 8~10월의 고온기 • 동백나무 적기 : 남해안과 제주도에서는 5~6월, 중부 이북지방에서는 9~10월 • 종려, 유카, 소철 등의 적기 : 8~9월
낙엽활엽수	• 이식적기 : 10월 하순~이듬해 4월 상순 • 낙엽이 빨리 지는 수종의 적기 : 11월 • 낙엽이 늦게 지는 수종의 적기 : 12월 • 모란 적기 : 9월 하순 • 벚나무 적기 : 10월 상순 • 이른 봄에 개화하는 매화나무, 명자나무 등의 적기 : 10월 하순~12월 • 배롱나무, 석류나무, 능소화, 백목련, 자목련 적기 : 4월 중순 • 단풍나무, 모과나무, 버드나무 적기 : 3월 • 은행나무, 낙우송, 메타세쿼이아 적기 : 3월 하순~4월 중순

③ 이식의 용이성

구분	수종
이식이 잘되는 수종	곰솔(해송), 측백, 향나무, 가이즈까향나무, 은행나무, 메타세쿼이아, 아왜나무, 먼나무, 감탕나무, 광나무, 구실잣밤나무, 매화나무, 칠엽수, 벚나무, 버드나무류, 가죽나무, 오동나무, 벽오동, 팽나무, 버즘나무, 때죽나무, 아그배나무, 산사나무, 물푸레나무, 마가목, 계수나무, 사철나무, 식나무, 꽝꽝나무, 팔손이나무, 치자나무, 박태기나무, 말발도리, 화살나무, 수국, 무궁화, 석류나무, 수수꽃다리, 쥐똥나무, 개나리, 불두화, 백당나무, 등나무, 으름덩굴, 능소화 등
이식이 잘 안 되는 수종	소나무, 백송, 금송, 주목, 전나무, 가문비나무, 독일가문비, 섬잣나무, 히말라야시다, 낙엽송, 잎갈나무, 가시나무류, 후박나무, 녹나무, 태산목, 후피향나무, 동백나무, 굴거리나무, 목련, 튤립나무(목백합), 층층나무, 느티나무, 느릅나무, 자작나무, 멀구슬나무, 호두나무, 감나무, 참나무류, 만병초, 차나무, 다정큼나무 등

04 식재공사

1) 일반사항

- 현장에 도착한 수목은 뿌리분이 마르기 전에 빨리 식재하는 것이 좋다.
- 현장에 도착한 나무를 즉시 식재하기 곤란한 경우에는 뿌리분의 수분 증발을 억제하기 위해 젖은 거적이나 가마니 등으로 덮어 준다.
- 당일 식재가 곤란한 경우에는 가식장을 마련하여 가식하도록 한다.
- 관목의 경우 특히, 분 크기가 작아 뿌리분의 수분 증발이 심한 경우는 그늘에 보관하고 수시로 물을 뿌려 뿌리의 건조를 방지한다.
- 식재구덩이는 뿌리분의 1.5배 정도 크게 한다.
- 식재구덩이를 팔 때는 돌이나 자갈, 나무뿌리, 폐기물 등을 골라낸다.
- 식재 전 전정을 실시하여 T/R률의 균형을 맞추도록 한다.
- 식재시 심식하거나 복토하지 말아야 한다.
- 나무의 쓰러짐을 방지하기 위해 지주목을 바로 설치한다.
- 식재 후 관수를 철저히 한다(교목의 경우 반드시 반죽관수를 실시한다).
- 식재 후 수목의 활착을 돕기 위해 양분공급(시비)을 해주어야 한다.

2) 수목 검수

- 사전답사를 통해 수목의 규격, 형태 등을 철저히 검증한 후 반입하도록 한다.
- 대형목이나 특수목 등 고가의 수종은 사전에 발주처 감독관에게 사진 등을 제출하여 1차 검수를 받고, 필요시 현장답사 후 수목을 선정하도록 한다.
- 당일 현장 검수시에는 사전에 감독관에게 보고하여 도착 즉시 검수가 이루어지도록 한다(검수가 늦을 경우 수목을 방치하게 됨).
- 품귀현상으로 구입하기 힘든 수목은 사전에 감독관에게 보고하여 사전조치해야 한다.
- 수목의 할증(허용범위)은 ±10%이다.

[그림 6] 수목검수(수고측정)

3) 식재구덩이

- 식재예정지에 반입된 수목은 가급적 빨리 식재하는 것을 원칙으로 하기 때문에 설계도면에 지정된 장소에 미리 식재구덩이를 파 정식을 위한 준비를 한다.
- 시공관리계획을 소홀히 할 경우 식재장소를 변경하는 일이 발생해 수목의 활착률을 떨어뜨리는 결과를 초래할 수 있다.
- 구덩이의 위치는 설계도면에 명시된 곳으로 하되, 만일 지하구조물 등의 장애물이 있을 경우에는 감독관과 상의하여 위치를 조정한다.
- 식재구덩이의 크기는 뿌리분 크기의 1.5배 이상 크게 파며, 표토와 심토를 나누어 놓는다.
- 구덩이를 판 후 수목의 생육에 지장을 주는 돌덩어리, 콘크리트, 폐기물 등의 불순물을 제거하고 바닥을 부드럽게 파서 양질의 토양을 넣고 고른다.
- 구덩이의 바닥면은 지효성이 완전 부숙된 유기질 비료를 시방서 수량에 맞게 표토와 섞어 넣은 다음 뿌리와 직접 닿지 않도록 그 위에 표토를 넣는다.

• 지반이 낮은 곳, 지하수위가 높은 곳, 물이 고이기 쉬운 곳 등에서는 보호대가 지표보다 올라가게 높게 심는다.

• 고온으로 건조되기 쉬운 곳에서는 깊게 심는 것이 일반적이다.

4) 수목앉히기

• 수목의 뿌리분을 식재구덩이에 넣어 방향을 정하고 세우는 작업을 말한다.

• 심기 전에 시든 가지, 병든 가지, 썩은 가지, 죽은 가지 등 생리적 목적에 따른 정지 · 전정 작업을 실시한다.

• 수목은 보는 각도에 따라 생김새가 달라지며 보는 사람에 따라 다양한 반응을 보이므로 가지의 모양, 주변 환경과의 조화, 가지의 절단부나 줄기의 상처 등을 고려해 가장 중요한 시점으로부터 오게 될 시선방향으로 나무의 정면을 맞추어 식재한다.

• 잘게 부순 양질의 토양을 뿌리분 높이의 1/2 정도 넣은 후 수형을 살펴 방향을 재조정한 다음 잘게 부순 양질의 토양을 깊이의 3/4 정도 넣고 잘 정돈한다.

• 식재한 수목을 다시 이동하면 분이 깨져 고사할 확률이 높아지므로 특별한 경우를 제외하고는 재조정하지 않도록 한다.

• 식재 후 수목의 수형, 위치, 방향 등을 문제삼아 위치 변경이 이루어지는데, 식재 전에 설계도면과 현장여건 등을 철저히 고려하여 위치 변경이 일어나지 않도록 한다.

5) 심기

• 식재구덩이에 수목을 앉히고 흙을 메우기 전에 수목의 위치, 수간의 기울기, 형상, 가지의 상태, 경사, 고저 등을 충분히 검토한 후 식재한다.

• 식재방법에는 수식(水植)과 토식(土植) 두 가지가 있다.

방법	특징
수식(水植)	• 나무를 심는 과정 중에 물을 주지 않고 작업하는 방식 • 흙채워심기일 경우 뿌리분과 흙이 밀착되도록 단단히 다져 심는다. • 소나무, 해송과 같이 원래 흙속에 물기가 많은 것을 좋아하지 않는 수종은 토식을 하여야 한다.
토식(土植)	• 흙을 넣어줄 때마다 몇 차례씩 물을 부어가면서 진흙탕으로 만들어 뿌리 사이사이에 잘스며 들어가도록 하는 방법

- 식재공사에서 절대 해서는 안 되는 것이 심식과 복토이다.
- 식재할 때 예전에 나무가 묻혀 있던 깊이보다 더 깊게 심는 행위를 심식이라 한다.
- 어느 정도 깊이 심어야 심식에 해당하는가는 토성에 따라 다르지만 일반적으로 15cm를 기준으로 한다.
- 수목의 뿌리는 호흡을 하기 때문에 산소를 필요로 하며, 산소 공급이 원활한 토양의 표면 근처에 집중적으로 모여 있다. 특히 양분과 수분을 흡수하는 역할을 맡고 있는 세근(細根, 가는 뿌리)의 90% 가량이 표토 20cm 깊이에 모여 있어 심식이 되면 토양 내 산소 부족으로 인하여 뿌리의 호흡이 방해를 받아 고사하게 된다.
- 식재공사 시 반장이나 기능공들은 식재 후 지주목을 설치하여 나무가 넘어지는 것을 방지해야 하나 간혹 조경기능공들이 이를 무시하고 심식 또는 복토를 하는 경우가 있다. 관리자들은 식재공사 시 심식 또는 복토하는지 주의 깊게 관찰할 필요가 있다.
- 나무를 심은 후 주변 녹지를 추가로 조성하기 위해 토양을 북돋우는 작업을 하거나 도로개설 및 구조물 설치 등을 위해 공사하다가 의도치 않게 나무에 흙을 쌓는 경우가 있는데, 이것을 복토라 하고 심식과 같은 피해증상이 나타난다.
- 산울타리나 차폐식재를 제외한 일반식재는 식물이 완전히 성장했을 때의 최대 높이에서 2/3 거리가 적당하다.
- 가로수의 경우 수목간 거리는 6~10m(평균 8m)로 식재한다.
- 다음의 경우에는 식재시기를 연장하는 것이 좋다.
  - 토양이 지나치게 젖었거나 침수되었을 때
  - 토양이 추위로 동결되었을 때
  - 가뭄이 계속되는 기간일 때
  - 건조한 바람이 계속적으로 불 때
- 유기물이 풍부한 표토는 식물 활착에 매우 도움을 주기 때문에 성토 또는 절토시 확보해 두었다가 식재 시에 재활용하도록 한다.
- 식재구덩이와 뿌리분 사이에 채워 넣는 흙을 객토라 하는데, 객토용 토양은 비옥한 토양으로 불순물이 혼합되지 않은 사질양토를 사용하며, 경우에 따라 토양개량제 등을 섞어 사용한다.

[그림 7] 식재공사

6) 관수

- 근원직경의 5~6배로 주간을 따라 원형으로 높이 10~20cm의 턱을 만들고 물받이를 설치한다.
- 가로수의 경우 주간 주위로 경계석보다 낮게 구를 파서 물받이로 활용한다.
- 경사지의 경우 경사 윗방향을 깊이 절개하고 경사 아랫방향에 턱을 만들되, 턱의 지지력이 약할 경우 지지판을 설치한다.
- 물받이를 만들기 곤란한 경사지는 지중으로 관수할 수 있도록 투수판, 유공관 등을 수간의 주부에 수직방향으로 설치하여 물받이로 활용한다.
- 교목의 경우 물이 땅속 깊이 스며들도록 막대기를 이용하여 쑤시면서 주도록 한다.

[그림 8] 관수작업

7) 지주목 설치

① 지주목의 유형

유 형	적용기준	설치방법
단각지주	• 묘목에 필요시 적용 • 수고 1.2m 미만 소형 수목	1개의 말뚝을 수목의 주간 바로 옆에 깊이 박고 수목의 주간을 묶어 고정
이각지주	• 수고 1.2~2.5m의 수목 • 소형 가로수에 적용	수목의 중심으로부터 양쪽으로 일정간격 이격 후 말뚝을 박고 말뚝간 가로재를 연결시켜 그곳에 주간을 고정
삼 발 이	• 소 · 중 · 대형 수목 모두에 적용 • 경관상 중요하지 않은 곳 • 통행에 불편을 초래	박피 통나무나 각재를 삼각형으로 주간에 걸쳐 새끼나 끈으로 결속하여 수목을 고정
삼각지주	• 수고 1.2~4.5m의 수목에 적용 • 협소하고 통행량이 많은 곳에 적합	각재나 박피 원목 등을 이용하여 삼각으로 박고 가로재를 연결하여 수목의 주간을 고정
사각지주	• 삼각지주 설치가 곤란한 지역에 적용 • 포장지역 및 가로수 등	삼각지주의 변형
연계형 지주	• 교목 군식지에 적용	군식 수목의 각 주간을 연계하여 결속 고정
매 몰 형	• 경관상 중요 지역에 적용 • 통행에 지장을 주는 곳에 적용	지하의 뿌리분을 철선과 각재 등을 이용하여 고정
당김줄형	• 경관적 가치가 특별히 요구되는 곳에 적용 • 결박지점의 높이는 수고의 2/3가 되도록 한다.	완충재를 수간에 감고 그 부위에서 와이어를 이용하여 세 방향으로 당겨서 고정하는 방법

정용조, 조경적산 및 실무연습, 한국조경신문, 2017.

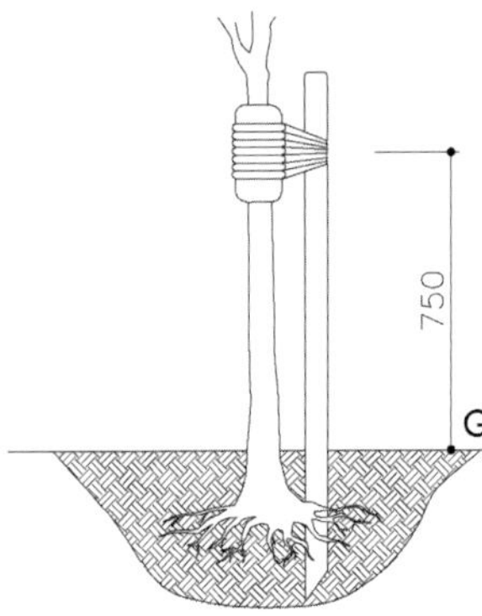

단각지주

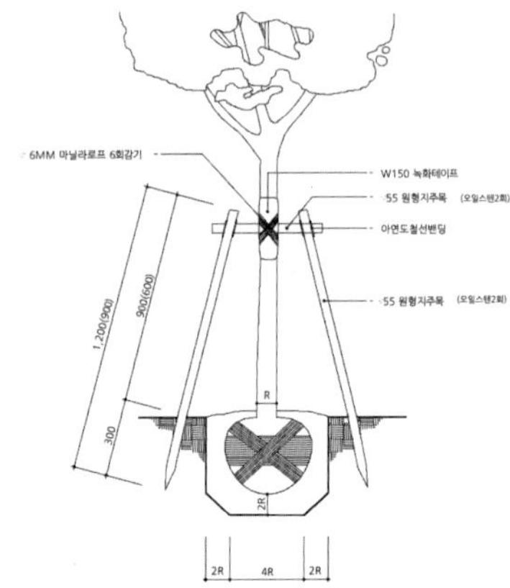

이각지주

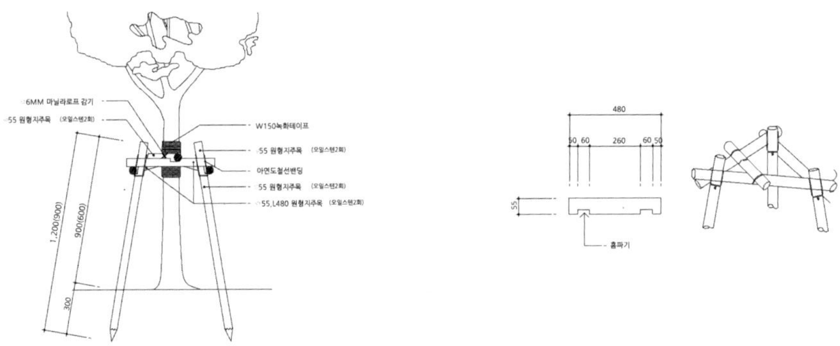

삼각지주

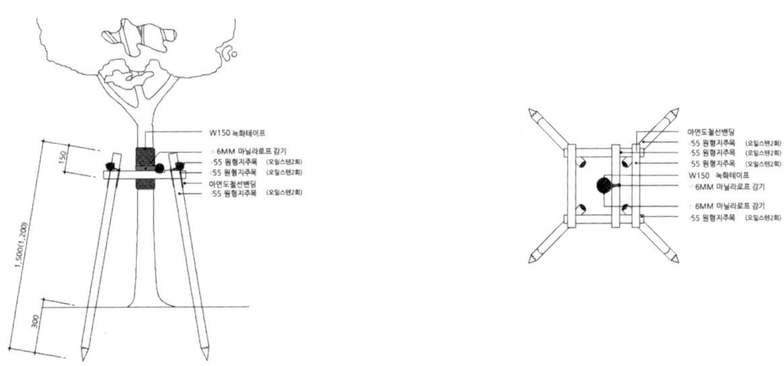

사각지주

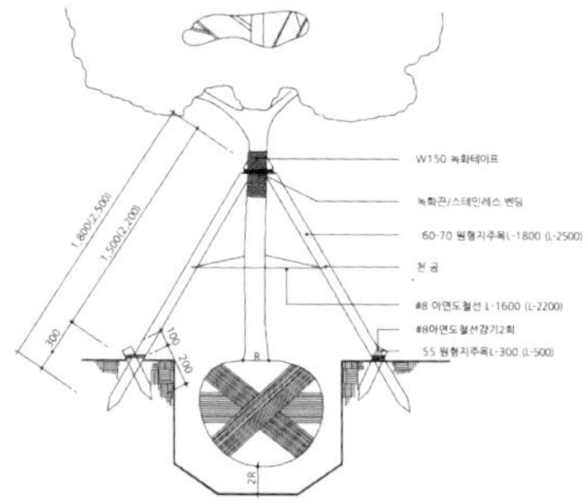

삼발이지주

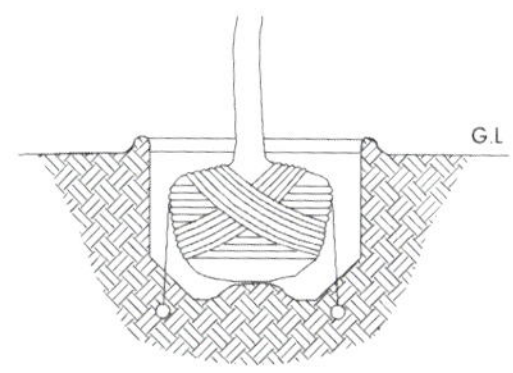

매몰형 지주

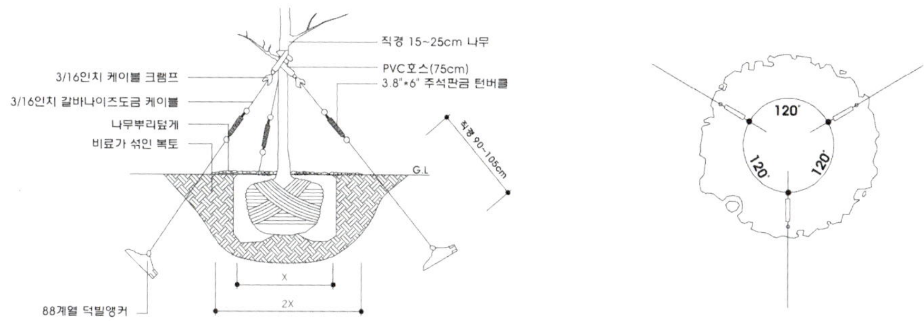

당김줄형 지주

연계형 지주

[그림 9] 지주목 유형

출처: 권영휴 등, 공동 및 개인주택 정원관리매뉴얼, 2013.

[그림 10] 지주목 설치

05 잔디식재

1) 잔디의 품질

- 잔디의 규격은 가로 30cm, 세로 30cm, 두께 3cm를 기준으로 한다.
- 뗏장은 잡초가 없고 병충해가 없으며 지하경이 치밀하게 발달하여 품질이 균일한 것이어야 한다.
- 잔디 운반시 햇볕에 노출되어서는 안 되며 항상 적당한 습기를 유지시켜야 한다.
- 뗏장은 서늘하고 그늘진 곳에 보관하고 뗏장에 붙은 흙이 떨어지지 않도록 유지시켜야 한다.

2) 잔디의 기능

- 토양오염방지, 토양침식방지, 먼지발생 감소
- 산소공급, 수분보유능력 향상
- 쾌적한 녹색환경 조성
- 레크리에이션 공간 제공
- 기상조절, 대기정화, 소음완화

3) 잔디의 특성

- 난지형 잔디와 한지형 잔디로 구분

구 분	난지형 잔디 (warm season turfgrass)	한지형 잔디 (cool season turfgrass)
일반적 특징	• 생육 적온 : 25~30℃ • 뿌리생육에 적합한 토양온도 : 24~29℃ • 낮게 자람 • 낮은 잔디깎기에 잘 견딤 • 조직이 치밀하여 내답압성 • 저온에 엽색이 황변하고 동사 위험이 있음 • 병해보다는 충해에 약함 • 내음성이 약함 • 포복경, 지하경이 매우 약함	• 생육적온 : 15~20℃ • 뿌리생육에 적합한 토양온도 : 10~18℃ • 녹색이 진하고 녹색기간이 김 • 25℃ 이상시 하고현상이 발생 • 내예지성에 약함 • 뿌리길이가 얕음 • 내한성이 강함 • 내건조성이 약함 • 내답압성이 약함 • 종자로 주로 번식 • 충해보다 병해가 큰 문제점

구 분	난지형 잔디 (warm season turfgrass)	한지형 잔디 (cool season turfgrass)
분 포	• 온난, 습윤, 온난 아습윤, 온난 반건조지 기후에 분포 • 전이지대(transition zone)	• 한랭습윤 기후에 분포 • 전이지대(한지와 난지가 함께 하는 지역) • 온대~아한대
국내 녹색기간 (중부지방 기준)	• 5개월(5~9월)	• 9개월(3월 중순~12월 중순)
원산지	• 아프리카, 남미, 아시아 지역	• 유럽 전지역

출처: 정용조, 조경적산 및 실무연습, 한국조경신문, 2017.

4) 잔디의 종류

구 분	난지형 잔디 (warm season turfgrass)	한지형 잔디 (cool season turfgrass)
주요 잔디 종류	• 한국잔디류(Zoysia grass) – 들잔디(Z. japonica) – 금잔디(Z. metrella) – 비로도잔디(Z. tenuifolia) – 갯잔디(Z. sinica) – 왕잔디(Z. macrostarchya) • 버뮤다그래스 – 커먼버뮤다그래스 – 개량버뮤다그래스 • 버팔로그래스 • 버하이야그래스 • 써니피드그래스 • 카펫그래스	• 블루그래스류 – 켄터키블루그래스 – 러프블루그래스 – 캐나다블루그래스 – 에뉴얼블루그래스 • 라이그래스류 – 퍼레니얼라이그래스 – 이탈리언라이그래스 • 훼스큐 광엽훼스큐 – 톨훼스큐 – 개량종 터프타입 톨훼스큐 세엽훼스큐 – 크리핑레드훼스큐 – 츄잉훼스큐 – 쉽훼스큐 – 하드훼스큐 • 벤트그래스 – 크리핑벤트그래스 – 코로니얼벤트그래스 – 벨벳벤트그래스 – 레드탑

출처: 정용조, 조경적산 및 실무연습, 한국조경신문, 2017.

5) 잔디식재 방법

- 식재 대상지의 지반을 잔디생육에 필요한 토심 20cm가 되도록 경운한 후 흙덩이를 잘게 부수고 돌이나 잡초 등 불순물을 제거한다.
- 식재지 정비 후 한두 번 비를 맞은 뒤에 식재면 고르기를 시행하되 표면배수를 고려하여 시행한다.
- 전면 식재공사의 경우 전면에 잔디를 골고루 깔고 롤러(100~150kg/m^2)나 인력으로 다진다.
- 반입된 잔디재료는 식재시까지 직사광선이나 강우 등에 의한 피해방지를 위해 차광막 설치와 필요한 경우 살수 등을 실시한다.
- 잔디는 재배지에서 채취한 후 48시간(기후에 따라 조정) 안에 식재가 완료되도록 시공속도를 감안하여 잔디반입이 이루어지도록 한다.
- 비탈진 경사지에 전면붙이기할 때에는 뗏장 1매당 2개의 떼꽂이로 잔디가 움직이지 않도록 고정시켜 유실 방지 및 활착을 도모한다.
- 토질이 잔디생육에 부적합한 곳은 시비, 객토, 토양개량제 등을 이용하여 토질을 개선한다.
- 줄떼식재의 경우 식재면의 방향은 경사면에 수평이 되도록 하며 뗏장이 정연하게 배열, 식재될 수 있도록 줄을 띄워서 시공한다.
- 포장경계석과 접한 잔디마감은 우수 정체에 따른 고사예방을 위해 경계석보다 마감 높이를 약간 높게 하며 우수방향과 직각이 되도록 식재한다.
- 잔디식재 후 즉시 물주기를 실시하고 식재면 위의 돌이나 잔재 등을 깨끗이 제거하며, 활착시까지 주기적으로 관수를 시행한다.
- 잔디면에 약간의 굴곡이 있는 경우 롤러 등으로 다짐하여 잔디면을 평활하게 조성한다.
- 식재 후 병충해가 발생되었을 때는 즉시 방제하여 주변으로 확산되는 것을 막는다.

[그림 11] 잔디식재

6) 잔디규격 및 식재기준

구분	규격	식재기준
평떼	30×30×3cm	• 1m²당 11매 • 1/2줄떼 : 줄떼간격 10cm • 1/3줄떼 : 줄떼간격 20cm
줄떼	10×30×3cm	

출처: 정용조, 조경적산 및 실무연습, 한국조경신문, 2017.

06 지피식물 및 초화류 식재

1) 지피식물의 정의

- 지표면을 치밀하게 피복할 수 있는 식물
- 지표면에서 50cm 이하의 수고로 성장하면서 잎 · 꽃 · 열매 · 생육수형의 관상적 가치가 우수할 뿐만 아니라 수고의 생육이 더디고, 지하경 등 지하부의 번식력이 뛰어나야 한다.
- 아름다운 경관 조성, 토양침식 방지, 척박지나 음지 녹화 등과 같은 기능적인 면을 목적으로 하는 식물을 광의적인 의미에서 지피식물이라 한다.

2) 지피식물의 조건

- 병충해에 대한 내성과 환경적응력이 강해야 한다.
- 다년생 식물이면서 상록성이면 좋다.
- 생장속도가 빠르고, 번식력이 왕성해야 한다.
- 지하경이나 포복경으로 자라는 식물이 포기로 자라는 식물보다 좋다.
- 계절적인 변화감이 뚜렷한 식물로서 관상가치를 가질 것이 좋다.
- 품종의 균일성과 통일성 등이 있으면 좋다.

3) 지피식물의 종류

- 잔디류
- 다년생 초본류
- 이끼류
- 고사리류

- 덩굴성 식물인 만경목류
- 수생식물류
- 난초류

[그림 12] 면고르기

[그림 13] 초화류 식재

07 식재공사의 하자저감을 위한 연구

1) 한국형 컨테이너 조경수 생산기술로서 컨테이너 모듈의 성능 평가

① 연구 배경 및 목적

공공기관의 조경공사 설계시에는 일반적으로 조달청에서 고시하는 조경수목 수종과 가격을 반영하고 있는데, 조달청에서는 "조경수목이란 수형이 정돈되고 관상적 가치가 있는 것으로 미리 이식하거나 완전한 단근작업 및 뿌리돌림을 하여 세근이 발달한 재배품이어야 한다."라고 규정하고 있다. 그러나 식재공사 현장에서는 세근이 발달된 조경수가 거의 사용되지 않고 있는 실정인데, 조경수에 관한 기본 규정을 위반하는 상황은 물론이고 조경수의 세근 발달이 잘 안 되어 있으면 식재 후 고사율이 높아진다. 따라서 조경수의 규정을 지키면서도 하자율을 낮출 수 있는 고품질 조경수 생산 대안으로 컨테이너 조경수 생산이 부각되고 있다. 수목에 의한 하자는 컨테이너 재배를 통해 상당 부분 줄일 수 있으며 이식 성공률을 획기적으로 높일 수 있다. 미국과 캐나다를 비롯한 세계적으로 노지 재배에서 컨테이너 재배로 조경수 생산체계가 도입 · 전환되고 있는 추세이다. 그러나 우리나라의 경우 일부 조경회사의 생산 농장에서 산발적으로 시도하고 있을 뿐, 체계적이고 과학적인 연구는 극히 초보 수준에 머물고 있다.

여기서는 한국의 조경수 생산 여건에 적합하고, 세근 발달 조경수를 생산할 목적으로 개발된 컨테이너 모듈 사용 효과를 정량적으로 확인함으로써 그 성능을 평가 · 검증하고자 몇 가지 유형의 시험구를 조성하여 비교 · 분석하였다.

② 연구 내용

㉠ 공사수목 선정

컨테이너 모듈 효과를 측정하기 위해 조달청이 고시하는 조경수목 가격목록에 등재된 수종 중 조경식재공사에서의 활용도와 수종의 특성 및 수목 확보가 용이한 중국단풍, 칠엽수, 산딸나무, 느티나무, 계수나무로 5종을 선정하였다. 각 수목은 모두 근원직경 6cm, 즉 조경수 규격 R6으로 정하였으며, 각 수종별로 90주씩 5개 수종, 총 450주를 대상으로 시험구를 조성하였다.

㉡ 공시 재료

공시 수목에 대하여 [표 5]와 같이 컨테이너 모듈 제품과 컨테이너 용기 제품을 각각 시험구별로 사용하였다. 컨테이너 모듈은 PP합성섬유 소재의 2겹으로 구성된 직사각 형태의 판으로써 가로길이 50cm, 세로길이 20cm로 제작하였다. 그러나 현장조사의 편의를 위해 가로 및 세로길이를 20cm로 조절하여 사용하였다. 2겹의 벽면 중 한 측면

[표 5] 공시 재료: 컨테이너 모듈과 컨테이너 용기

구 분	컨테이너 모듈(CM)	컨테이너 용기(Pot)
설치 위치	지중매립형(땅속에 설치)	지상 배치(땅 위에 올려 놓음)
설치 방법	모듈(판) 여러 개를 원하는 크기, 형태로 결합	사전에 제작된 구멍 뚫린 화분
제품 사진	- 모듈 1개당 가로 50cm, 세로 20cm  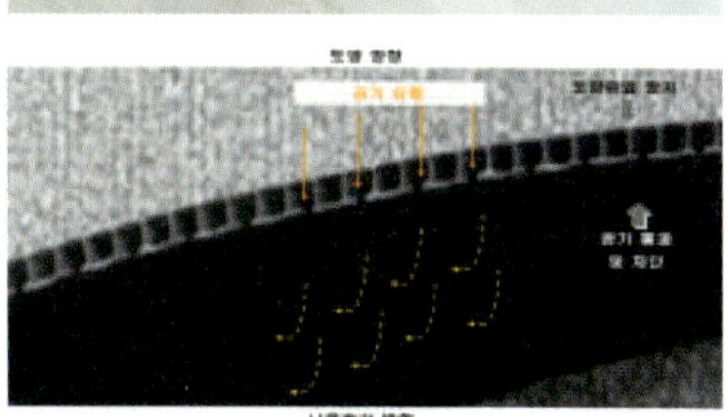	- 직경 24cm, 높이 16cm  

출처: 정용조 · 임병을 · 오장근, 한국조경학회지 논문, 2016.

에는 구멍이 뚫려 있어 상단과 하단 개구부로부터 공기가 통할 수 있도록 구성하였고, 반대측 벽면은 전체가 판형태로써 뚫린 부분이 없어 공기, 물, 토사 등이 통과할 수 없도록 하였다. 이러한 지중매립형 컨테이너 모듈을 사용한 시험구를 CM(Container Module)이라 한다.

한편, 컨테이너 용기는 기존에 시중에서 유통되는 컨테이너 용기를 사용하였다. 화분 형태로써 둘레와 바닥면 모두 구멍이 뚫려 있는 용기이고, 지상에 올려놓고 사용하는 제품이다. 화분 직경은 수목 근원직경에 대한 4D를 충족하는 24cm, 화분 높이는 16cm의 제품을 사용하였으며, 이와 같이 조성된 시험구를 Pot(Container Pot)이라 한다. 이외에 별도의 제품 설치 없이 노지에서 뿌리를 절단한 후 흙을 되메운 시험구를 RP(Root Pruning)라 한다. RP는 현재 조경수 생산 또는 이식시 뿌리돌림하여 세근을 발달시키는 방법으로 국내에서 가장 일반적으로 사용되고 있는 방식이다.

㉢ 시험구 조성

5개 수종, 3가지 유형별 연구를 실시하기 위해 경상북도 상주시 화서면에 위치한 조경수 농장을 선정했다. 모든 시험구는 환경조건을 동일하게 유지할 필요가 있어 각 시험구를 서로 인접한 부지로 선정했으며, 토양 환경도 유사해야 하므로 이를 확인하기 위해 각 시험구별 토양을 채취하여 한국임업진흥원에 분석 · 의뢰하였다. 토양분석 결과 [표 6]과 같이 모든 시험구의 토양은 모래, 미사, 점토의 함량이 각각 적정 기준치에

[표 6] 시험구 토양분석 결과(한국임업진흥원 의뢰)

시험구	토양입도				산도 (pH)	유기물 (%)	전질소 (%)
	모래(%)	미사(%)	점토(%)	토성			
중국단풍	41.4	35.8	22.8	L (양토)	7.2	4.33	0.223
칠엽수	45.5	35.5	19.0	L (양토)	7.3	5.09	0.253
산딸나무	47.6	33.1	19.3	L (양토)	7.0	4.16	0.205
느티나무	46.3	31.9	21.8	L (양토)	7.2	4.08	0.208
계수나무	48.4	33.0	18.6	L (양토)	7.4	4.29	0.226
적정함량	40~60	20~30	10~20	SL~L	5.5~6.5	3.0 이상	0.25 이상

출처: 정용조 · 임병을 · 오장근, 한국조경학회지 논문, 2016.

[표 7] 시험구 및 시험목 조성 내역

수 종	현장조사	컨테이너 모듈 설치	노지 단근 후 되메우기	컨테이너 용기 식재
중국단풍	4.12~7.15	CM A-1~A-30	RP A-1~A-30	Pot A-1~A-30
칠엽수	4.12~7.15	CM B-1~B-30	RP B-1~B-30	Pot B-1~B-30
산딸나무	4.12~7.15	CM C-1~C-30	RP C-1~C-30	Pot C-1~C-30
느티나무	5.22~8.12	CM D-1~D-30	RP D-1~D-30	Pot D-1~D-30
계수나무	5.22~8.12	CM E-1~E-30	RP E-1~E-30	Pot E-1~E-30

출처: 정용조 · 임병을 · 오장근, 한국조경학회지 논문, 2016.

해당하는 양토로써 토양의 물리성은 양호한 것으로 판정되었으며, 토양의 화학성은 일부가 다소 적정기준치에 부합하지 않았으나, 시험구 전체의 토양조건은 유사하게 조성된 것으로 확인되었다. 동일한 환경에 위치한 조경수를 대상으로 [표 7]과 같이 중국단풍 시험구 A, 칠엽수 시험구 B, 산딸나무 시험구 C, 느티나무 시험구 D, 계수나무 시험구 E로 구획 · 설정하고, 이를 다시 세부 시험목으로 구분했는데, 컨테이너 모듈을 설치한 시험목은 CM이라는 기호를 부여하고, 노지에서 단근 후 되메우기한 시험목은 RP라는 기호를 부여하였으며, 컨테이너 용기에 식재하여 지상재배하는 시험목은 Pot라는 기호를 부여하였다. 그리고 각 유형별 시험구를 수종별로 알파벳으로 구분하여 [표 7]과 같이 1번부터 30번까지 번호를 부여한 후 각 시험목에 표찰을 제작하여 부착하였다.

③ 연구 방법

㉠ 시험구별 변수 조작방법

본 연구를 위한 현장조사 및 분석은 2016년 4월 12일부터 2016년 8월 12일까지 4개월간 진행되었으며, 현장 조성 시 1회 관수 이외에 별도의 관수나 제반 관리를 시행하지 않은 채 자연상태로 존치했다. 단, 중국단풍, 칠엽수, 산딸나무는 4월 12일에 수목을 단근하면서 시험구를 조성하여 7월 15일까지 약 3개월간 현장조사를 진행하였으며, 느티나무와 계수나무는 5월 22일에 시험구를 조성하여 8월 12일까지 약 3개월간 현장조사를 진행하였다. 컨테이너 모듈 설치 시험구(CM), 노지 단근 시험구(RP), 컨테이너 용기 식재 시험구(Pot)에 대해 다음과 같은 방법으로 시험구별 수목에 대한 시험변수를 조작하였다([그림 14] 참조).

첫째, 컨테이너 모듈 성능 시험을 위해 대상 수목 근원직경의 약 3.5배 크기 원형으로 뿌리둘레를 깊이 15cm로 단근(斷根)한 후 컨테이너 모듈을 단근 부위로부터 약 5cm 이격하여 설치함과 동시에 모듈 상단이 지상으로 5cm 노출되도록 하고 1회 관수하였다. 조경공사 표준시방서 등에 따르면 조경수 근원직경의 4배(4D) 크기 폭으로 뿌리분을 조성하도록 되어 있는데, 근원직경의 약 3.5배 폭으로 단근하고 일정폭만큼 이격시

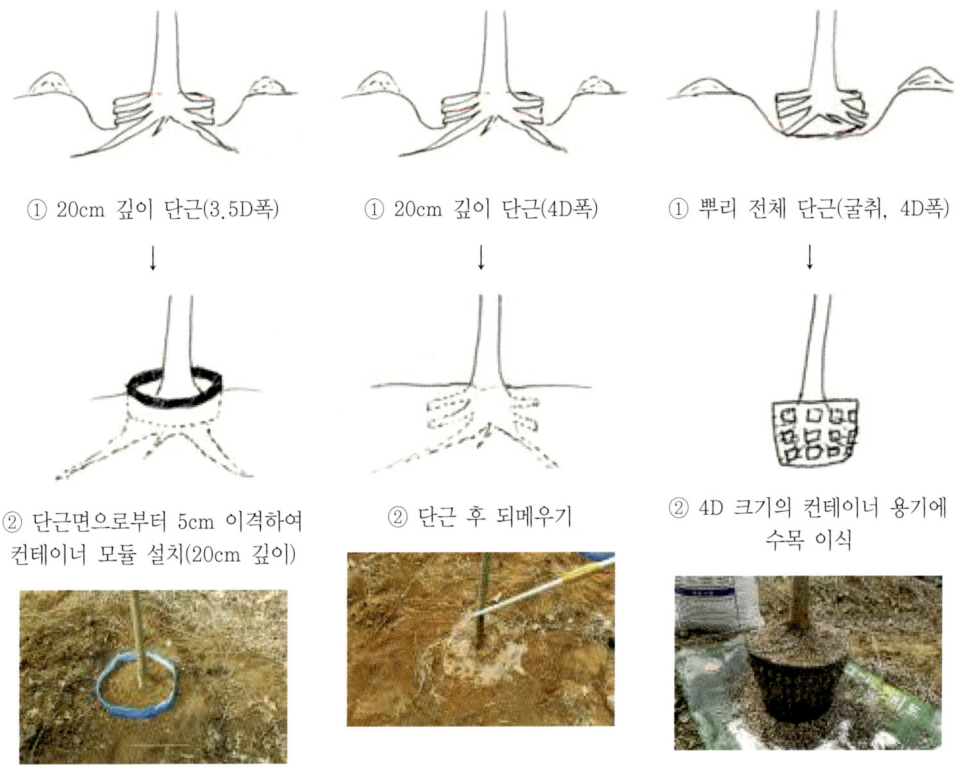

a. CM시험구 b. RP시험구 c. Pot시험구

[그림 14] 시험구별 수목 변수 조작방법

출처: 정용조 · 임병을 · 오장근, 한국조경학회지 논문, 2016.

켜 CM을 설치함으로써 최종 뿌리분 크기가 근원직경의 약 4배가 되도록 한 것이다. 또한, 이경준(2001)에 따르면 세근은 산소공급이 쉬운 토양 표면 근처에서만 자라며, 세근의 90% 이상이 지표면 15cm 깊이 이내에 모여 있다고 하였다. 따라서 수목의 이러한 생리적 특성을 고려하여 15cm 깊이만큼 단근 후 컨테이너 모듈을 설치하였다.

둘째, RP 성능 시험을 위하여 대상 수목 근원직경의 4배 크기 원형으로 뿌리둘레를 깊이 15cm로 단근한 후 단근을 위해 파냈던 흙을 다시 메워주었다. 이후 1회 관수하였다. 뿌리분의 폭을 4D로 조절한 것이다.

셋째, Pot 성능 시험을 위하여 대상 수목 근원직경의 4배 크기 폭으로 뿌리분을 완전히 만들어 굴취한 후 시중에 판매되는 컨테이너 용기에 옮겨 심고 나서 1회 관수하였다.

㉡ 조사 항목별 연구 방법

상기 시험구별 변수 조작 후 본 연구에서 검증코자 하는 항목은 첫째, 단근 후 뿌리분에서의 세근 발생 밀도, 둘째, 단근된 위치로부터 뿌리가 뻗는 길이와 수목 굴취시 세근의 유지율, 셋째, 수목의 생육 지장 여부이며, 이를 위하여 우선 시험구 CM, RP, Pot에 속한 모든 수목의 단근작업된 뿌리분에 대하여 수목 줄기를 중심으로 뿌리분 윗면을 4방위로 구분 표시한 후 각 방위별로 뿌리분 옆면, 즉 뿌리가 뻗어가는 방향으로 10cm×10cm 크기의 방형구를 임의로 표시하였다. 따라서 수목 1주당 뿌리분에는 4개의 방형구가 형성되는 것이다. 이와 같이 사전 조치한 후 다음의 방법으로 조사 및 분석하였다.

첫째, 세근 발생 밀도 연구를 위하여 모든 수목에 표시된 방형구 내 면적, 즉 100cm^{2}에서 새롭게 발달한 세근이 차지하는 면적을 현장 조성일인 4월 12일(중국단풍, 칠엽수, 산딸나무) 또는 5월 21일(느티나무, 계수나무)부터 1개월 간격으로 8월 12일까지 총 4회 측정하였다. 수목별로 총 4개소를 측정한 바, 하나의 시험구당 120개의 방형구를 측정하고 이를 평균하여 해당 시험구의 밀도측정치로 이용하였다.

둘째, 세근 발달 길이 및 굴취시 세근 유지율 연구를 위하여 세근 발생 밀도 연구방법과 일정을 동일하게 진행하였는데, 뿌리분에 표시한 방형구 내에 발생된 세근의 길이 중 가장 긴 것을 기존 뿌리의 단근된 지점으로부터 길이를 측정하였다. 즉 시험구 조성시 단근된 기존 뿌리의 단근면으로부터 새롭게 발생된 세근의 전체 길이를 측정한 것이다.

셋째, 수목의 생육 지장 여부 연구를 위하여 시험구별로 고사엽 발생 유무 조사와 나뭇잎 크기를 측정하여 비교하였다. 고사엽 발생 유무는 전체 수목에 대하여 고사엽이 발생하는지 육안으로 확인하여 발생한 수목의 수량을 체크하였다. 아울러 각 시험구별로 무작위 5주의 수목을 선정한 후 선정된 수목의 수관부 4방향에서 수관 바깥쪽에 존재하는 평균적 크기로 판단되는 잎을 5개씩 편의표본추출하였다. 수목당 20개씩 표본추출된 잎을 대상으로 자를 이용하여 엽병(葉柄, 잎자루)을 제외한 엽신(葉身, 잎몸) 길이를 측정하였으며, 대조구로 활용하기 위하여 변수 조작을 별도로 가하지 않은 시험구 이외 수목의 잎 크기를 동일한 방법으로 측정하여 각 시험구별 잎 크기와 비교하였다. 이 조사는 각 시험구별로 단근 후 3개월차에 실시하였다.

④ 결과 및 고찰

㉠ 시험구별 성능 평가

ⓐ CM시험구 성능 평가

CM, 즉 수목 단근 후 컨테이너 모듈을 설치한 시험구의 세근 발생 밀도 및 길이 측정 결과는 [표 8], [그림 15]와 같이 확인되었다. 중국단풍의 경우 최초 단근한 4월 12일로부터 약 1개월 후인 5월 14일의 세근밀도는 약 5% 미만으로 매우 적은 범위를 차지하였으며, 2개월 후인 6월 11일에는 약 35%, 3개월 후인 7월 15일에는 약 85%를 차지하면서 세근의 밀도가 급증하였다. 느티나무와 계수나무도 유사한 추세를 나타냈으며, 칠엽수, 산딸나무는 상대적으로 초기 세근발생량이 많아 1개월차 밀도가 타 수종의 2배 이상 높게 나타났고, 3개월차에 이르러서는 모든 수종이

[표 8] CM시험구의 수종별 세근밀도 및 길이

구 분	세근 밀도(%)				세근 길이(cm)			
	단근일[a]	1개월차	2개월차	3개월차	단근일[a]	1개월차	2개월차	3개월차
A. 중국단풍	–	5 미만	35	85	–	2	5	11
B. 칠엽수	–	10	50	80	–	3	7	10
C. 산딸나무	–	15	50	90	–	2	5	10
D. 느티나무	–	5 미만	40	95	–	5	10	11
E. 계수나무	–	5 미만	30	90	–	5	9	10
평균	–	8	41	88	–	3.4	7.2	10.4

a : [1차 단근일] 2016. 4. 12(A, B, C), [2차 단근일] 2016. 5. 22(D, E)

출처: 정용조 · 임병을 · 오장근, 한국조경학회지 논문, 2016.

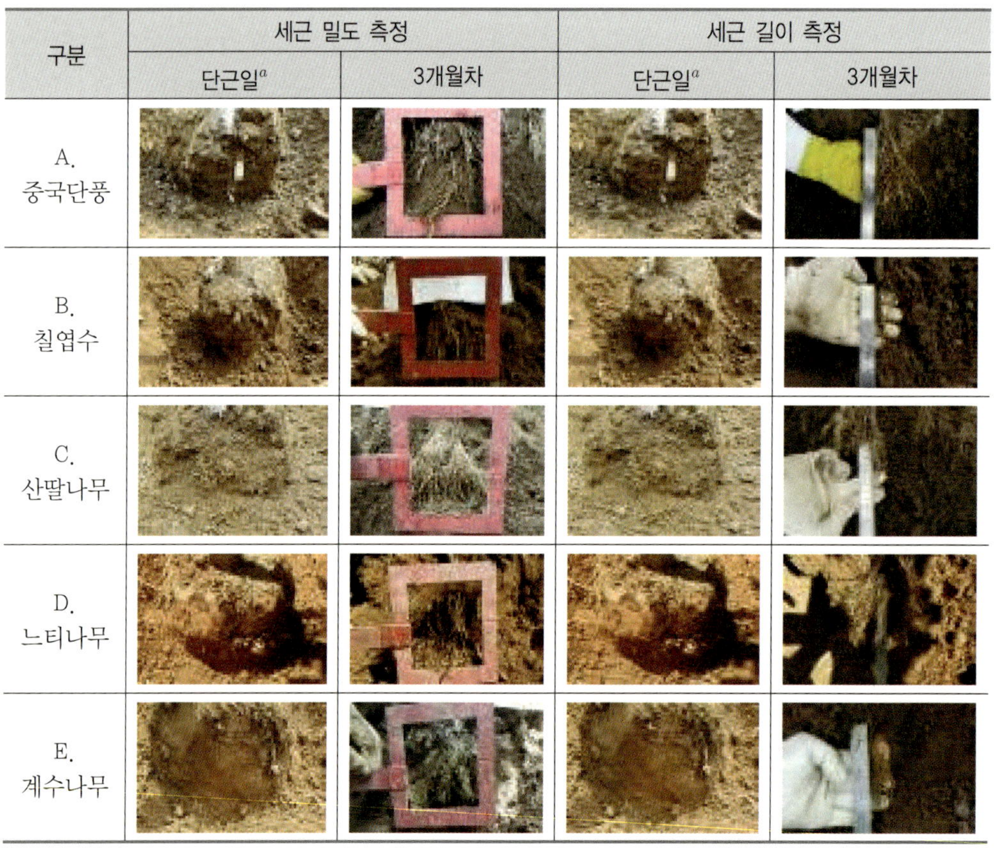

a : [1차 단근일] 2016. 4. 12(A, B, C), [2차 단근일] 2016. 5. 22(D, E)

[그림 15] CM시험구의 수종별 세근 발생 밀도 및 길이 측정 현황

출처: 정용조 · 임병을 · 오장근, 한국조경학회지 논문, 2016.

유사한 밀도를 나타내는 특징을 보였다. 모든 수종의 3개월차 세근밀도 평균은 88%로 확인되었다. 단근 후 3개월차의 세근발달 길이는 모든 수종이 10cm~11cm로서 평균 10.4cm로 측정되었다. 아울러 수목 굴취시, 컨테이너 모듈이 굴취 범위만큼 뿌리분을 감싸고 있어 새롭게 발달된 세근이 전혀 훼손되지 않게 된다. 즉 세근 유지율은 100%로 완벽하였다([표 9] 참조). 수목의 고사, 왜소엽 등의 지장도 전혀 나타나지 않았다.

ⓑ RP시험구 성능 평가 결과

RP, 즉 노지 상에서 수목 단근 후 되메우기한 시험구의 세근 발생 밀도 측정 결과는 [표 9], [그림 16]과 같이 나타났다. 중국단풍의 경우 최초 단근한 4월 12일로부터 약 1개월 후인 5월 14일의 세근밀도는 약 5% 미만으로 확인되었으며, 2개월 후인 6월에는 약 50% 정도로 확인되었다. 그리고 3개월차인 7월에는 평균 60% 수준에 머물면서 세근 밀도 증가율이 CM시험구에 비하여 상대적으로 저조하였다. 칠엽수, 산딸나무, 느티나무, 계수나무 등도 1, 2개월차에는 CM시험구와 대략 유사한 수치를 나타냈으나 3개월차의 세근 밀도는 CM시험구보다 상대적으로 낮게 나타났다. 컨테이너 모듈에 의해 근권이 제약된 CM시험구에 비하여 RP시험구는 세근의 발달 거리에 제약이 없어 세근 밀도가 높아지는 대신 길게 길이생장을 하여 넓게 퍼지는 것을 볼 수 있었다. 따라서 뿌리분을 제작하여 굴취하는 지점에서의 세근 밀도는 CM시험구보다 낮게 나타날 수밖에 없을 것으로 판단된다. 단근 후 3개월차에 측정한 세근 발달 길이는 평균 25.6cm로서 CM시험구보다 약 2.5배 이상 뿌리가 길게 자란 것으로 나타났다. 이렇게 길게 자란 뿌리는 수목 굴취시 뿌리분 제작을 위하여 다시 잘라내야 하는 상황이며, 평균적으로 약 40% 이상의 세근을 잘라야 하는 것으로 확인되어 세근 유지율은 56% 수준으로 나타났다([표 10] 참조). 수목의 고사, 왜소엽 등의 지장도 전혀 나타나지 않았다.

[표 9] RP시험구의 수종별 세근밀도 및 길이

구 분	세근 밀도(%)				세근 길이(cm)			
	단근일[a]	1개월차	2개월차	3개월차	단근일[a]	1개월차	2개월차	3개월차
A. 중국단풍	-	5 미만	50	**60**	-	2	4	**32**
B. 칠엽수	-	20	50	**65**	-	3	9	**35**
C. 산딸나무	-	10	35	**75**	-	2	6	**12**
D. 느티나무	-	5 미만	50	**60**	-	5	11	**36**
E. 계수나무	-	5 미만	40	**60**	-	3	6	**13**
평균	-	9	45	**64**	-	3.0	7.2	**25.6**

a: [1차 단근일] 2016. 4. 12(A, B, C), [2차 단근일] 2016. 5. 22(D, E)

출처: 정용조 · 임병을 · 오장근, 한국조경학회지 논문, 2016.

구분	세근 밀도 측정		세근 길이 측정	
	단근일[a]	3개월차	단근일[a]	3개월차
A. 중국단풍				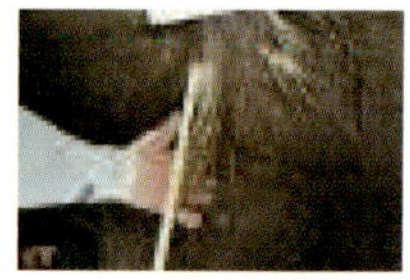
B. 칠엽수				
C. 산딸나무				
D. 느티나무				
E. 계수나무				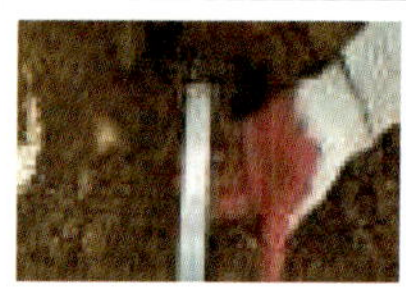

a : [1차 단근일] 2016. 4. 12(A, B, C), [2차 단근일] 2016. 5. 22(D, E)

[그림 16] RP시험구의 수종별 세근 발생 밀도 및 길이 측정 현황

출처: 정용조 · 임병을 · 오장근, 한국조경학회지 논문, 2016.

[표 10] 각 시험구별 굴취시 세근 유지율 비교

구 분	뿌리분 범위 내 세근 유지율(%)		
	CM	RP	Pot
A. 중국단풍	100	50	수목고사
B. 칠엽수	100	60	〃
C. 산딸나무	100	50	〃
D. 느티나무	100	50	〃
E. 계수나무	100	70	〃
평균	100	56	〃

출처: 정용조 · 임병을 · 오장근, 한국조경학회지 논문, 2016.

ⓒ Pot시험구 성능 평가 결과

Pot, 즉 노지에서 재배된 수목을 굴취하여 컨테이너 용기에 옮긴 후 지상에서 재배한 시험구는 세근 발생이 전혀 이루어지지 않고 약 1개월 후부터 고사한 수목이 나타나기 시작하여 2개월차에는 거의 전체 수목이 고사하였으며 세근 발생은 이루어지지 않았다. 이에 따라 세근 발생 밀도 측정 자체가 불가능하였다. Pot시험구는 뿌리 전체가 한정된 용기 내에 존재하면서 뿌리가 공기와 빛에 노출되는 형태인바, 지중(地中)에서 재배되는 CM이나 RP시험구와 달리 추가 수분 및 영양공급 등의 관리가 요구되는 방법이다. 따라서 컨테이너 용기를 이용한 지상재배는, 기업적 양묘를 실시하는 해외와 달리, 주로 겸업/부업적으로 개인에 의해 이루어지는 노지에서의 지중재배 방식이 중심이 되고 있는 우리나라 조경수 생산체제에서는 고관리, 고비용의 생산방식으로 사실상 사용이 곤란한 것임을 확인할 수 있었다.

ⓛ 평가 결과에 따른 고찰

CM시험구와 같이 수목의 뿌리를 절단한 후 컨테이너 모듈을 설치하는 방식이나 RP시험구처럼 단순히 되메우기하여 노지에서 재배하는 방식은 세근이 발생되는데 전반적으로 좋은 효과를 나타냈다고 판단되지만 세근 밀도에 차이가 있음을 알 수 있었는데, CM시험구의 경우 컨테이너 모듈에 의해 뿌리가 공기단근되면서 계속적인 길이 생장을 할 수 없어 짧은 길이를 유지하는 대신 다소 굵기가 굵어지고, 주변에서 새로운 세근이 꾸준히 발생되는 현상을 나타냈기 때문에 상대적으로 세근 밀도가 높아지는 것으로 판단되었다. 이에 반해 RP시험구의 세근은 길이 생장에 제약이 없기 때문에 대부분 뿌리가 길게 뻗어 나가면서 근계를 확장하고, 어느 정도 길게 자라면 뿌리 끝쪽에서만 새로운 뿌리를 만들어냈기 때문에 CM시험구에 비해 세근 밀도가 낮은 것으로 판단되었다([표 11] 참조). 유럽 등 해외에서 많이 채용하고 있는 컨테이너 재배방식과 유사하게 조성한 Pot시험구는 CM과 RP와 같은 지중재배 방식과 동일한 관리수준을 유지할 경우 건조 등으로 고사할 수밖에 없어 꾸준한 관수 및 영양공급 등이 요구되는 고관리, 고비용 생산방식이므로 국내 여건에는 부적합한 것으로 판단되었다. 해외에서는 기업양묘를 중심으로 이루어지고 있으며, 기후조건도 적합한 편이지만, 우리나라는 주로 개인에 의한 겸업 또는 부업적 재배라는 한계와 4계절이 뚜렷한 기후의 차이가 있어 해외 컨테이너 용기 재배방식을 그대로 적용하는 것은 곤란하다.

한편, CM시험구에서 확인된 바와 같이 컨테이너 모듈 적용 수목은 굴취시에 세근이 전혀 훼손되지 않는 효과를 제공하는 반면 노지상에서 단근만 했던 수목은 굴취 및 뿌리분 제작시 잘 발달한 세근이 다시 상당량 절단되어야 하는 문제가 발생되었다. 또한, 단근 후 3개월만 지나도 세근이 또다시 길게 자라 상당량의 세근을 다시 잘라야 하는 상황인 것으로 볼 때, 단근 후 1~2년 이상 노지에 존치해둔 수목은 뿌리돌림의 의미가 사라져 자연상태 수목의 뿌리 상태와 동일할 것으로 판단된다.

결과적으로, 노지에서 단근하여 세근을 유도하는 경우에도 발달한 세근이 뿌리분 내에 일부 존재하기 때문에 활착률이 높아지는 것으로 잘 알려져 있는바, 컨테이너 모듈을 이용하여 세근을 왕성하게 발달시킨 수목 식재는 그 활착률이 획기적으로 높아질 것으로 추정된다. 세근 밀도와 뿌리분 내 세근 유지율이 매우 높기 때문이다.

[표 11] 각 시험구별 성능평가 결과

구 분	성능평가 결과			
	CM	RP	Pot	비고
평균 세근 밀도	**88%**	64%	–	Pot 수목고사
평균 세근 길이	**10.4cm (지속적 새뿌리 발생)**	25.6cm (발생한 뿌리의 장대화)	–	〃
굴취시 평균 세근 유지율	**100%**	56%	–	〃
재배중 수목 생육 지장 여부	**지장 없음**	지장 없음	지장 있음(고사)	〃
성능 평가 결과	**우수**	보통	불량	

출처: 정용조 · 임병을 · 오장근, 한국조경학회지 논문, 2016.

⑤ 결과

조달청의 조경수 규정을 준수하고 조경수 하자를 예방할 수 있도록 하는 고품질 조경수 생산용 신제품인 지중매립형 컨테이너 모듈 성능을 평가하기 위하여 세근 발생 밀도, 세근 발달 길이 및 굴취시 세근 유지율, 그리고 수목의 생육 지장 여부를 연구 항목으로 설정하고, CM시험구, RP시험구, Pot시험구를 각각 조성하여 중국단풍, 칠엽수, 산딸나무, 느티나무, 계수나무의 다섯 수종을 대상으로 각각 3개월간 조사 및 분석하였으며, 그 결과는 다음과 같다.

첫째, 세근 발생 밀도 연구에서 CM시험구의 세근 밀도는 평균 88%에 달하였고, RP시험구는 64%로 나타났으며, Pot시험구는 중국단풍 일부를 제외하고 전량 고사하여 측정이 불가능했다.

둘째, 세근 발달 길이 연구에서 CM시험구의 수목들은 평균 10.4cm의 길이로 측정되었으며, 이는 컨테이너 모듈에 의하여 세근이 길게 생장하는 데 제약이 발생하는 공기 단근 효과에 따른 것이며, RP시험구의 수목들은 평균 25.6cm의 길이로 공간 제약 없이 뿌리가 뻗어나가는 현상이 확인되었다. 발달한 세근이 굴취시 4D의 뿌리분 범위 안에 얼마나 유지되는지를 측정한 결과, CM은 100% 유지되나 RP는 약 56%만 유지되어 손실이 상당히 있는 것으로 나타났다.

셋째, 수목 뿌리를 지표로부터 15cm 깊이까지 단근한 CM시험구와 RP시험구 수목 전량은 전혀 생육에 지장을 받지 않았다. 즉 15cm 깊이로 단근하는 경우 그 아래로 존재하는 뿌리들이 지지작용을 하는데 문제가 없었으며 수분이나 영양흡수 등에도 문제가 발생하지 않는다는 것을 의미한다. 반면 수목 뿌리 전체를 굴취하여 컨테이너 용기에 옮겨 심은 Pot시험구에서는 대부분의 수목이 고사하였다.

이상에서 본 바와 같이 지중매립형 컨테이너 모듈은 그 성능이 가장 우수한 것으로 확인되었다. 따라서 특히 여름 부적기 식재나 생육조건이 불리한 환경에서 빠른 초기 활착을 유도함으로써 하자를 예방할 수 있으며, 조달청 규정 및 조경공사 표준시방서 등에서 제시하는 원칙을 준수할 수 있는 최적의 대안으로 평가된다. 이상의 결과는 낙엽활엽수의 다섯 수종만을 대상으로 실시했다는 한계가 있으며, 향후 다양한 환경조건별로 컨테이너 모듈 조경수를 식재한 경우 활착률, 하자율 등에 대한 추가 연구가 필요하다.

2) 다목적 기능을 가진 수목보호패드의 성능 연구

① 연구 배경과 목적

최근 공원이나 아파트 조경식재공사시 수목의 하자율이 점차 증가하고 있다. 한국토지주택공사(LH공사)에 따르면 최근 수십 년 만의 가뭄 등 이상기후 발생으로 수목하자는 지속적으로 증가하고 있으며, 입주민 민원발생은 물론, 하자보수에 따른 막대한 관리비용 지출도 늘고 있어 국가자원 낭비를 초래하고 있는 실정이다. 실제로 지난해 한국토지주택공사(LH공사)의 조경공사 하자접수 1,093건 중에서 수목하자가 89%를 차지하고 있다. 국내 조경공사 발주금액이 2조 8,000억 정도인 것을 감안하면, 매년 보수비용은 1,200억 원으로 추정하고 있다.

조경학회를 비롯한 단체에서 컨테이너 재배기술 도입과 수목시장 유통구조 개선방안 등 하자 저감을 위해 많은 노력을 하고 있음에도 불구하고 하자는 계속하여 증가하고 있는 실정이다.

하자의 원인은 세부공종에 따라 다르며 시공뿐만 아니라 설계 및 유지관리 등 업무영역에 따라 복합적인 영향을 받지만 특히 수목에 있어서는 여름철 부적기 식재나 뿌리분의 수분 증발과 위조현상(식물체가 수분 부족으로 마르는 현상), 뿌리돌림으로 인하여 뿌리가 절단되어 수분 공급이 잘 되지 않을 경우 또는 일시적으로 수세가 약해져서 병충해 침입을 받거나, 겨울철 급격한 온도저하로 인한 동해의 피해 등으로 하자가 발생하기도 한다.

현재 조경식재공사에 많이 사용하고 있는 녹화마대와 다목적 기능을 가진 수목보호패드의 효과를 검증하고 그 성능을 평가하고자 현장 시험 및 전문기관에 의뢰, 그 결과를 비교 · 분석하였다.

② 수목보호패드의 구조 및 특성

수목보호패드의 구조는 [그림 17]과 같으며 천연섬유층은 황마 및 천연섬유 재질로 구성되어 토양이나 외부환경에 자연분해되는 천연섬유로서 친환경적이며 티슈층 외부와 내부를 합치 · 압착함으로써 보습층을 보호하고 수목의 목질부에 밀착될 수 있게 최대한 얇게 구

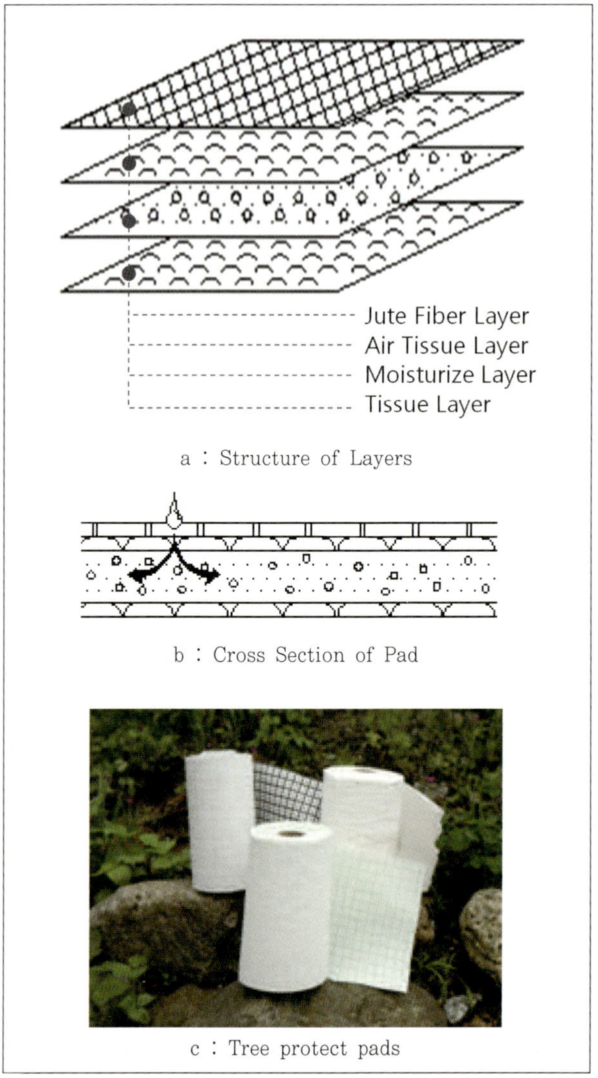

[그림 17] 수목보호패드의 구조

출처: 정용조 · 이경연, 한국환경복원기술학회지 논문, 2018.

성되어 있다. 보습층은 흡수제, 농약(입제), 펄프 등으로 구성되어 수분(물)이나 농약(유제살포) 공급시 농약입제의 희석과 함께 보습제에 흡착되어 지속적인 수분공급 및 농약살포 효과를 기대할 수 있다.

③ 연구내용

기능성 수목보호패드는 [그림 17]과 같이 다층구조로 조직되어 있는데, 수목에 설치시 가장 바깥면에 위치하는 첫 번째 층은 황마 섬유질층이며, 두 번째 층은 공기를 함유하는 티슈층으로 구성된다. 그 아래의 세 번째 층은 보습층으로서 보습제와 인공토, 펄프로 이루어져 있으며 수목에 접하는 가장 마지막 층은 일반 티슈층으로서 수목에 밀착하여 완충역할과 기능유지의 역할을 수행한다.

이와 같은 기본구조를 가진 수목보호패드는 건조로 인한 수목 피해를 방지하고 병충해의 우화 및 산란을 예방하며, 동절기 식재 및 관리 시 동해를 방지하는 목적으로 개발되었다. 이런 수목보호패드의 기본 구성품에 각 용도별 충진용재를 달리하여 굴취용, 방제용, 보온용 수목보호패드로 구분하며, 굴취용 수목보호패드는 기본구조 그대로 보습층에 보습제가 존재하고, 방제용 수목보호패드는 보습층에 농약성분이 추가 함유되어 있으며, 보온용 수목보호패드는 보습층의 보습제를 제거하여 수분함유 기능이 제외되어 있다.

녹화마대는 천연식물 섬유인 황마(Jute)를 사용하여 수목의 줄기감기 및 뿌리분 감기재료로 개발된 제품으로써 통기성, 흡수성, 보온성, 부식성이 우수하고 수분증산, 동해방지, 통기성, 보습력, 보온력, 수목의 활착에 도움을 주는 등 현재 조경식재공사에 많이 이용되고 있는 제품이다.

본 연구에서는 현재 조경식재공사에 많이 이용되고 있는 녹화마대와 기능성 수목보호패드와의 비교를 통해 수목보호패드의 각 용도별 기능이 실제로 효과가 있는지 성능을 평가하고자 하는 것으로, 굴취용 수목보호패드의 보습효과와 위조 방지효과, 방제용 수목보호패드의 병충해 예방효과, 보온용 수목보호패드의 겨울철 보온효과, 그리고 물성비교를 통하여 수목보호패드의 인장강도 및 친환경성 등의 효과를 검증하고자 한다.

④ 연구방법

굴취용 수목보호패드의 보습효과와 위조 방지효과, 방제용 수목보호패드의 병충해 예방효과, 보온용 수목보호패드의 겨울철 보온효과, 그리고 물성비교를 통하여 수목보호패드의 인장강도 및 친환경성 등 총 5가지 항목에 대한 성능을 알아보기 위하여 다음과 같은 방법으로 연구를 실시하였다.

㉠ 보습효과

외부온도 33~36℃, 습도 32~65%의 환경조건에서 수목보호패드와 현재 조경식재공사에 많이 사용하고 있는 녹화마대 시료에 물을 흡수시킨 후 실외에 두고 경과시간별로 전자저울을 사용, 시료의 무게를 측정하여 얼마나 수분이 오래 유지되는지(지속성)와 수분함수량을 비교 · 분석하였으며, 함수량 시험은 세 개의 시료(S1, S2, S3)에 비슷한 비중의 흙을 각각 담은 후 물 250ml을 각각 시료에 골고루 뿌린 후 2시간 간격으로 시료의 무게를 측정하여 수분의 탈수상태를 기록하였다, 수분 지속성 시험은 굴취용 수목보호패드 시료와 조경식재공사에 많이 사용하고 있는 녹화마대 시료를 시험기관에 의뢰하여 각 시료의 수분 유지 정도(지속성)를 측정하였다. 시험은 ㈜삼보 부설기술연구소와 한국생활환경시험연구원에 각각 의뢰하였다.

㉡ 인장강도 및 친환경성

제품의 인장강도와 친환경성을 평가하기 위해 현재 조경식재공사에 많이 사용하고 있는 녹화마대와 연구 대상인 수목보호패드를 전문시험기관인 (주)삼보 부설기술연구소에 의뢰하여 인장강도와 생분해도를 비교 · 분석하였다.

㉢ 위조 방지효과

굴취한 수목의 위조방지 효과를 확인하기 위해 외부온도 33~36℃, 습도 32~65%의 환경기준에서 2017년 7월 18일부터 8월 8일까지 20일간 단풍나무(*Acer palmatum*) 외 7종, 각각 30주, 총 240주를 대상으로 현재 조경식재공사 현장에 많이 사용하고 있는 녹화마대와 굴취용 수목보호패드를 규격별로 근원직경 4cm는 0.96m, 근원직경 6cm는 1.24m, 근원직경 8cm는 1.51m, 근원직경 10cm는 1.79m을 사용하였으며, 분의 크기는 조경공사 표준시방서 기준인 근원직경의 3~5배의 중간, 즉 4배를 적용하여 뿌리분 둘레에 감은 후 시험용 포지 지상에 존치하고, 각 수목의 위조 상태를 매일 육안으로 측정하여 위조 방지효과를 확인하였다.

㉣ 병충해 방지효과

병충해 예방효과는 산림청에서 공모한 참나무시들음병 방제방법의 실연사업에 산림청, 산림과학원의 전문가가 참여하여 현지 기술지도와 토의를 통해 효율적 방제방법 도출 및 실연사업 과정 검토에 참여한 후 실험을 통한 결과를 도출하는 방법을 택하였으며, 실험은 보습재비닐피복법과 수목보호패드피복법을 이용하였다. 산림지역의 신갈나무(*Quercus mongolica*)를 대상으로 2017년 5월 4일부터 6월 18일까지 산림청에 의뢰하여 경사도 등 난이도에 따라 2개 지역(쉬움+어려움)을 설정하고 각 난이도별 5본씩 선정하여 평균치를 산출, 피해 정도와 농약의 잔량률을 측정하여 병충해 예방효과를 확인하였다.

㉤ 보온효과

보습층의 보습제를 제거하고, 인공토와 펄프만 혼합하여 티슈층으로 압착한 보온용 수목보호패드와 현재 조경식재공사에 많이 사용하고 있는 녹화마대를 2016년 12월 15일부터 2017년 2월 14일까지 조경지역에 식재되어 있는 수목을 무작위로 추출하여 규격별로 근원직경 4cm는 3.50m, 근원직경 6cm는 5.27m, 근원직경 8cm는 6.72m, 근원직경 10cm는 8.79m을 사용하여 수고 2m까지 나무줄기에 감은 후 온도계를 이용, 외부온도 0~−1℃에서 수목보호패드와 녹화마대의 내부온도 변화를 측정하여 비교·분석하였다.

⑤ 결과 및 고찰

㉠ 보습효과

ⓐ 수분 함수량

시험결과 세 개의 시료(S1, S2, S3)가 비슷하게 나타났으며, 세 시료 중 S1을 분석한 결과는 다음과 같다. 시료의 재료비중은 녹화마대 0.034kg, 수목보호패드 0.024kg이었고, 흙의 비중은 녹화마대와 수목보호패드에 같은 무게(4.014kg)로 하여 중량을 측정하였더니 녹화마대는 물을 뿌리기 전에 4.048kg, 수목보호패드는 4.038kg이었다. 물을 뿌린 후의 초기 중량은 녹화마대가 4.154kg, 수목보호패드는 4.296kg이었다. 16시간 경과 후 중량을 측정하였더니 녹화마대가 4.010kg, 수목보호패드는 4.166kg으로 16시간 경과 후 녹화마대는 수분 함수량이 거의 원상태로 돌아가 수분이 증발하였지만, 수목보호패드는 22시간 경과 후에 거의 원상태로 돌아가 함수량에서 수목보호패드가 녹화마대보다 보습효과가 우수한 것으로 나타났다([표 12]).

[표 12] Result of moisturizing ability of pads

Time	Temperature (℃)	Humidity (%)	S1(kg)		S2(kg)		S3(kg)		Measuring time
			Jute tape	Pads	Jute tape	Pads	Jute tape	Pads	
Material weigh			0.034	0.024	0.044	0.034	0.054	0.042	
Soil specific gravity			4.014		4.630		4.798		
Before watering	34	47	4.048	4.038	4.674	4.664	4.852	4.840	12:00
After watering			4.154	4.296	4.830	4.906	4.978	5.100	
After 2hr	34	40	4.106	4.268	4.780	4.876	4.928	5.016	14:00
After 4hr	33	50	4.064	4.226	4.738	4.836	4.888	4.978	16:00
After 6hr	29	65	4.020	4.182	4.690	4.796	4.848	4.938	18:00
After 16hr	33	62	4.010	4.166	4.682	4.786	4.842	4.932	09:00
After 18hr	33	35	3.990	4.148	4.668	4.770	4.824	4.914	11:00
After 20hr	35	32	3.942	4.098	4.614	4.720	4.776	4.872	13:00
After 22hr	36	40	3.894	4.048	4.564	4.672	4.732	4.830	15:00
After 24hr	33	40	3.858	4.006	4.526	4.636	4.698	4.796	17:00

출처: 정용조 · 이경연, 한국환경복원기술학회지 논문, 2018.

ⓑ 수분 지속성

수분유지정도(지속성) 비교에서 수목보호패드와 녹화마대의 규격은 가로, 세로 10cm×30cm 로 하고 물을 흡수시킨 후 흡수량을 측정한 결과 초기 중량이 2.5g인 수목보호패드는 물을 흡수시킨 직후 중량이 57g으로, 녹화마대는 6.2g이던 초기중량이 물 흡수 후 18g으로, 수목보호패드는 약 22배, 녹화마대는 약 3배 증가하여 수목보호패드가 녹화마대보다 훨씬 높게 나타났다. 수분유지정도(지속성)에서 녹화마대는 약 7시간 경과 후 거의 원상태의 중량으로 돌아와 수분이 빠르게 손실되었으나, 수목보호패드는 약 20시간 경과 후에도 수분 흡수량이 약 30g으로 절반가량이 보존되어 수분을 보유하는 지속성이 높은 것으로 확인되었다([표 13]).

[표 13] Comparing properties of Jute Tape and Tree Protective pads

<table>
<tr><th>Division</th><th>Jute tape</th><th>Tree protective pads
(Pads for Digging)</th><th>Remark</th></tr>
<tr><td rowspan="2">Amount of water absorption

and

moisturizing ability</td><td>bad</td><td>Very good</td><td rowspan="2">Black square
: jute tape

Red circle
: Tree protective pads</td></tr>
<tr><td colspan="2">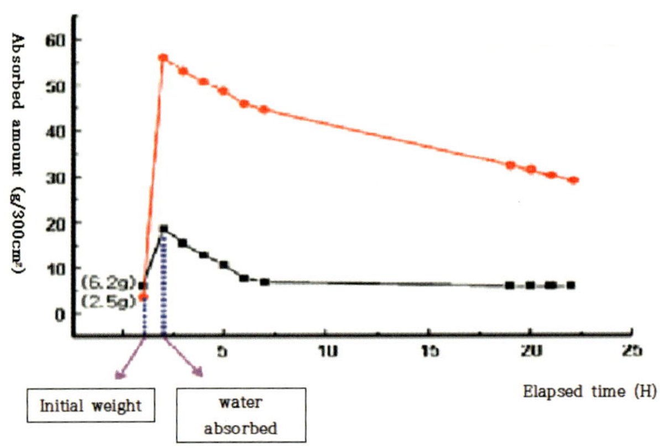
</td></tr>
<tr><td>Tensile strength</td><td>Very good(30kg/5cm more)</td><td>Good(5~20kg/5cm)</td><td>Tensile strength needed : 3kg/5cm more(expectation)</td></tr>
<tr><td>Biodegradation</td><td>Very good
(100%)</td><td>Good
(PLA :95%, Cotton :100%)</td><td></td></tr>
</table>

Source : Laboratory of Sambo CO., Ltd.(Researchers made a request)

출처: 정용조 · 이경연, 한국환경복원기술학회지 논문, 2018.

결론적으로 수목보호패드 사용시 뿌리발근촉진제를 희석하여 물을 공급하면 수분을 오랫동안 유지하여 뿌리분과 잎의 시들음을 방지하고 토양의 건조나 가뭄으로 인한 피해와 햇빛에 노출된 뿌리분을 보호할 수 있을 것으로도 판단된다.

ⓛ 인장강도 및 친환경성

ⓐ 인장강도

수목보호용 재료의 적정 인장강도는 ㈜삼보 부설기술연구소에 의하면 3kg/5cm이다. 수목보호패드와 현재 조경식재공사에 많이 이용되고 있는 녹화마대를 시험기관에 의뢰하여 측정한 결과 녹화마대의 인장강도는 30kg/5cm 이상인 것으로 나타났으며 수목보호패드의 인장강도는 5~20kg/5cm로 나타났다. 즉, 녹화마대의 인장강도가 수목보호패드의 인장강도보다 높으나 두 제품 모두 적정 인장강도보다 높아 우수한 것으로 판단되었다([표 13]).

ⓑ 친환경성

제품의 친환경성을 확인하기 위해 생분해도 시험을 전문기관인 ㈜삼보 부설기술연구소에 의뢰하여 실시하였다. 생분해도는 제품이 자연 상태 또는 토양에 매립된 상태에서 자연 분해되는지 여부를 확인하는 것으로 친환경적 소재인지 여부를 판단할 수 있는 근거가 된다. 시험결과 녹하마대는 생분해도가 100%를 나타내어 우수하였으며, 수목 보호패드는 95%로 역시 우수하였다.

결론적으로 두 제품 모두 생분해도가 우수하여 환경친화적인 제품으로 확인되었다([표 13]).

ⓒ 위조 방지효과

굴취한 수목의 위조 상태를 확인하기 위해 외부온도 33~36℃, 습도 32~65%의 환경조건에서 2017년 7월 18일부터 8월 8일까지 20일간 단풍나무(*Acer palmatum*), 대추나무(*Zizphus jujuba* var. *inermis*), 매화나무(*Prunus mume*), 모과나무(*Chaenomeles sinnensis*), 산딸나무(*Cornus kousa*), 산수유(*Cornus officinalis*), 소나무(*Pinus densiflora*), 주목(*Taxus cuspidata*)을 각각 30주씩 총 240주를 대상으로 현재 조경식재공사에 많이 사용하고 있는 녹화마대와 본 연구대상인 수목보호패드를 규격별로 근원직경 4cm는 0.96m, 근원직경 6cm는 1.24m, 근원직경 8cm는 1.51m, 근원직경 10cm는 1.79m을 사용하였으며, 뿌리분의 크기는 조경공사 표준시방서에 제시된 근원직경의 3~5배의 중간인 4배를 적용하여 뿌리분 둘레에 감은 후 시험용 포지 지상에 존치하고, 각 수목의 위조 상태를 매일 육안으로 측정하여 위조 상태를 확인한 결과 녹화마대는 시험을 시작한 후 10일 지난 7월 28일부터 시험구에서 시들음 증상이 나타나기 시작하였으며, 약 15일 경과한 8월 2일에는 수목 수관의

50%가 시들어 쳐지거나 마른 잎이 나타났다. 하지만 수목보호패드 시험구 수목은 약 15일 경과한 8월 2일까지도 상태가 양호하였으며, 약 20일 경과한 8월 7일까지도 양호하다가 하루 만에 급격히 위조되어 수관의 약 50%가 피해증상을 보였다. 결론적으로 수목보호패드를 뿌리분에 감고 지상에 존치할 경우 조경식재공사에 많이 사용되고 있는 녹화마대를 사용하는 것보다 수분공급 효과가 있는 것으로 확인되었으며, 수목보호패드를 여름철 부적기 식재나 현장 여건 상 수목을 장기간 존치해야 하는 상황에서 수목의 위조방지 효과가 높은 것으로 밝혀졌다([표 14]).

[표 14] Result of wither preventive ability

Date	Time	Temperature/ Humidity	Weather	Statue of Withered		Species
				Jute tape	Pads	
7/18	PM 2:50	31℃/65%	Fine	Fine	Fine	1) *Acer palmatum* 2) *Ziziphus jujuba* var. *inermis* 3) *Prunus mume* 4) *Chaenomeles sinensis* 5) *Cornus kousa* 6) *Cornus cfficinalis* 7) *Pinus demsiflora* 8) *Taxus cuspidata*
7/21	PM 2:00	24℃/68%	Rain	Fine	Fine	
7/24	PM 1:30	24℃/80%	Rain	Fine	Fine	
7/28	PM 3:00	34℃/55%	Cloudy	Fine	Fine	
7/30	PM 4:00	30℃/70%	Rain	Withered 30%	Fine	
8/2	PM 2:30	34℃/55%	Fine	Withered 50%	Fine	
8/7	PM 4:30	34℃/55%	Fine	Withered 90%	Fine	
8/8	PM 2:00	37℃/38%	Fine	Withered 100%	Withered 50%	

출처: 정용조 · 이경연, 한국환경복원기술학회지 논문, 2018.

㉣ 병충해 방지효과

병충해 예방효과 시험은 보습층에 농약성분을 추가한 방제용 수목보호패드를 사용한 수목보호패드피복법과 나무에 1차로 약제를 살포하고 녹화마대를 피복한 후 2차 약제 살포를 하고 비닐을 피복, 밀봉하는 보습재비닐피복법 등 2가지 방법으로 산림청에 의뢰하여 시험하였다.

수목보호패드피복법 처리방법은 피해목의 주변 및 피해목에서 발생된 작은 가지를 제거하고 피해목의 현황 및 작업여건에 따라 피해목의 상단 또는 하단부에서부터 약제가 살포된 수목보호패드를 서로 중첩되도록 피복한 후 수목보호패드의 약제도포현황을 확인하여 내 · 외부가 바뀌지 않도록 주의하여 작업을 실시하였으며, 지면부와 참나무 사이에 보호패드 피복이 누락되지 않도록 작업하였다.

보습제비닐피복법 처리방안은 피해목의 주변 또는 피해목에서 발생된 작은 가지를 제거하고 피해목의 수간에 메프유제 100배액이 희석된 약액을 분무기를 이용하여 골고루 살포하였다. 1차 약제살포 후 녹화마대로 피해목을 피복하고, 녹화마대 위로 2차로 약액이 충분히 묻도록 약제를 살포하였다.

공정성을 위해 경사도 등 작업난이도에 따라 2개 지역(쉬움+어려움)을 설정하여 각 난이도별 5본씩 선정하여 평균치를 산정하는 방법으로 실시하였으며, 대상수목은 신갈나무(*Quercus mongolica*) 경급 18~21cm 기준으로 수목보호패드피복법은 15주, 보습제비닐피복법은 18주를 수고 2m에 1본당 20cm×10m 소요량으로 77분(수목보호패드피복법)에서 161분(보습재비닐피복법) 작업시간을 들여 측정한 결과 수목보호패드피복법은 피해정도가 심각 4주, 중간 8주, 경미 3로 나타났으며, 보습제비닐피복법은 심각 4주, 중간 7주, 경미 7주로 나타났다. 농약 잔량률에서는 방제용 수목보호패드를 5월 4일에 감아 설치한 후 약 45일이 지난 6월 18일에 농약의 잔량률을 측정한 결과 보습제비닐피복법은 100% 대비 0이었지만 수목보호패드피복법에서는 60% 정도 잔량률을 보여 지속적으로 농약을 보습 유지하여 병충해 예방효과뿐만 아니라 작업시간을 단축하여 경제적 효과도 있는 것으로 나타났다([표 15]).

[표 15] Result of prevention test of disease and pest

Date	Species	Amount (each)	Tree grade	Degree of harm	Lead time for work(min.)	Result of measurement	
						Measuring date	Ratio of pesticides residual quantity(%)
5/4	*Quercus mongolica*	15	21/6~32	Heavy : 4 Midium : 8 Light : 3	77	6/18	60
5/4	*Quercus mongolica*	18	18/8~26	Heavy : 4 Midium : 7 Light : 7	161	6/18	0

Source : Korean Forest Service(Researchers made a request)

출처: 정용조 · 이경연, 한국환경복원기술학회지 논문, 2018.

ⓜ 보온효과

보온용 수목보호패드와 현재 조경식재공사에 많이 사용하고 있는 녹화마대를 2016년 12월 15일부터 2017년 2월 14일까지 식재되어 있는 수목을 무작위로 추출하여 근원직경 4cm는 3.50m, 근원직경 6cm는 5.27m, 근원직경 8cm는 6.72m, 근원직경 10cm는 8.79m을 사용하여 수고 2m까지 나무줄기에 감은 후 온도계를 이용, 외부온도 0~−1℃

에서 수목보호패드와 녹화마대의 내부온도 변화를 측정하여 비교 · 분석해 본 결과 [표 16]과 같이 나타났다. 외부온도가 0℃일 때 수목보호패드 안쪽 온도는 2℃, 녹화마대 안쪽 온도는 0℃로 확인되었으며, 외부온도가 −1℃일 때는 수목보호패드 안쪽 온도는 0℃ 또는 1℃, 녹화마대 안쪽 온도는 −1℃로 나타났으며, 외부온도가 1℃일 때 수목보호패드 안쪽 온도는 3℃, 녹화마대 안쪽 온도는 1℃를 나타냈다. 즉 녹화마대를 설치한 경우에는 외부온도와 차이가 전혀 없어 보온기능을 못했으며, 보온용 수목보호패드를 설치한 경우 외부온도보다 약 2℃ 높은 온도를 유지함으로써 보온효과를 확인하였다. 결론적으로 보온용 수목보호패드가 현재 조경식재공사에 많이 사용하고 있는 녹화마대보다 2℃ 정도의 보온효과가 있는 것으로 확인되었다([표 16]).

[표 16] Result of Thermal ability

Date	Measuring Time	Extermal Temperature(℃)	Intermal Temperature(℃)	
			Jute tape	Pads
12/15	17:30	0	0	2
12/29	10:50	−1	−1	0
1/21	13:00	1	1	3
2/14	10:50	−1	−1	1

a : Moisturizing ability test　b : Prevention disease test　c : Thermal effect test

d : Wither preventive ability test (*Acer palmatum*)　e : Wither preventive ability test (*Ziziphus Jujuba var. inermis*)　f : Wither preventive ability test (*Prunus mume*)

[그림 18] Picture of each tests

출처: 정용조 · 이경연, 한국환경복원기술학회지 논문, 2018.

⑤ 결 론

본 연구는 현재 조경식재공사에 많이 사용하고 있는 녹화마대와 다목적 기능을 가진 수목보호패드의 용도별 효과를 검증하고 그 성능을 평가하고자 하는 것으로 굴취용, 방제용, 보온용 수목보호패드의 보습효과, 위조 방지효과, 병충해 예방효과, 보온효과, 인장강도 및 친환경성 등에 대하여 연구를 실시하였으며 그 결과는 다음과 같다.

첫째, 굴취용 수목보호패드의 보습층에 수목의 활착과 성장에 필요한 영양소와 뿌리발근 촉진제를 희석하여 수분을 공급하면 수분을 오랫동안 유지하여 뿌리분과 잎의 시들음을 방지하고 뿌리분의 활착과 성장에 큰 효과를 얻을 수 있으며 토양의 건조나 가뭄으로 인한 피해와 햇빛에 노출된 뿌리분을 보호할 수 있는 것으로 나타났다.

둘째, 수목보호패드를 뿌리분에 감아주면 보습층에서 지속적으로 수분을 공급하여 수목의 위조현상을 방지하고 하절기 식재시 위조방지 효과와 현장 여건 상 수목을 장기간 존치해야 하는 상황에서 수목의 위조 방지 효과가 높은 것으로 확인되었다.

셋째, 보습층에 농약성분을 추가한 방제용 수목보호패드를 수목의 줄기에 감고 농약을 살포하면 농약성분을 장기간 보유함으로써 해충의 우화 및 산란을 방지하고 병해충으로 인한 수목의 피해를 예방할 수 있을 뿐 아니라 작업시간을 단축하여 경제적 효과도 있는 것으로 확인되었다.

넷째, 보온용 수목보호패드를 추운 겨울에 수목 줄기에 감은 후 녹화마대와의 온도 차이를 비교한 결과, 수목보호패드가 외부온도보다 약 2℃ 높게 나타남으로써 외부온도와 전혀 차이가 없는 녹화마대에 비하여 보온효과가 우수한 것으로 확인되었다.

다섯째, 인장강도에 대하여 수목보호패드와 현재 조경식재공사에 많이 사용하고 있는 녹화마대를 시험기관에 의뢰하여 측정한 결과 두 제품 모두 적정 인장강도보다 높아 우수한 것으로 확인되었으며, 친환경적 제품인지 여부를 판단하는 생분해도 시험에서도 수목보호패드와 녹화마대 제품 모두 우수하여 환경친화적인 제품으로 확인되었다.

이상과 같이 수목보호패드는 수목보습효과, 위조 방지효과, 병충해 예방효과, 보온효과 등 다목적 기능을 가지고 있어 수목의 생육을 도와 활착률을 높일 수 있는 제품으로 평가되었으며 높은 인장강도로 사용하기에 적합하고, 생분해도 또한 우수하여 환경친화적인 자재로 확인되었다.

조경수 하자원인은 다양하지만 식재 전 뿌리분의 수분 증발과 초기 면역력 감소로 인한 병해충 피해, 기후변화로 인한 겨울철 급격한 온도저하 등으로 하자가 증가하고 있는 실정이다. 이에 조경계는 하자를 줄이고 조기 활착을 돕는 소재개발을 지속적으로 연구해야 할 것으로 사료된다.

본 연구는 수목의 종류와 함수량 시험에서의 수분 공급량 등에서 한계성을 가지고 있다. 따라서 향후에는 수종과 수분공급량 등을 다양하게 적용하여 지속적인 연구가 진행되어야 할 것으로 판단된다.

연 / 습 / 문 / 제

01 다음 수목의 성상에 따른 이식 적기를 쓰시오.

[침엽수류, 낙엽수류, 상록활엽수류, 낙엽활엽수류]

02 다음 수목의 성상별 식재시기를 쓰시오.

[침엽수류, 낙엽수류, 상록활엽수류, 낙엽활엽수류]

03 이식계획 수립시 고려사항에 대하여 쓰시오.

04 다음 이식방법에 대하여 기술하시오.

[상취법, 전근이식법, 추굴법, 동토법]

05 굴취시 수목규격을 표시할 때 흉고직경(B)으로 표기하는 수종을 10개 쓰시오.

06 H×B로 표시되는 수종이 생리적 현상으로 쌍지를 이루고 있다. 첫 번째 가지의 흉고직경이 20cm이고, 두 번째 가지의 흉고직경이 10cm라면 이 나무의 흉고직경은 얼마로 보아야 하는가?

07 조경수목의 측정은 수목의 형상별로 구분하여 측정하는데, 규격의 증감 허용한도는 설계규격의 몇 % 이내로 하는가?

08 수목굴취시 천근성과 심근성 나무의 분의 모양은?

09 일반적으로 가시나무, 느티나무를 이식할 때 적합한 분뜨기 형태는?

10 수목굴취시 뿌리분의 크기는 대체로 무엇을 기준으로 정하는가?

11 이식을 위한 수목굴취시 근원직경이 15cm인 상록수의 표준적 뿌리분 크기는?

12 근원직경이 10cm인 수목을 4배 접시분으로 분뜨기할 경우 분의 깊이는 얼마로 하여야 하는가?

13 근원직경이 15cm인 수목을 조개분으로 분뜨기할 경우 분의 깊이는 몇 cm인가?

14 근원직경이 20cm인 수목을 4배 보통분 형태로 분뜨기할 경우 분의 깊이는 몇 cm인가?

15 뿌리돌림하는 목적에 대하여 기술하시오.

16 일반적으로 수목을 식재할 경우 식재구덩이의 최소 크기 기준은?

17 수목이식시 고려사항에 대하여 기술하시오.

18 수목 운반시 고려사항에 대하여 기술하시오.

19 가식장을 선정할 때 고려사항에 대하여 기술하시오.

20 지주목의 종류별 특징에 대하여 기술하시오.

21 난지형 잔디와 한지형 잔디의 종류와 생육특성에 대하여 기술하시오.

22 6톤 트럭의 평떼 적재량으로 이음매 4cm가 되게 이음매붙이기로 잔디밭을 조성하려고 한다. 잔디밭 조성의 최대 가능 면적은?(단, 6톤 트럭의 평떼 적재량은 1,200매이고, 잔디규격은 표준규격(0.3×0.3×0.03)이다. 이음매를 4cm로 하는 경우 잔디밭 실지면적의 70%에 해당하는 뗏장이 필요하다고 한다.)

23 잔디(30cm×30cm×3cm)를 100m^2에 전면붙이기로 식재하려면 약 몇 매가 소요되는가?

24 지피식물이 갖추어야 할 조건에 대하여 기술하시오.

CHAPTER

7

가설공사

1 가설공사의 개념

2 가설시설의 종류

3 시멘트 창고

제7장 가설공사

01 가설공사의 개념

- 조경공사 기간중 임시로 설치하여 공사를 완성할 목적으로 쓰이는 시설을 말하며, 공사가 완료되면 해체 · 철거되는 시설이다.
- 가설시설은 공사의 첫 단계로 공사에 큰 영향을 주게 되므로 중요한 시설로 공사착수 전에 세밀한 준비를 해야 한다.
- 가설시설의 설치규모는 공사기간과 공사규모에 따라 다른데, 일반적으로 설계도에는 표시되지 않고 시방서에 간단하게 규정되어 있으며, 대부분 시공자에게 일임하므로 시공자는 가설시설에 대한 계획을 수립한 후 감독자 및 관계자와 협의해야 한다.

02 가설시설의 종류

가설시설의 종류에는 직접가설시설과 간접가설시설로 구분한다.

1) 직접가설시설

- 공사용 도로
- 전력 및 급수시설
- 규준틀
- 비계
- 동바리 등

2) 간접가설시설

- 가설건물(현장사무실, 창고, 숙소)
- 가설울타리
- 가식장
- 가설주차장

3) 주요 가설시설

① 가설사무실

- 가설사무실은 공사감독자나 시공자가 각각 사무를 보는 데 필요한 가설 건물로 패널로 만든 조립식 건물이나 개량된 컨테이너를 많이 사용한다.
- 가설사무실의 설치 위치는 주진입로에서 접근이 용이하고 현장 전체를 관망할 수 있는 위치에 설치하는 것이 좋다.
- 가설사무실 내부는 원활한 기능이 수행될 수 있도록 전기, 급수, 위생시설 등 부대시설이 설치되어야 한다.

[그림 19] 가설사무실

② 가설창고

현장에서 사용하는 재료, 기계, 공구 등을 보관하는 장소로 사용되며, 대체로 보관시설 위치는 안전상 사무실 주변에 설치하고 자재의 입 · 출고를 원활하게 하기 위해 접근로에 인접한 곳에 설치하면 좋다.

[그림 20] 가설창고

③ 가설울타리

- 공사장 내의 출입을 단속하고 도난 및 위험을 방지하며, 미관적 효과를 위해 부지 바깥쪽 경계 부위에 설치한다.
- 가설울타리 높이는 특별시방서에 명시되어 있지 않은 경우 1.8m 이상으로 하고, 공사장 주변 상황, 공사규모, 공사기간에 따라 경제적이며 미관을 갖춘 것을 사용하도록 한다.
- 울타리에는 공사명, 착공년월일, 설계자, 시공자, 감리자의 상호 및 이름, 기타 관련사항을 써서 간판대용으로 사용한다.
- 출입구는 외부와의 출입이 편리하고, 인원 및 재료 반출입과 감시가 용이하며, 공사작업에도 지장이 없는 곳에 설치하며, 대규모 공사현장에는 입구와 출구를 따로 두는 것이 좋다.

[그림 21] 가설울타리

03 시멘트 창고

1) 시멘트 창고 설치 시 주의사항

- 바닥은 지면에서 30cm 이상 높게 하여 깔판을 깔고, 그 위에 비닐이나 아스팔트 루핑과 같은 방습시트를 깐다.
- 주변에 배수도랑을 파고 우수의 침투를 방지한다.
- 바람에 날리지 않도록 방풍을 하고 공기유통을 차단하기 위해 개구부를 최소화한다.
- 시멘트 사용은 먼저 반입된 것부터 사용하도록 한다.

- 시멘트를 쌓는 높이는 13(10~15)포대로 하고, 장기간 쌓아두는 것은 7포 이상 쌓지 않아야 한다. 보통 $1m^2$당 쌓기는 30~50포대 정도로 한다.
- 시멘트량이 600포 이상일 때에는 공사기간에 따라 전량의 1/3을 저장할 수 있는 창고를 가설한다.
- 시멘트의 온도가 높을 때에는 그 온도를 낮추어서 사용한다.

2) 시멘트 창고의 필요면적

- $A = 0.4 \times \frac{N}{n}(m^2)$

  A : 창고면적
  n : 시멘트의 쌓아올리는 단수
  N : 저장포대수(최고 13포대)

- 시멘트량이 600포대 이내일 때에는 전량을 저장할 수 있는 창고를 가설하고, 시멘트량이 600포대 이상일 때에는 공사기간에 따라 전량의 1/3을 저장할 수 있는 것을 기준으로 한다.

연/습/문/제

01 시멘트 창고 설치 시 주의사항에 대하여 기술하시오.

02 용적이 $1m^3$되고, 중량이 1,500kg되는 시멘트는 몇 포대의 시멘트를 지칭하는가?

(출처: 조경기사 필기시험 2003-4, 2005-4)

03 저장할 수 있는 시멘트량은 455포대이고, 쌓을 수 있는 단수는 12포대일 때 시멘트 창고 필요면적은?

(출처: 조경기사 필기시험 2006-1, 2006-2, 조경산업기사 필기시험 2009-2)

04 쌓기 단수는 쌓을 수 있는 최대로 할 때 시멘트 500포대를 저장할 수 있는 가설창고의 필요면적은?

(출처: 조경기사 필기시험 2008-1)

05 시멘트 쌓는 단수를 10으로 할 때 $200m^2$의 창고에 저장할 수 있는 시멘트량은?

(출처: 조경산업기사 필기시험 2006-4)

06 가설공사의 종류에 대하여 쓰시오. (출처: 전익요, 조경시공실무, 2013)

07 시멘트 사용량이 1,800포일 경우 저장할 시멘트 창고의 면적을 산정하시오.
(단, 쌓기 단수는 12단) (출처: 전익요, 조경시공실무, 2013)

CHAPTER

8

토공 및 기초공사

제8장 토공 및 기초공사

01 토공사

1-1 토양의 정의

모재가 되는 각종 암석(모암)이 여러 형태의 자연작용으로 제자리에서 또는 옮겨져 쌓인 후 표면에 유기물질들이 혼합되면서 여러 토양 생성인자의 영향을 받아 생긴 지표면의 얇고 부드러운 층이다.

1-2 용어정리

- 시공기면(FL) : 시공 지반의 계획고를 말하며, 공사가 완료되었을 때의 지면 또는 구조물 바닥 등 마무리면을 말한다.
- 절토 : 시공기면보다 높은 지역의 흙을 파내는 작업으로 굴착이라고도 한다.
- 성토 : 시공기면보다 낮은 지역에 흙을 쌓는 작업을 말한다.
- 준설 : 수중의 흙을 굴착하는 작업을 말한다.
- 매립 : 굴착된 곳에 흙을 되메우거나 수중에서의 성토 작업을 말한다.
- 축제 : 하천제방, 도로, 철도 등 폭에 비하여 길이가 긴 구간의 성토 작업을 말한다.
- 정지 : 부지 내의 시공기면을 맞추기 위한 절토와 성토 작업을 말한다.
- 적재 : 절토한 흙을 운반차에 싣는 것을 말한다.
- 전압 : 성토한 흙을 다지는 작업을 말한다.
- 끝맺음 : 절토나 성토의 표면을 소정의 모양으로 만들고 다듬는 작업을 말한다.
- 토취장 : 성토한 흙을 채취할 장소를 말한다.
- 토사장 : 절토한 흙을 버리거나 처리하는 장소를 말한다.
- 터파기 : 구조물 기초공사 및 지하구조물 설치를 위한 굴착공사를 말한다.
- 터파기 여유 : 거푸집, 흙막이, 방수, 잡석지정 등의 작업 공간 확보에 필요한 것.
- 흙의 휴식각(안식각) : 흙을 쌓았을 때 시간의 경과에 따라 자연붕괴가 일어나 안정된 사면을 이루는 수평면과의 각도를 말한다.

- 되메우기 : 구조물을 설치한 후 터파기로 파낸 흙을 잔여공간에 되메우는 작업을 말한다.
- 잔토처리 : 터파기한 흙에서 일부를 되메우기하고 남은 잔여토량을 버리는 작업을 말한다.

1-3 토양의 구조

1) 입상(粒狀)

- 입상은 토양의 A층 위에서 볼 수 있다.
- 모양이 둥글고 직경 1cm 이하의 작은 입단이 대부분이다.
- 입상구조는 다공성으로 서로 가볍게 겹치거나 쌓여 있어 토양에 수분이 공급되었을 때 입단 사이의 공극(孔隙)에 물을 저장할 수 있으므로 식물생육에 적합한 조건이다.
- 입단구조는 흙 경작지 토양에서 볼 수 있는데, 특히 유기물이 많은 토양에서 잘 발견된다.

2) 판상(板狀)

- 산림토양의 A층 위에서 볼 수 있다.
- 충적토와 같은 모재로 만들어지며, 습윤지 토양에서 발달한다.
- 판상구조가 중첩되어 있어 수직배수가 불량하다.

3) 괴상(塊狀)

- 토양의 B층 위에서 볼 수 있다.
- 심토에서 발견된다.
- 때로는 상당히 큰 덩어리로 되어 있다.
- 반괴상은 각이 있으나 괴상은 비교적 각이 원만하고 입단 사이의 간격이 좁다.

4) 주상(柱狀)

- 찰흙의 함량이 많은 염류토의 심토 또는 건조 · 반건조지방의 심토에서 발달된다.
- 토양입자가 수직방향으로 배열되어 수직배수가 잘 된다.
- 토양의 B층 위에서 볼 수 있다.

1-4 토양의 단면도

1) O층(유기물층)

- 낙엽과 분해물질로 형성되어 있다.

- L층, F층, H층으로 세분된다.
  - L층 : 썩지 않은 신선한 식물유체(낙엽 등)의 퇴적층으로 낙엽층이라 한다.
  - F층 : 썩기는 하였으나 식물조직의 식별이 가능한 층으로 분해층이라 한다.
  - H층 : 식물조직의 식별이 어려울 정도로 분해된 층으로 부식층이라 한다.

2) A층(용탈층)

- 광물 토양의 최상층이다.
- 식물에 필요한 양분이 다량 함유되어 있다.
- A1층, A2층, A3층으로 세분된다.

3) B층(집적층)

- 용탈층에 비해 유기물량이 매우 적다.
- 수목 근계 형성의 한계지점이다.
- B1층, B2층, B3층으로 세분된다.

4) C층(모재층)

- 광물질이 풍화된 층이다.

5) R층(암반층)

- 가장 깊은 곳에 위치한 모암층이다.
- 풍화 이전의 암석층이다.
- 수직적으로 연속 분포되어 있다.
- 수작업으로는 굴취 불가이다.

1-5 토양의 특성

1) 토양의 특성

(1) 물리적 특성

① 3상 분포 : 고상이 50%, 액상과 기상이 50% 이며, 토양의 수분상태에 따라 액상과 기상의 비율이 변화한다.

㉠ 고상 : 토양입자와 유기물

㉡ 액상 : 토양수분

㉢ 기상 : 토양공기

㉣ 고상의 비율이 낮아지면 액상과 기상의 비율이 증가하고, 공극률도 증가하며, 용적밀도는 감소한다.

㉤ 고상의 비율이 높아지면 액상과 기상의 비율이 감소하고, 공극률도 감소하며, 용적밀도는 증가한다.

② 토성

- 토양입자를 크기별로 모래, 미사, 점토로 구분하고, 그 구성비율에 따라 토양을 분류한다.
- 특성 : 토양의 가장 기본적인 성질로서 투수성, 보수성, 통기성, 양분보유용량, 경운성 등과 밀접한 관계가 있다.

③ 토양입자의 크기 구분 : 입자의 크기 2mm 이하만을 토양으로 취급하며, 자갈, 모래, 미사, 점토 등으로 구분한다.

㉠ 입경 구분

- 자갈(2mm 이상)
  - 물, 이온, 화합물을 흡착 · 보유하지 못한다.
  - 토양의 골격으로 기능한다.
  - 투수성과 통기성의 개선 효과가 있다.
  - 엄밀한 의미에서 토양으로 볼 수 없다.
- 모래(2.0~0.05mm)
  - 극조사, 조사, 중간사, 세사, 극세사로 세분된다.
  - 석영, 장석, 전기석 등의 1차 광물
  - 풍화되면서 양분을 내놓거나 2차 광물을 형성한다.
  - 대공극 형성으로 토양의 통기성과 투수성을 향상시킨다.
  - 양분 보유와 같은 화학성과는 무관하다.
- 미사(0.05~0.002mm)
  - 주로 석영으로 구성된다.
  - 모래에 비해 작은 공극을 형성하여 보수성은 증가하고, 투수성은 감소한다.
  - 가소성과 점착성이 없다.
- 점토(0.002mm 이하)
  - 주로 2차 광물로 구성된다.

- 교질(콜로이드)의 특성과 표면전하를 가진다.
- 점토의 종류와 함량은 토양의 화학적 특성에 결정적인 영향을 준다.
- 모래와 미사에 비해 작은 공극을 형성함으로써 보수성은 증가하고, 투수성과 통기성은 감소한다.

㉡ 토양의 입단구조

- 단립구조 : 토양수분과 공기의 균형이 깨져 입단구조가 파괴된 것이다.
- 입단구조 : 퇴비 사용, 유기물 부식, 개량제 사용, 토양수분과 공기, 부식질의 결합으로 형성을 촉진하고, 식물의 토양기반을 조성한다.

㉢ 토양의 구조 분류

- 입상구조(구상구조)
  - 유기물이 많은 표층토(깊이 30cm 이내)에 발달했다.
  - 입단의 결합이 약해 쉽게 부서진다.
- 판상구조
  - 접시 모양 또는 수평배열 구조이다.
  - 입상(구상)구조와 같이 표층토(깊이 30cm 이내)에 발달했다.
  - 토양 생성과정 또는 인위적 요인으로 형성된다.
  - 모재의 특성이 그대로 유지된다.
  - 논 토양에서도 발달했다.
  - 용적밀도가 크고 공극률이 매우 낮다.
  - 수분의 하방이동 및 뿌리의 생장에 불리한 환경을 조성한다.
- 괴상구조
  - 불규칙한 6면체 구조이다.
  - 각이 있으면 각괴, 없거나 완만하면 아각괴이다.
  - 배수와 통기성이 양호한 심층토에서 발달했다.
  - 입단 간 거리는 5~50mm 정도이다.
- 주상구조
  - 지표면과 수직한 방향으로 1m 이하 깊이에서 발달했다.
  - 각주상구조는 건조 또는 반건조 심층토에서 발달했다.
  - 원주상 구조는 Na이온이 많은 토양 B층에서 발달했다.

④ 경도

- 토양 강도, 치밀도, 단단함을 나타내는 지표이다.
- 식물생육에 가장 적합한 경도는 18~22mm이다.
- 27mm 이상이 되면 식물생육이 어렵다.

(2) 화학적 특성

① 토양산도(pH)

- 산성토양 : 수소이온 생성물질 함유량이 높다. pH 7보다 낮은 토양으로 식물생육이 저하된다.
- 알칼리토양 : 나트륨 함량이 양이온 교환용량의 15% 이상인 토양으로 pH 8.5보다 높은 토양이며, 식물생육이 저하된다.

② 보비력

- 양이온 교환용량(CEC)이라고도 하며, 높을수록 비옥하다.
- 건조토양 100g이 갖는 영양 정도이다.

③ 토양수분 결합력(pF)

- 결합수 : pF 7.0 이상으로 토양입자 표면에 강하게 결합된다.
- 흡수수 : pF 4.5 이상으로 토양입자 표면을 덮고 있는 분자간 결합이다.
- 모세관수 : pF 2.7~4.5, 표면장력과 중력에 의해 토양입자 주위에서 흡착하며 식물이 이용할 수 있다.
- 중력수 : pF 2.7 이하, 중력으로 토양공극 속에서 자유롭게 이동하며, 쉽게 근권 밖으로 유출된다.

2) 토양의 견지성(堅持性)

- 수분 함량에 따른 토양의 상태변화를 견지성(堅持性)이라고 한다.
- 외부 요인에 의하여 토양구조가 변형 또는 파괴되는 것에 대한 저항성 또는 응집성이다.
- 토성과 수분함량에 따라 달라진다.

① 강성(Rigidity)

- 토양이 건조하여 굳어지는 성질을 말한다.
- 구상의 무정형광물이 많을수록 작아진다.
- 판상(板狀)의 점토입자가 많을수록 커진다.

- 수분함량 조건은 함수비 0%에서 수축한계까지의 범위이다.
- 토사의 종류 중 견질토사는 괭이나 곡괭이를 사용할 정도의 토질을 말한다.

② 이쇄성(Friability)

- 적당한 수분을 가진 토양에 힘을 가할 때 쉽게 부서지는 성질을 말한다.
- 강성과 소성의 중간상태 성질을 말한다.
- 경운하기 적합한 강도를 가진 토양의 상태를 말한다.
- 수분함량의 조건은 수축한계에서 소성하한까지의 범위이다.

③ 가소성(Plasticity)

- 물체에 힘을 가했을 때 파괴되지 않고 모양이 변화되며, 힘이 제거된 후에도 원형으로 돌아가지 않는 성질을 말한다.
- 소성하한 : 토양이 소성을 가질 수 있는 최소 수분함량을 말한다.
- 소성상한 : 토양이 소성을 가질 수 있는 최대 수분함량으로 액성한계라고도 한다.
- 소성지수는 소성상한과 소성하한의 차이를 말한다.
  - 소성지수는 점토함량이 증가할수록 증가한다.

3) 토양의 팽창과 수축

① 팽창

- 점토나 부식은 전기적으로 음성(陰性)이고, 물은 양쪽성이다.
- 두 물질이 접촉하면 물의 양성(陽性) 부분은 점토 또는 부식의 음성(陰性)쪽으로 배향·흡착하게 된다.

② 수축

- 팽창했던 토양이 건조해져서 그 용적이 줄어드는 것을 수축이라 한다.
- 토양구조가 잘 발달되어 있고, 식물의 뿌리 또는 동물에 의해 조성된 공극이 많은 토양인 경우에는 물의 감소에 비례하여 수축되지 않으며, 수축되더라도 그 수축량은 매우 적은 편이다.
- 건조된 토양은 반데르발스의 힘(Van der Wasls' force)에 의하여 견고히 결속되는데, 반데르발스의 힘은 접촉면이 클수록 증가한다.
- 반데르발스의 힘(Van der Wasls' force)이란 분자 사이에 작용하는 힘의 하나로 이상기체의 법칙에 맞지 않는 불완전기체에 작용하는 힘이다.

- 모래알처럼 그 표면적이 작은 것은 결속력이 약하고, 진흙과 같은 것은 결속력이 매우 강하다.

4) 토공의 안정

① 개념

- 하천의 제방, 철도, 도로의 노반 등은 목적에 따라 안정을 유도하는데 필수적인 공정이다.
- 흙의 자중과 외력이 흙 입자 간의 마찰력과 점착력에 대해 평형을 유지함으로써 안정상태를 유지한다.

② 흙의 안식각(휴식각)

- 흙을 쌓거나 깎아냈을 때 자연상태로 생기는 경사면이 수평면과 이루는 각도를 말한다.
- 일반적으로 흙의 안식각은 20~40° 이며, 보통 30° 정도로 한다.
- 흙의 입자가 크면 안식각은 증가한다.
- 흙의 함수비가 작을수록 안식각이 커져서 경제적으로 유리하다.

5) 토양의 공극량

- 토양의 공극이란 토양 입자 사이에 공기나 물로 채워진 틈을 말한다.
- 토양의 공극량은 토양의 겉보기비중과 반비례한다.
- 부식물질이 많은 토양은 공극량이 많다.
- 공극이 크면 구조물의 기반으로서 불안정하다.
- 사질토양이나 심토의 경우 공극량이 30~50% 정도로 낮다.
- 미사질 또는 점토질 토양 및 표토는 공극량이 40~60% 정도로 사질토양이나 심토보다 높다.
- 심토보다는 표토에서 공극량이 많다.

6) 정지작업

① 개념

- 부지정리는 시공도면에 의거하여 계획된 등고선과 표고대로 부지를 골라 시공 기준면을 만드는 일을 말한다.
- 공사부지 전체를 일정한 모양으로 만들거나 식재 수목에 필요한 식재 기반을 조성하는 경우 또는 구조물이나 시설물을 설치하기 위해 가장 먼저 시행하는 공사이다.
- 부지정리공사는 절토와 성토작업으로 크게 대별된다.

② 고려사항

- 점토나 유기물이 많은 토양이 젖어 있을 때에는 정지작업을 하지 말아야 한다.
- 건조한 흙보다는 적정한 수분을 함유하고 있을 때 다짐하는 것이 좋다.
- 부지의 배수상태를 파악하고 정지작업으로 인하여 새롭게 웅덩이가 생기지 않도록 한다.
- 정지작업 과정에서 발생하는 침식을 방지한다.

③ 현장여건 파악

- 설계도에 규정된 내용과 현장조건이 일치하는지 검토한다.
- 토목공사와 건축공사 등 간섭되는 공정과 협의한다.
- 정지작업에 지장을 초래하는 사항을 확인하고 조치한다.
- 토취장 및 사토장을 확인하고, 운반과정의 문제점이나 대책을 수립한다.

④ 작업시 유의사항

- 정지작업의 마감면 높이는 추후에 설치될 기초 및 기층부와 상층 마감부의 두께를 고려하여 결정한다.
- 절토는 현재의 높이가 계획고보다 높은 경우에 실시한다.
- 성토할 때에는 사전에 성토할 지반을 다져서 안정된 성토면을 얻을 수 있도록 한다.

[그림 22] 식재 전 정지작업

7) 절 · 성토 작업

① 절토

- 절토는 안식각보다 약간 작게 하여 비탈면의 안정을 유지해야 한다. 보통 토질에서는 비탈면 경사를 1:1 정도로 한다.

- 식재공사에 포함된 경우는 반드시 지표면 30~50cm 정도 깊이로 표토를 보존하여 식물 생육에 유용하도록 한다(표토재활용).

② 성토

- 성토에 사용하는 흙은 입도가 좋아 잘 다져져 있어야 하며, 쌓인 흙이 흘러내리지 않도록 해야 한다.
- 성토 작업시 보통 30~50cm마다 다짐을 실시한다.
- 일반적으로 성토시 경사는 1:1.5로 한다.
- 토양침식이 발생하지 않도록 배수에 특히 유의한다.
- 식재지역을 성토할 경우 지나친 다짐은 식물생육에 부적합하므로 자연상태의 토양과 같은 정도로 성토한다.
- 부적합한 토양이 발견되면 흙을 치환하도록 한다.

③ 마운딩

- 평평한 지역에 변화를 주어 경관을 연출하거나 기존 지반이 불량함으로써 식재기반을 확보하기 위해 실시하는 작업으로 구릉을 만드는 경우를 말한다.
- 높이는 보통 1~2m 정도로 조성한다.

1-6 토양의 상태

1) 자연상태

자연 그대로의 상태로 외력을 가하지 않은 자연지반, 절토량, 굴착토양을 의미한다.

2) 흐트러진 상태

자연상태의 흙에 외력을 가하여 작업할 경우 자연상태와 비교했을 때 흙 전체의 부피가 늘어난 상태로 느슨한 토량, 운반토량, 잔토량 등을 의미한다.

3) 다져진 상태

흐트러진 상태의 토양에 외력을 가하여 다졌을 때 자연상태와 비교했을 경우 변화한 상태로 성토량, 매립토양, 완성토양을 의미한다.

1-7 토양의 변화

1) 토양의 체적변화

- 토공사에 있어 토양의 체적변화는 토질시험을 적용하는 것을 원칙으로 하지만 소량의 경우 표준품셈 체적변화율과 체적환산계수표를 따를 수 있다.
- $L = \dfrac{\text{흐트러진 상태의 체적}(m^3)}{\text{자연상태의 체적}(m^3)}$
- $C = \dfrac{\text{다져진 상태의 체적}(m^3)}{\text{자연상태의 체적}(m^3)}$

2) 체적환산계수(f)

구하는 Q / 기준이 되는 q	자연상태의 체적	흐트러진 상태의 체적	다져진 후의 체적
자연상태의 체적	1	L	C
흐트러진 상태의 체적	$1/L$	1	C/L
다져진 후의 체적	$1/C$	L/C	1

3) 토량변화에 따른 체적계산

- 자연상태의 체적=흐트러진 상태의 체적×$1/L$=다져진 상태의 체적×$1/C$
- 흐트러진 상태의 체적=자연상태의 체적×L=다져진 상태의 체적×L/C
- 다져진 상태의 체적=자연상태의 체적×C=흐트러진 상태의 체적×C/L

1-8 토공적산

1) 단면법

① 양단면 평균법

$$V = \frac{A_1 + A_2}{2} \times l$$

② 중앙단면법

$$V = A_m \times l$$

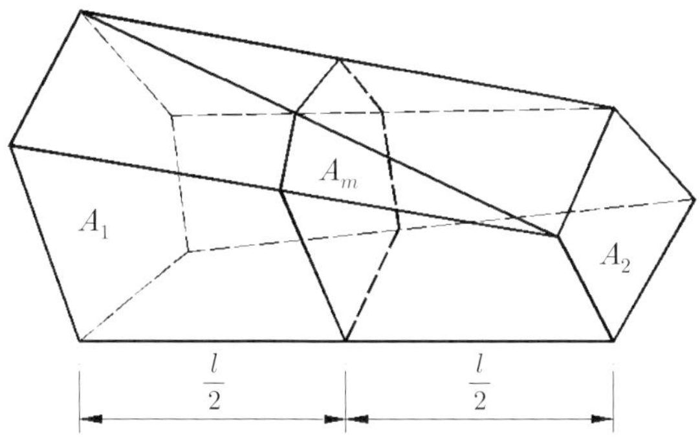

[그림 23] 단면법

출처: 한국조경학회, 신조경시공학, 저자 재작성.

③ 각주법

$$V = \frac{l}{6}(A_1 + 4A_m + A_2)$$

V : 체적(토량), A_1, A_2 : 양단면적, A_m : 중앙단면적, l : 양단면 간의 거리

2) 점고법

운동장, 광장 등 넓은 지역의 정지작업 토공량을 산정하는 방법으로 전 구역을 직사각형 또는 삼각형으로 나누어 계산한다.

① 구형 분할법(사각형법)

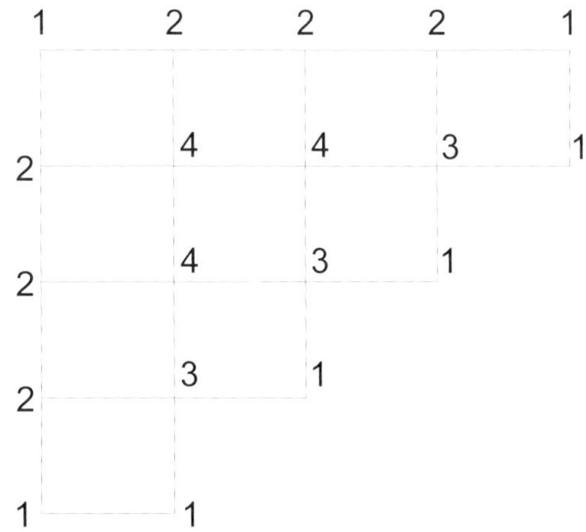

[그림 24] 구형 분할

출처: 한국조경학회, 신조경시공학, 2016, 저자 재작성.

- $V = \frac{A}{4}(\Sigma h_1 + 2\Sigma h_2 + 3\Sigma h_3 + 4\Sigma h_4)$

  V : 체적(토량)

  A : 직사각형 1개의 면적

  Σh_1 : 1개의 직사각형에 관계하는 높이의 합

  Σh_2 : 2개의 직사각형에 관계하는 높이의 합

  Σh_3 : 3개의 직사각형에 관계하는 높이의 합

  Σh_4 : 4개의 직사각형에 관계하는 높이의 합

② 삼각분할법(삼각형법)

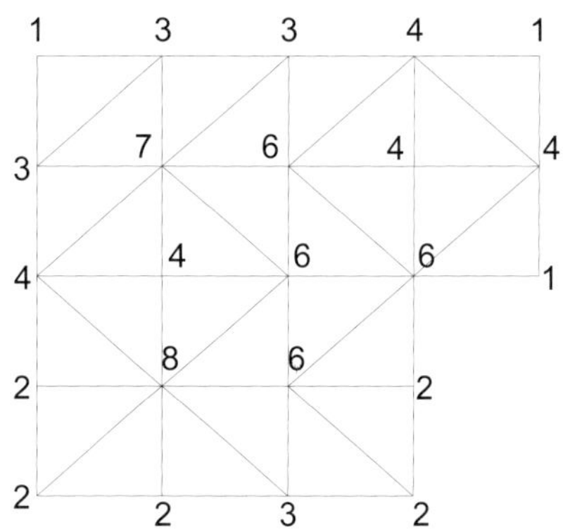

[그림 25] 삼각형 분할

출처: 한국조경학회, 신조경시공학, 2016, 저자 재작성.

- $V = \frac{A}{3}(\Sigma h_1 + 2\Sigma h_2 + 3\Sigma h_3 + \ldots + 8\Sigma h_8)$

  V : 체적(토량)

  A : 삼각형 1개의 면적

  Σh_1 : 1개의 삼각형에 관계하는 높이의 합

  Σh_2 : 2개의 삼각형에 관계하는 높이의 합

  Σh_3 : 3개의 삼각형에 관계하는 높이의 합

  ⋮

  Σh_8 : 8개의 삼각형에 관계하는 높이의 합

3) 등고선법

등고선을 이용하여 저수지의 용적이나 정지작업 토량을 구하는 방법으로 각 등고선에 둘러쌓인 면적과 높이차를 이용한다.

[그림 26] 등고선법

출처: 전익요, 조경시공실무, 2013, 저자 재작성.

$A_1 \sim A_6$: 각 등고선의 단면적
h : 등고선의 높이차
h' : 마지막 등고선부터 최정상까지의 높이

① 난변이 홀수일 경우 : 각주 공식을 연속하여 더한 값과 동일하다.

- $V = \frac{h}{3}\{A_1 + 4(A_2 + A_4 + \ldots + A_{n-1}) + 2(A_3 + A_5 + \ldots + A_{n-2}) + A_n\}$

$= \frac{h}{3}\{A_1 + 4(\text{짝수 단면적의 합}) + 2(\text{홀수 단면적의 합}) + A_n\}$

② 단면이 짝수일 경우 : 등고선법으로 구한 나머지 부분은 양단면 평균법을 이용한다.

- $V = \frac{A_1 + A_2}{2} \times h$(이 경우 면적이 넓은 등고선 쪽을 적용하는 것이 오차가 적음)

③ 최상부의 토량 : 원뿔공식을 이용하여 산정한다.

- $V = \frac{1}{3}\pi r^2 h = \frac{1}{3}A_1 h'$

1-9 조경건설기계

1) 기계화 시공의 특징

① 장점

- 공사기간 단축이 가능하다.

- 공사의 품질이 향상된다.
- 대규모 공사에서 공사비가 절감된다.
- 인력에 의해 불가능한 공사도 쉽게 처리할 수 있다.
- 안전사고를 감소시킬 수 있다.

② 단점

- 기계 구입과 관리비용이 많이 든다.
- 숙련된 운전자와 관리자가 필요하다.
- 소규모 공사에서는 공사비가 비싸진다.
- 인력을 대신하므로 실업률이 증가한다.
- 기계부품, 연료, 정비 및 관리를 위한 시설이 필요하다.

2) 건설기계의 분류

① 토공기계 : 불도저, 굴삭기, 로더, 스크레이퍼, 모터그레이퍼

② 운반기계 : 지게차, 덤프트럭, 기중기

③ 다짐기계 : 롤러

3) 주요건설기계

① 백호우

- 기계가 서 있는 곳보다 낮은 곳의 굴착에 주로 쓰이는 토공 장비이다.
- 수중굴착도 가능하다.
- 파워셔블과 같이 굳은 지반의 토질에서도 굴착이 가능하다.
- 적재도 가능하다.

② 덤프 트럭

- 적재함을 동력으로 60~70° 기울여서 적재물을 자동으로 내리는 토사 · 골재 운반용의 특수 화물 차량이다.
- 다른 운반기계에 비해 기동성이 좋아 원거리 수송에 적합하다.
- 흙 · 모래 · 자갈 등을 운반하기에 적합하다.
- 적재능력은 2~50ton 등으로 다양하다.

③ 랙카(Rack Car)

장착된 크레인으로 물건 및 자재들을 이동하거나 들어 올려서 운반하는 등 다용도로 활용이 가능하다.

④ 크레인

- 하물(荷物)을 들어 올려서 상하 · 좌우 · 전후로 운반하는 기계장치를 말하며, 기중기라고도 한다.
- 기계장치 중에서도 가장 먼저 고안된 것으로, 약 5000년 전 고대 이집트에서 피라미드를 만들 당시에 중량물 운반용으로 사용되었다.

⑤ 불도저

- 굴착, 압토, 정지 등 일련의 토공작업을 행하는 토공기계이다.
- 비교적 작업거리가 짧은 토공작업에 적당하다.

⑥ 로더

굴삭된 토사 · 골재 · 파쇄암 등을 운반기계에 싣는데 사용되는 기계이다.

4) 기계화 적산

(1) 불도저

- $Q = \dfrac{60 \times q \times f \times E}{Cm}$　　　$q = q^{\circ} \times e$

Q : 시간당 작업량(m^3/hr)
q : 삽날의 용량(m^3)
q° : 거리를 고려하지 않은 삽날의 용량(m^3)
f : 체적환산계수(1/L)
E : 작업효율
Cm : 1회 사이클 시간(분) $= \dfrac{L}{V_1} + \dfrac{L}{V_2} + t$

소수점 이하 3자리까지 계산하고 사사오입한다.

L : 운반거리
V_1 : 전진속도(m/분)
V_2 : 후진속도(m/분)
t : 기어변속속도(분)

(2) 굴삭기

- $Q = \dfrac{3600 \times q \times k \times f \times E}{Cm}$

  Q : 운전시간당 작업량(m^3/hr)
  q : 버킷용량(m^3)
  k : 버킷계수
  E : 작업효율
  f : 체적환산계수
  Cm : 1회 사이클 시간(초)

(3) 로더

- $Q = \dfrac{3600 \times q \times k \times f \times E}{Cm}$

  Q : 운전시간당 작업량(m^3/hr)
  q : 버킷용량(m^3)
  k : 버킷계수
  E : 작업효율
  f : 체적환산계수
  Cm : 1회 사이클 시간(초) $= m \times l + t_1 + t_2$
  m : 계수(초/m)
  l : 편도 주행거리
  t_1 : 버킷에서 흙을 담는 시간(초)
  t_2 : 기어변화 등 기본시간과 다음시간 운반기계가 도착할 때까지의 시간(초)

(4) 덤프트럭

- $Q = \dfrac{60 \times q \times f \times E}{Cm}$ $\quad q = \dfrac{T}{r^t} \times L$

  Q : 시간당 작업량(m^3/hr)
  q : 흐트러진 상태의 1회 적재량(m^3)
  f : 체적환산계수
  E : 작업효율
  T : 덤프트럭 적재용량(ton)
  r^t : 자연상태에서의 토석 단위중량(ton/m^3)
  L : 체적환산계수에서의 체적변화율
  Cm : 1회 사이클 시간(분) $= t_1 + t_2 + t_3 + t_4 + t_5$
  t_1 : 적재시간

t_2 : 왕복시간 $= (\frac{\text{운반거리}}{\text{적재시 평균 주행속도}} + \frac{\text{운반거리}}{\text{공차시 평균 주행속도}}) \times 60$

t_3 : 적하시간

t_4 : 대기시간

t_5 : 적재함 덮개 및 해체시간

- 적재기계를 사용하는 1회 사이클 시간

$$Cmt = \frac{Cms \times n}{60 \times Es} + t_1 + t_2 + t_3 + t_4 + t_5$$

- Cmt : 덤프트럭 1대 사이클 시간(분)
- Es : 적재기계의 작업효율
- Cms : 적재기계의 1회 사이클 시간(초)
- n : 덤프트럭 1대의 토량을 적재하는데 소요되는 적재기계의 사이클 횟수

$$n = \frac{Qt}{q \times k}$$

- Qt : 덤프트럭 1대의 적재토량(m^3)
- q : 적재기계 버킷용량(m^3)
- k : 적재기계의 버킷계수

02 기초공사

2-1 터파기

1) 터파기 구분

- 토사의 종류 및 터파기 깊이에 따라 산정한다.
- 주위에 장애물(가시설물, 인접 건물 및 기타 시설물)이 있을 때와 협소한 독립기초의 터파기는 품의 50%까지 가산한다.
- 협소한 장소(최소 폭이 1m 이내이거나 1m를 넘는 경우라도 최대길이 2m 미만일 때)와 용수가 있는 경우의 터파기는 품의 50%까지 가산한다.
- 수중터파기는 품의 50%까지 가산한다.

2) 터파기 여유

- 거푸집, 흙막이, 방수, 잡석지정 등의 작업공간을 확보하기 위하여 넓게 할 필요가 있는 경우에는 설계에 따라 결정하는 것을 원칙으로 하되, 일반적으로 다음을 표준으로 한다. 단,

특수한 토질을 제외하고는 터파기 깊이가 1m 미만일 때는 안식각을 고려하지 않는 수직터파기로 계산한다.

- 일반적 터파기의 여유폭 기준

구 분	터파기 높이(H)	터파기 여유폭(D)	비 고
흙막이가 없는 경우	1.0m 이하	20cm	수직터파기
	2.0m 이하 4.0m 이하 4.0m 이상	30cm 50cm 60cm	휴식각 터파기
흙막이가 있는 경우	5.0m 이하 5.0m 이상	60~90cm 90~120cm	

3) 터파기 계산방법

① 독립기초

- 터파기량$(V)=\frac{h}{6}\{(2a+a')b+(2a'+a)b'\}$

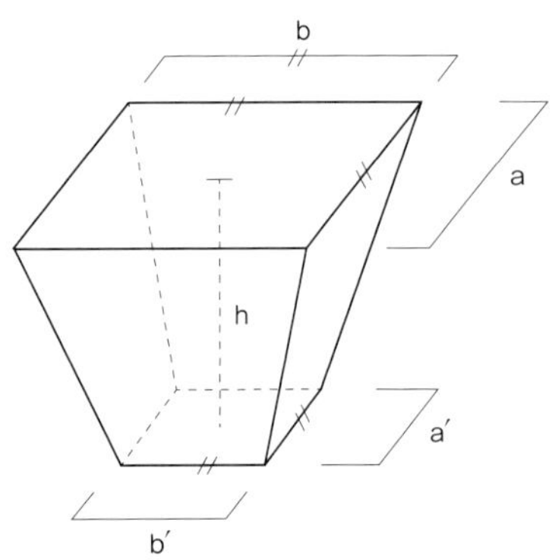

[그림 27] 독립기초

② 줄기초

- 터파기량$(V)=\frac{a+b}{2}\times h\times l$
- 줄기초의 길이 산정 시 중심선을 기준으로 산정할 경우 4개소가 중복되므로 수량산출시 공제한다.
- 터파기, 잡석다짐, 콘크리트 등 산정 시 동일하게 적용한다.

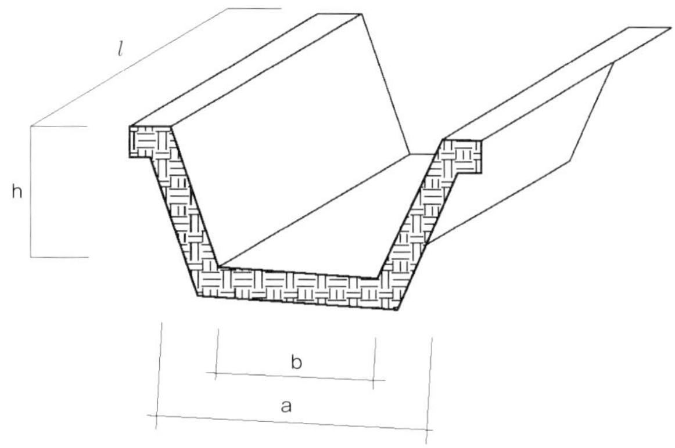

[그림 28] 줄기초

4) 되메우기

- 구조물을 설치한 후 터파기로 파낸 흙을 잔여공간에 되메우는 작업이다.
- 되메우기 토량=터파기 체적−기초구조부 체적(지반선 이하의 용적합계)
- 흙다지기 필요성이 있는 경우에는 체적변화율 C값을 적용하여 산정한다.
  - 되메우기 토량=(터파기 체적−기초구조부 체적)×체적변화율(C)

5) 잔토처리

- 터파기한 흙에서 일부를 되메우기하고 남은 잔여토량을 버리는 작업이다.
- 흙파기량을 전부 잔토처리하는 경우 : 잔토처리량=터파기 체적
- 일부 흙을 되메우고 잔토처리하는 경우
  - 되메우기만 시행 : 잔토처리량=터파기 체적−되메우기 체적
  - 되메우고 돋우기 시행 : 잔토처리량=터파기 체적−(되메우기 체적+돋우기 체적)

연습문제

01 다음의 용어에 대하여 기술하시오.

1) 토취장

2) 토사장

3) 터파기여유

4) 흙의 휴식각(안식각)

5) 되메우기

6) 잔토처리

02 토양의 구조에서 입상, 판상, 괴상, 주상에 대하여 기술하시오.

03 토양의 층위 구조에 대하여 기술하고, 단면도를 작성하시오.

04 토양의 물리적 특성과 화학적 특성에 대하여 기술하시오.

05 토양의 공극량에 대하여 기술하시오.

06 덤프트럭의 1회 사이클 시간을 다음 조건에 의거하여 구하면 몇 분인가?(단, 토량 $1m^3$ 기준, 운반거리 500m, 적재시간 10분/m^3, 적하시간 1.5분, 대기시간 0.15분, 적재함 덮개 설치 및 해체시간 3.77분, 적재시 평균 주행속도 5km/hr, 공차시 평균 주행속도 10km/hr이다.)

07 버킷용량이 $0.96m^3$인 타이어식 로더를 사용하여 흐트러진 상태로 쌓여 있는 사질토양을 8ton 덤프트럭에 적재하여 20km 지점으로 운반하려 한다. 덤프트럭의 주행속도는 적재시 20km/hr, 공차시 40km/hr이고, 적하시간은 0.9분, 대기시간은 0.5분, 작업효율은 0.9이다. 사질토양의 단위중량은 1.65ton/m^3이고, 토양변화율과 환산계수는 각각 1이다. 그리고 로더의 버킷계수는 1.0, 버킷에 흙을 담는 시간은 10초, 작업효율은 0.6이다. l = 8m, t_2 = 14초, m = 1.8초/m일 때 아래 물음에 답하시오.(단, 소수 2자리까지 계산한다.)

① 로더의 1회 사이클 시간(Cm)은?

② 로더의 시간당 작업량(Q)은?

③ 덤프트럭의 1회 적재량(q)은?

④ 덤프트럭 1대에 적재하는 로더의 사이클 횟수(n)은?

⑤ 덤프트럭 1대에 적재하는 소요시간(t_1)은?

⑥ 덤프트럭 왕복 주행시간(t_2)은?

⑦ 덤프트럭의 시간당 작업량(Q)은?

08 다음 그림을 보고 각주공식에 의해 계산한 토량(m^3)은 얼마인가?(단, 각 단면은 직사각형이고, 단위는 m이다.)

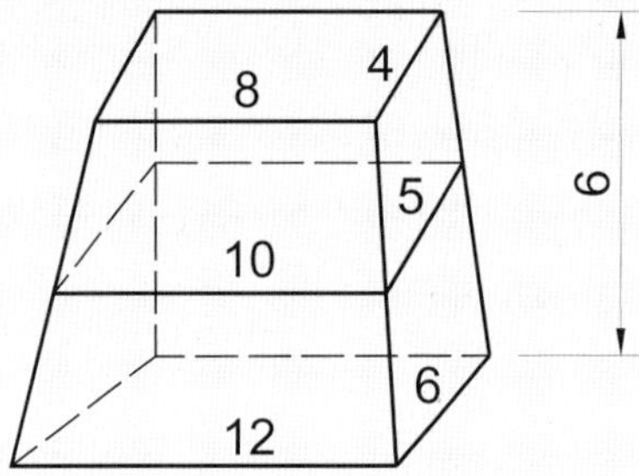

09 표고 100m로 표시된 등고선의 면적이 $55m^2$, 101m로 표시된 곳의 면적이 $45m^2$, 102m로 된 곳은 $35m^2$, 103m로 된 곳은 $25m^2$, 104m로 된 곳은 $15m^2$이다, 표고 100m로 평탄지를 만들기 위해 절토를 할 때 절토의 양(m^3)은 얼마인가?

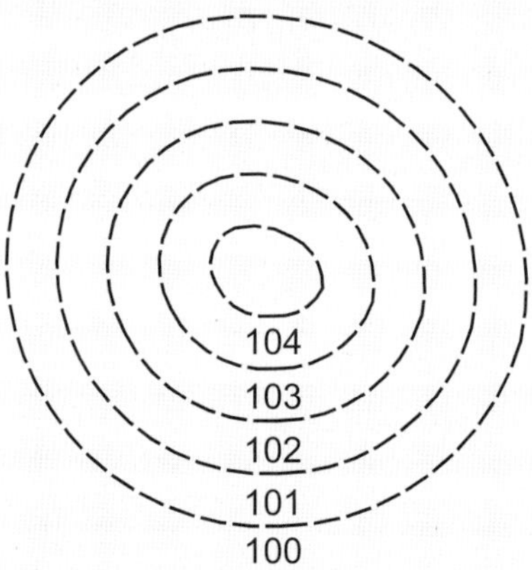

10 지하실의 시공기준면을 195m로 절토한다면 절토량(m^3)은 얼마인가?(단, 분할된 사각형은 정사각형이며, 한 변의 길이는 5m이다.)

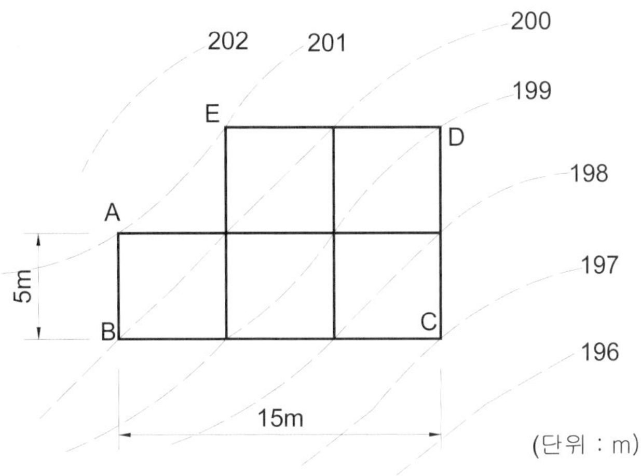

11 다음 그림과 같은 단면도를 갖는 구조물을 10m 시공할 때 터파기의 흙량과 되메우기 흙량은 얼마인가?(단, 터파기는 수직터파기로 실시한다.)

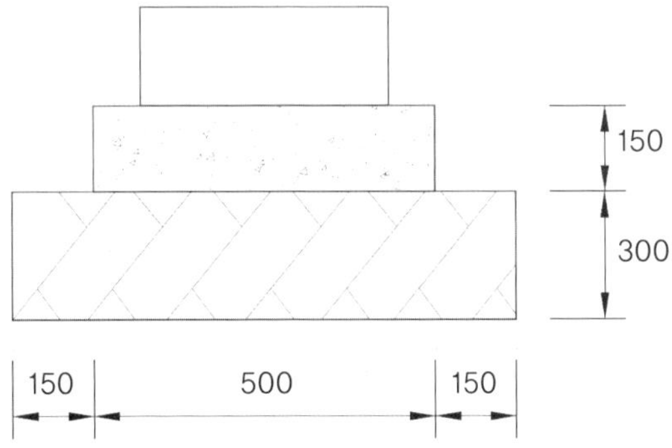

12 제시된 단면도는 플랜터의 벽체이다. 1m당 수량을 산출하시오.(단, 터파기는 직각 터파기로 10cm 여유폭을 준다. 시멘트 벽돌은 1.0B쌓기로 할 때 m^2당 149매로 계산한다. 쌓기 모르타르는 고려하지 않는다. 재료할증은 없다. 소수점 3자리까지 계산한다.)

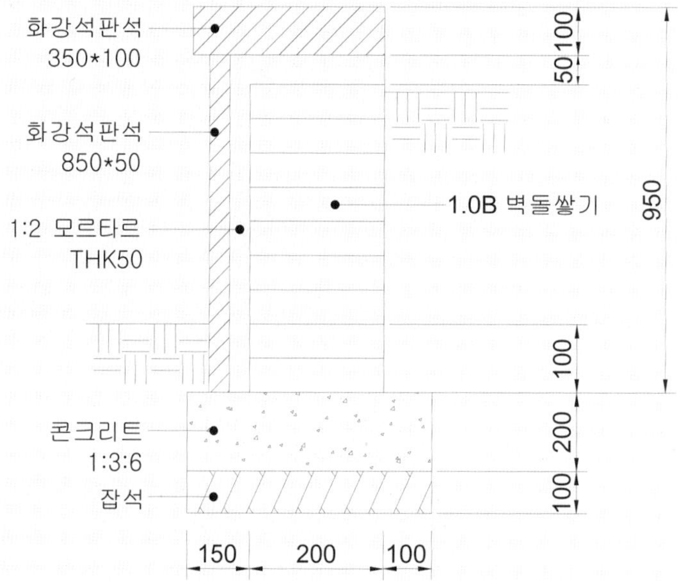

CHAPTER

9

지형 및 측량

제9장 지형 및 측량

01 지형

1-1 등고선

1) 등고선의 정의

등고선은 동등한 높이의 모든 점을 연결하여 평판 위에 그린 선이므로 등고선상의 모든 점은 높이나 깊이가 같다.

2) 등고선의 종류와 특징

① 주곡선 : 지형을 나타내는 데 기본이 되는 곡선이다.

② 계곡선 : 표고를 읽기 쉽게 하기 위해 주곡선 5개마다 1개씩 굵은 실선으로 표시한다.

③ 간곡선 : 산정 경사가 고르지 못한 완만한 경사지, 그 외에 주곡선만으로는 지모의 상태를 상세하게 나타낼 수 없는 경우에 표시하며, 주곡선 간격의 1/2 간격에 가는 긴 파선으로 나타낸다.

④ 조곡선 : 간곡선 간격의 1/2 거리로 간곡선만으로 지형의 상태를 충분히 나타낼 수 없는 불규칙한 지형에 가는 짧은 파선으로 표시한다.

종류와 기호 \ 축적		1/5,000, 1/10,000	1/25,000	1/50,000
계곡선	굵은 실선	25	50	100
주곡선	가는 실선	5	10	20
간곡선	가는 파선	2.5	5	10
조곡선	가는 점선	1.25	2.5	5

출처 : 조경적산 및 실무연습, 정용조, 한국조경신문, p176.

3) 등고선의 특성

- 같은 등고선상의 높이는 모두 같은 높이이다.
- 서로 다른 높이의 등고선은 절벽, 동굴을 제외하고는 교차하거나 폐합되지 않는다.
- 등고선은 등경사지에서는 등간격이며, 등경사 평면인 지형에서는 같은 간격의 평행선이 된다.

- 등고선은 도면 내 · 외에서 반드시 폐합된다.
- 등고선은 최종 폐합되는 경우 산정상이나 가장 낮은 요(凹)지에서 나타난다.
- 등고선 사이의 최단거리 방향은 그 지표면의 최대경사로서 등고선에 수직인 방향이며 강우시 배수방향이다.
- 등고선의 간격은 지형의 경사도를 반영하며 간격이 넓으면 완경사지이고, 좁으면 급경사를 이루는 지형이다.
- 등고선과 등고선 사이의 경사는 평경사를 이룬다고 가정한다.

4) 등고선 간격

- 등고선 간격은 등고선 사이의 연직거리, 즉 높이차를 말한다.
- 간격은 측량 목적, 지형 및 지도 축척 등에 따라 적당히 정한다.
- 간격을 좁게 취하면 지형을 정밀하게 표시할 수 있으나 소축척에서는 지형이 너무 밀집되어 도면에 확실하게 나타내기 어렵다.
- 대축척에서 등고선 간격은 대략 축척 분모의 1/2,000 정도로 한다.
- 지형 변화가 많거나 완경사지에서는 간격을 넓게, 지형 변화가 적거나 급경사지에는 간격을 좁게 한다.
- 구조물 설계나 토공량 산출에서는 간격을 좁게, 저수지 측량, 노선 예측, 지질도 측량의 경우에는 간격을 넓게 한다.

5) 등고선 변경

- 등고선 변경이란 지형 변경을 위해 등고선을 조작하는 지형설계이다.
- 등고선 조작을 절토, 성토 또는 절성토 모두를 할 것인지 결정한다.
- 절토시 등고선은 높은 쪽으로 이동한다.
- 성토시 등고선은 낮은 쪽으로 이동한다.
- 등고선의 연결 부위나 모서리는 곡선으로 표현한다.

① 절토에 의한 등고선 변경

- 먼저 지형도에서 평탄한 지역을 조성할 위치를 선택한다.
- 평탄지역을 지나가지 않는 낮은 방향의 가장 높은 등고선을 선택한 후 그것보다 약간 높게 계획고를 결정한다.
- 부지의 계획고보다 높은 등고선은 부지를 둘러싸도록 지형이 높은 쪽으로 이동한다.

- 부지 계획고 높이와 가까운 등고선부터 변경한다.
- 부지 경계선이 만나지 않을 때까지 계속 변경한다.

② 성토에 의한 등고선 변경

- 먼저 지형도에서 평탄한 지역을 조성할 위치로 선택한다.
- 평탄지역을 지나가지 않는 높은 방향의 가장 낮은 등고선을 선택한 후 그것보다 약간 낮게 계획고를 결정한다.
- 부지의 계획고보다 낮은 등고선은 부지를 둘러싸도록 지형이 낮은 쪽으로 이동한다.
- 부지의 계획고 높이와 가까운 등고선부터 변경한다.
- 부지의 경계선이 만나지 않을 때까지 계속 변경한다.

③ 절성토에 의한 등고선 변경

- 평탄지역을 통과하는 중간 등고선을 선택한 후 계획고를 정한다.
- 부지의 계획고보다 높은 등고선은 지형이 높은 쪽으로 이동한다.
- 부지의 계획고보다 낮은 등고선은 지형이 낮은 쪽으로 이동한다.

④ 옹벽 설치 시 등고선 변경

- 경사진 옹벽 : 옹벽의 경사도에 따라 옹벽의 외부면에 등고선이 조밀하게 생긴다.
- 수직인 옹벽 : 옹벽이 수직이므로 절벽과 같은 형태, 따라서 등고선 성질 중 예외에 해당하여 등고선이 수직인 옹벽만을 따라 겹침이 발생한다.

1-2 경사도

경사도＝수직거리(높이차)/수평거리×100(%)

02 측량

2-1 용어정리

- 수평면(Level surface) : 어떤 한 면 위에 어느 점에서든지 수선을 내릴 때 그 방향이 지구의 중력방향을 향하는 면이다.
- 수평선(Level line) : 지구의 중심을 포함한 평면과 수평면이 교차하는 선을 말하며, 모든 점에서 중력방향에 직각이 되는 선이다.

- 지평면(Horizontal plane) : 어떤 한 점에서 수평면에 접하는 평면을 말한다.
- 지평선(Horizontal line) : 어떤 한 점에서 수평면과 접하는 직선을 말한다.
- 지오이드(Geoid) : 평균 해수면으로 전 지구를 덮었다고 생각할 경우의 가상적인 곡면을 말한다.
- 기준면(Datum level) : 수준측량에서 높이의 기준이 되는 수준면을 말한다.
- 수준원면(Original Bench Mark, OBM) : 기준면으로부터 정확한 높이를 측정하여 기준이 되는 점을 말한다.
- 특별기준면 : 한 나라에서 떨어져 있는 섬의 경우 본국의 기준면을 직접 연결할 수 없으므로 그 섬 특유의 기준면을 사용한다.
- 표고 : 기준면으로부터 어떤 점까지의 연직거리(수직거리)를 말한다.
- 잔차(Residual) : 미지의 양을 측정한 최확값과 관측값의 차이를 말한다.
- 최확값 : 어떤 관측량에서 가장 높은 확률을 갖는 값을 말한다.
- 오차 : 측정값에서 참값을 뺀 차이로서 정오차와 우연오차, 착오로 구분된다.
  - 정오차 : 일정한 조건하에서는 항상 같은 방향과 일정한 크기로 생기며 원인을 알게 되면 제거할 수 있는 계통적 오차를 말한다.
  - 우연오차 : 정오차나 착오를 제외한 원인을 알 수 없거나 원인을 알았다 해도 어쩔 수 없이 발생하는 오차를 말한다. 이 오차는 빈번하게 (+), (−)방향에 거의 같은 수치로 오차가 생기는데 큰 오차는 일으키지 않는다.
  - 착오 : 관측 계산 및 야장 기입시에 잘못 취급하여 실수로 생기는 오차를 말한다.

2-2 수준측량

1) 개념

지구상에 있는 점들의 고저차를 측정하여 그 점들의 표고를 결정하거나 필요한 표고를 현장에서 측설(測設)하는 것을 말하는데, 고저측량 또는 레벨측량이라고도 한다. 이미 알고 있는 표고 기준점을 이용하여 원하는 지점의 표고성과를 산출하는 측량이다.

2) 수준측량의 용어

- 기준점(Datum Level) : 높이의 기준이 되는 수평면(평균 해수면)
- 수준점(Bench Mark) : 기준면으로부터 정확하게 측정해서 표시해 놓은 점
- 기계고(Instrument Height, IH) : 기준면에서 망원경 기준점까지의 높이

- 측점(Station) : 표척을 세워 시준하는 지점으로 기계를 세우지는 않는다.
- 후시(Back Sight, BS) : 기지점에 세운 표척을 읽는 값
- 전시(Fore Sight, FS) : 표고를 구하려는 점에 세운 표척을 읽는 값
- 이기점(Turning Point) : 전시와 후시의 연결점을 말하며, 이점이라고도 한다.
- 중간점(Intermediate Point) : 전시만을 취하는 점으로 표고를 관측할 점을 말하며, 그 점에서 오차가 발생하더라도 측량할 다른 지역에 전혀 지장을 주지 않는다.
- 지반고(Ground Height, GH) : 지점의 표고

3) 두 지점의 고저차 계산

고저차=후시(BS)−전시(FS)

4) 직접 수준측량의 적당한 시준거리

- 아주 높은 정확도의 수준측량 : 40m
- 보통 정확도의 수준측량 : 50~60m
- 기타 수준측량 : 30~60m

5) 야장기입법

- 고차식 야장법 : 전시의 합과 후시의 합의 차이로서 고저차를 구하는 방법
- 기고식 야장법 : 현재 가장 많이 사용하는 방법으로 중간시가 많을 때 이용되며, 종 · 횡단측량에 널리 이용되지만 중간시에 대한 완전검산이 어렵다.
- 승강식 야장법 : 후시값과 전시값의 차가 +이면 승란에 기입하고, −이면 강란에 기입하는 방법이며, 완전검산이 가능하지만 계산이 복잡하고 중간시가 많을 때는 불편하며 시간 및 비용이 많이 소요되는 단점이 있다.

2-3 평판측량

1) 개념

- 평판을 삼각의 상부에 고정시켜 세우고 도지를 붙인 후 앨리데이드(시준기)를 사용하여 방향을 정함과 동시에 지물까지의 거리를 측정하여 현장에서 직접 도시하는 방법이다.
- 측량 구역이 크지 않을 경우 세부측량, 특히 지형측량에서 많이 이용되고 있다.

2) 특징

- 높은 정밀도는 기대할 수 없다.

- 기기(器機)가 가벼워 작업하기 용이하다.
- 가격이 저렴하다.
- 작업이 빠르고 잘못된 부분을 즉시 수정할 수 있다.
- 과오나 측량 누락이 거의 없다.
- 야외작업에 시간이 걸리고, 우천 시 측량할 수 없다.

3) 평판 설치

① 설치 순서 : 수평맞추기(정준) → 중심맞추기(구심) → 방향 및 추기(표정)

② 정준(整準)

삼각의 두 다리를 측량하기 좋은 높이 정도로 벌려서 수평이 되도록 한 다음 제3의 다리를 조정하여 직각방향으로 수평맞추기를 여러 번 반복하면서 완전한 수평을 얻는다.

③ 구심(求心)

판상의 점과 측점이 일치하는지 확인하는 것으로 평판상의 점과 지상점을 연직추를 통해 연직선상에 맞춘다.

④ 표정(標定)

평판을 일정방향으로 고정시키는 것으로, 자침으로 방향 맞추기, 축선의 끝점 · 중간점에서 방향맞추기 등을 말한다.

4) 측량방법

① 방사법

- 넓은 지역에서 시야의 막힘이 없을 때 사용한다.
- 시거측량이나 줄자를 이용하여 거리를 잰다.
- 측량하기는 쉬우나 오차를 검사할 방법이 없다.

② 전진법

- 측점에서 측점으로 차례대로 방향과 거리를 관측하여 전진하면서 도상에서 트래버스를 만들어가며, 도중에 미리 관측한 점들을 시준하여 오차도 검사할 수 있는 방법이다.
- 도로나 시가지, 삼림지대와 같은 한 측점에서 많은 측점의 시준이 안 될 때나 측량구역이 길고 좁은 지역 또는 측량할 지역 안에 장애물이 많아 방사법에 의한 측량이 불가능할 때 사용한다.
- 평판을 옮기는 횟수가 많으므로 시간이 많이 걸린다.

③ 교회법(교선법)

- 2개 또는 3개의 기지점(旣地點)에서 방향선을 그어 그 교점에서 미지점(未地點)의 위치를 도상에서 결정하는 방법이다.
- 미지점의 위치를 구하는 방법에 따라 전방교회법, 측방교회법, 후방교회법이 있다.
- 방향선과 교각은 90° 내외가 좋으며, 가급적 30~150° 범위 내로 한다.

5) 장점

- 현장에서 직접 지도가 그려지므로 측량에서 빠지거나 이중으로 측정되는 일은 없다.
- 조사선에 의하여 오차를 쉽게 발견할 수 있다.
- 야장을 기입할 필요가 없어 야장기입에 의한 오차가 발생하지 않는다.
- 측량 방법이 간단하며, 계산이나 제도 등의 내업이 적으므로 작업이 빠르게 이루어진다.
- 접근이 어려운 측점도 교회법으로 위치를 결정할 수 있다.

6) 단점

- 부속품이 많아 가지고 다니기 불편하고, 분실하기 쉬우며, 분실시 작업이 불가능하다.
- 대부분 외부에서 일을 하기 때문에 비가 오거나 날씨가 좋지 않으면 작업이 불가능하다.
- 흐린 날씨에 습기가 있으면 도지가 늘어나 오차가 발생할 수 있다.
- 야장을 기입하지 않기 때문에 현장에서 계산이 필요할 때 불편하고, 전체적으로 정밀도가 떨어진다.
- 도면 축척의 변경이 용이하지 않다.

2-4 삼각측량

1) 개념

서로 멀리 떨어진 각각의 지점에서 각도를 관측하여 각각의 위치관계를 수치적으로 정하는 측량방법이다.

2) 특징

- 몇 개의 기선만 있으면 관측하는 곳에서부터 실제 척도를 나타내는 상대 위치가 얻어지며, 인접 삼각점 사이를 볼 수만 있다면 중간지형에는 거의 영향을 미치지 않는다.
- 넓은 지역에서 기준점을 배포하기 위한 기준점측량에 가장 적당하다.

3) 종류

- 측지학적 측량 : 지구의 곡률을 고려하여 측정
- 평면삼각 측량 : 지구의 곡률을 고려하지 않고 평면으로 간주하여 측정

2-5 다각측량

1) 개념

- 기준이 되는 측정점을 연결하는 기선의 길이와 그 방향을 관측하여 측점의 위치를 결정하는 방법이다.
- 골조측량(骨組測量, 기준점측량)의 하나이다.
- 트래버스 측량이라고도 한다.

2) 특징

- 삼각측량과 함께 골조측량의 주요한 방법이다.
- 먼 거리를 내다보지 않고도 측량할 수 있으므로 시가지 내에서의 측량이나 도로의 중심선측량 등에 많이 사용된다.
- 정밀도가 좋은 광파거리 측정기 출현으로 각측정(角測定)과의 정밀도 차이는 거의 없어졌다.

3) 종류

① 개방다각측량

- 기지점에서 시작하여 미지점에 연결되는 방법이다.
- 정확도가 낮은 측량이다.
- 노선측량의 답사에 편리하다.

② 결합다각측량

- 기지점에서 시작하여 기지점에 연결되는 방법이다.
- 정확도가 가장 높다.
- 대규모 정밀측량에 적용된다.

③ 폐합다각측량

- 어떤 측정점에서 시작하여 차례로 측량한 후 다시 출발점으로 되돌아오는 방법이다.
- 측량결과를 점검할 수 있다.

- 소규모 토지의 기준점을 결정하는데 사용할 수 있어 조경 분야 같은 소규모 부지를 대상으로 하는 측량에 효과적이다.

④ 다각망측량

위의 여러 가지 방법을 필요에 따라 그물망으로 연결한 방법이다.

2-6 좌표, 측점, 규준틀

1) 좌표

- 직선 · 평면 · 공간에서 점의 위치를 나타내는 수의 짝을 가리킨다.
- 단지 내의 모든 구조물이나 시설물의 위치를 실제의 지형과 연관성을 갖도록 도면에 표시하는 방법이다.
- 일반적으로 기준선은 남북, 동서로 향하고 서로 수직이며, 이것이 정남북, 정동서를 가리키지 않더라도 편의상 동서, 남북좌표의 기준으로 삼는다.

2) 측점

- 측량할 때 기준이 되는 점을 말한다.
- 도로와 하수도의 직선적인 구조물 위치를 평면적으로 표시하는데 이용된다.
- 측점의 기본거리는 20m, 100m, 1,000m로 한다.
- 경사변화점, 곡선부 시작점, 곡선부 종점 등 주요 지점에는 측점번호와 해당 지점까지의 분할거리를 표시해야 한다.

3) 규준틀

- 건물의 위치와 높이, 땅파기 너비 등을 표시하기 위한 가설물을 말한다.
- 수평규준틀과 세로규준틀로 구분된다.
- 규준틀의 재료는 통나무 또는 각목을 많이 사용한다.
- 조적공사에는 대부분 세로규준틀이 많이 사용된다.
- 세로규준틀의 설치 위치는 건물 모서리, 교차부, 벽이 긴 경우는 벽 중앙에 설치한다.
- 수평규준틀은 시공하고자 하는 시설물의 끝단 바깥쪽으로 말뚝을 박고 원하는 높이로 가로장목을 설치한 후 양쪽 가로장목 위에 못으로 끝단을 연결하는 수평선을 고정하기 위한 지점을 설치한다.

2-7 축척

- $축척 = \frac{1}{m} = \frac{도상거리}{실제거리} = \frac{화면상거리}{실제거리} = \frac{초점거리}{고도}$

  $(축척)^2 = (\frac{1}{m})^2 = \frac{도상면적}{실제면적}$

연습문제

01 1/25,000 축척의 지형도에서 계곡선과 계곡선의 등고선 간격은?

02 1/50,000 지형도에서 주곡선의 간격은?

03 지형도에서 등고선이 높아질수록 밀집되어 있으며, 반대로 낮은 등고선에서는 간격이 멀어져 있는 것은?

04 등고선의 성질에 대하여 기술하시오.

05 학교 운동장의 한쪽 끝에서 다른 쪽 끝까지의 수평거리가 80m인 곳에 한쪽은 다른 한쪽 끝보다 4m가 더 높다. 이때 이 운동장의 경사도는 얼마인가?

06 등고선상의 높이가 각각 98.1m와 107.6m인 두 지점 사이의 수평거리가 400m라면, 높이차 1m의 수평거리는 몇 m인가?

07 A, B점의 표고가 각각 118m, 145m이고, 수평거리 250m이며, A B 사이가 등경사일 때 A점에서 표고 130m까지의 수평거리는 몇 m인가?

08 축척 1/1,200 지도상의 면적을 잘못하여 축척을 1/1,000로 보고 10,000m^2를 구하였다면 실제면적은 몇 m^2인가?

09 지형을 측량하였을 때 고저기준점의 표고가 10.24m라 하고 기계고를 1.62m라 한다. 다시 그 지점에서 표고 9.5m인 지점을 시준한다면 표척 시준고는 몇 m인가?

10 수준측량을 실시한 결과 기준점의 후시(B, S)가 2.213m, 측정으로부터의 미지점의 전시(F, S)가 1.897m를 얻었다. 이때 기계고(I, H)와 미지점의 지반고(G, H_1)는 각각 몇 m인가?(단, 기준점의 지반고는 50.0m이다.)

11 수준측량에서 다음 용어에 대하여 기술하시오.

① 수평선

② 수준선

③ 기준면

④ 수준점

12 다음 용어에 대하여 기술하시오.

① 후시(B.S)

② 전시(F.S)

③ 지반고(G.H)

④ 기계고(I.H)

13 평판측량법 중에서 도로나 시가지, 삼림지대와 같은 한 측점에서 많은 측점의 시준이 안 될 때나 길고 좁은 지역의 측량에 주로 이용되는 방법은?

14 어느 한 측점에서 출발하여 측점의 방향과 거리를 측정하고, 평판을 옮겨 차례로 이동하면서 최종측점에 도착시키는 방법으로 측량지역 내에 장애물이 많은 곳에 적당한 방법은?

15 지형을 측량하였을 때 고저기준점의 표고가 10.24m라 하고, 기계고를 1.62m라 한다. 다시 그 지점에서 표고 9.5m인 지점을 시준한다면 표척시준고는?

16 세로규준틀이 많이 쓰이는 공사는?

CHAPTER

10

콘크리트공사

제10장 콘크리트공사

01 거푸집

1) 거푸집공사

① 거푸집 고려하중

- 보, 바닥판 밑면 : 생콘크리트의 중량, 작업하중, 충격하중
- 기둥, 벽, 보 옆 : 생콘크리트 중량, 생콘크리트 측압

② 거푸집 조립순서

기초 → 기둥 → 내벽 → 큰보 → 작은보 → 바닥 → 외벽

③ 거푸집 부속재료

- 격리재 : 거푸집 상호 간의 간격을 유지하거나 오그라드는 것을 방지하기 위해
- 간격재 : 철근과 거푸집의 간격을 유지하기 위해
- 긴장재 : 거푸집의 형상을 유지하거나 벌어지는 것을 방지하기 위해
- 박리재 : 콘크리트와 거푸집의 박리를 쉽게 하기 위해 중유, 석유, 동식물유, 아마인유, 파라핀, 합성수지 등을 사용한다.

④ 거푸집의 종류

종 류	특 징
유로 거푸집 (Euro Form)	• 종래의 나무 Form을 개선하여 내수합판과 경량 Frame으로 제작한 것이다. • 조립해체가 간단하고, 별도의 장비 없이 조립이 가능하다. • 한 가지 형태의 패널로 벽, 슬래브, 기둥의 조립이 가능하다.
슬라이딩 폼 (Sliding Form)	• 수직 활동 거푸집으로 연속타설로 일체성을 확보할 수 있다. • 거푸집 높이 1m 정도로 요오크(Yoke)로 끌어올린다. • 비계발판이 필요 없다. • 공기가 약 1/3 정도 단축되며, 자재 및 인력절감이 가능하다. • 단면형상의 변화가 없는 곳에 사용된다. • 돌출부가 없는 굴뚝, 사일로(Silo), 교각, 빌딩의 코어 부분에 사용된다.

출처 : 건축기사 4주 완성, 남재호 외, 한솔아카데미, p242.

⑤ 거푸집 면적 산출방법

- 기둥은 기둥둘레길이×기둥높이
- 벽=(벽면적－개구부면적)×2
- 기초
  - θ<30° 경우(30° 미만인 경우) : 기초 주위의 수직면 거푸집만을 계산한다.
  - θ≥30° 경우 : 경사면 거푸집을 계산한다.
- 보=(기둥간 내부길이×바닥판 두께를 뺀 보 옆면적)×2
- 바닥은 외벽의 두께를 뺀 내벽간 바닥면적을 계산한다.
- 1m^2 이하의 개구부는 주위의 사용재를 고려하여 거푸집 면적에서 공제하지 않는다.
- 기둥 거푸집 면적 산정시 기둥 높이는 상하층 바닥 안목 간의 높이를 적용한다.
- 기초와 지중부, 기둥과 벽체의 접합부 면적은 거푸집 면적에서 공제하지 않는다.

[그림 29] 거푸집 설치 및 해체

02 콘크리트공사

1) 콘크리트 배합 및 강도

① 배합의 정의

- 콘크리트를 만드는 각 재료의 비율 또는 사용량을 말한다.
- 배합에 사용되는 골재는 표면건조 포화상태이어야 한다.

② 배합의 종류

종 류	내 용
절대용적 배합	• 시멘트, 물, 골재를 콘크리트 $1m^3$당 절대용적(L)으로 표시한 배합 • 배합의 기본이고, 가장 중요한 요소이다.
표준계량용적 배합	• 콘크리트 $1m^3$당 재료량을 시멘트는 포대수를, 골재는 다져진 상태의 표준적인 용적으로 표시한 배합
현장계량용적 배합	• 콘크리트 $1m^3$당 재료량을 시멘트는 포대수를, 골재는 보통 현장계량 용적(m^3)에 의해 다져지지 않은 상태의 용적으로 표시한 배합
중량배합	• 시멘트, 물, 골재를 콘크리트 $1m^3$당 중량(kg)으로 표시한 배합 • 가장 많이 사용되는 배합

③ 물 · 시멘트비(W/C)

- 콘크리트에 들어가는 물과 시멘트의 양을 나타내는 것으로 중량 기준의 비율(%)
- 물 · 시멘트비는 요구되는 콘크리트 강도와 내구성을 고려하여 정한다.
- 콘크리트 수밀성을 고려한 물 · 시멘트비는 55~60% 정도이다.
- 단위수량은 포장콘크리트의 경우에는 150kg 이하로 하고, 댐콘크리트의 경우에는 120kg 이하를 표준으로 한다.
- 단위시멘트량은 철근콘크리트의 경우 300kg 이상으로 하고, 포장콘크리트의 경우에는 280~340kg 정도를 표준으로 한다.
- 물 · 시멘트비(W/C)와 압축강도는

$$\delta_{28} = -210 + 215\frac{C}{W}$$

δ_{28} : 28일 압축강도
C : 시멘트
W : 물

④ 콘크리트 강도

• 강도의 종류

종 류	내 용
압축강도	• 콘크리트강도라 하면 일반적으로 압축강도를 말한다. • 콘크리트의 혼합시간이 길어지면 압축강도는 증가한다. • 진동기로 진동을 줄 경우 콘크리트 속의 기포가 적어지며 치밀한 콘크리트가 된다. • 취성계수(脆性係數)란 압축강도와 인장강도의 비를 말하며, 압축강도가 클수록 취성계수는 증가한다.
인장강도	• 인장강도는 압축강도의 약 1/8~1/13 정도이다. • 콘크리트를 건조시키면 습윤상태의 콘크리트보다 인장강도가 저하된다.
휨강도	• 파괴계수라고도 하며, 압축강도의 1/5~1/8 정도이다.

⑤ 콘크리트 균열

㉠ 균열의 종류

수축균열, 온도균열, 하중에 의한 휨균열 등이 있다.

㉡ 균열의 요인 및 대책

• 건조수축의 경우 일반적으로 균열이 발생할 수 있으며, 수축속도가 빠를수록 발생하기 쉬우므로 서서히 건조시키고, 5~6m마다 줄눈을 설치하거나, 철근을 조밀하게 배치하여 균열을 분산시켜 준다.

• 온도균열을 위해서는 온도차를 적게 한다.

• 단위시멘트량을 적게 한다.

• 수화열이 낮은 시멘트를 사용한다.

• 1회 타설 높이를 낮게 한다.

• 수축줄눈을 설치한다.

2) 콘크리트 슬럼프 시험(slump test)

• 콘크리트 슬럼프 시험은 콘크리트의 반죽질기를 측정하는 시험방법 중 하나로, 슬럼프 시험을 했을 때 콘크리트가 내려앉은 치수를 cm로 나타낸 것(슬럼프 값)을 측정하는 시험이다.

• 다짐봉은 지름 16mm, 길이 500~600mm의 강제 또는 금속제 원형봉으로 그 앞 끝을 반구모양으로 한다.

• 슬럼프 콘은 윗면의 안지름이 100mm, 슬럼프 콘의 밑면의 안지름은 200mm이다.

- 슬럼프 콘의 각 층을 다짐대로 25회씩 단면 전체에 골고루 다진다.

3) 콘크리트 내부진동기 사용방법

- 1개소당 진동시간은 5~15초로 한다.
- 내부진동기는 연직으로 찔러 넣으며, 삽입간격은 0.5m 이하로 하는 것이 좋다.
- 재진동을 할 경우는 초결이 일어나기 전에 실시한다.
- 다짐에는 내부진동기 다짐, 봉다짐, 거푸집 진동다짐 등이 있는데, 내부진동기 다짐을 원칙으로 한다.
- 내부진동기는 콘크리트 속 10cm 정도, 지름 50cm 간격마다 수직으로 삽입하며, 다짐시간은 콘크리트의 윗면에 페이스트가 떠오를 때까지 (5~15초)한다.
- 진동기를 뺄 때는 구멍이 남지 않도록 천천히 빼고, 횡방향으로 사용해서는 안 된다.

4) 콘크리트 양생

① 양생의 기본요건

- 성형된 콘크리트에 물을 충분히 공급해야 한다.
- 적절한 온도를 유지해야 한다.
- 성형된 콘크리트에는 진동충격을 피한다.
- 살수 반복, 비닐, 시트, 가마니 등을 피복하여 수분증발을 방지한다.

② 양생방법의 종류

종 류	특 징
습윤양생	• 수중 또는 살수로 양생하여 습윤상태를 유지한다.
증기양생	• 단기간에 강도를 얻기 위해 고온이나 고압증기로 양생한다. • 거푸집을 빨리 제거하고 단시일에 소요강도를 낼 수 있다. • PC제품이나 한중콘크리트에 적합하며, 가장 많이 사용된다.
전기양생	• 저압 교류를 통하여 전기저항에 열을 이용한 것이다. • 철근부식 및 부착강도가 저하될 수 있다.
피막양생	• 표면에 피막보양제를 뿌려 수분증발을 방지하는 것이다. • 포장콘크리트 양생에 적합하다.
고주파양생	• 거푸집과 콘크리트 윗면에 철판을 놓고 고주파를 흐르게 하여 양생하는 것이다.
고압증기양생	• 대기압이 넘는 압력용기에서 양생하는 것이다. • 24시간에 28일 강도를 발현한다. • 건조수축이 감소되고 내구성이 좋아진다.

③ 양생에 영향을 주는 요소

양생온도, 습도, 양생 중의 진동 · 충격 · 과대하중 등이 있다.

④ 양생기간

- 습윤양생을 기준으로 한다.
  - 보통 포틀랜드 시멘트 : 5~7일
  - 조강 포틀랜드 시멘트 : 3~5일

연/습/문/제

01 거푸집 조립순서는?

02 다음 거푸집 부속재료의 기능에 대하여 기술하시오.

[격리재, 간격재, 긴장재, 박리재]

03 유로 거푸집의 특징에 대하여 기술하시오.

04 거푸집 면적 산출방법에 대하여 기술하시오.

05 다음의 특징을 가진 배합 종류는?

[시멘트, 물, 골재를 콘크리트 1m^3당 절대용적(L)으로 표시한 배합이며, 배합의 기본이고, 가장 중요한 요소이다]

06 다음의 콘크리트 강도에 대하여 기술하시오.

[압축강도, 인장강도, 휨강도]

07 골재 균열의 요인 및 대책에 대하여 기술하시오.

08 콘크리트 슬럼프 시험(slump test)에 대하여 기술하시오.

09 콘크리트용 내부진동기 사용방법에 대하여 기술하시오.

10 양생의 기본 요건은 무엇이 있는가?

11 양생방법 중 「습윤양생, 증기양생, 피막양생」의 특징을 각각 쓰시오.

CHAPTER

11

관개 및 배수공사

제11장 관개 및 배수공사

01 관개시설

1-1 관개시설

1) 토양수

- 토양수분의 상태를 나타내기 위해 식물생육 측면에서는 토양입자에 끌리는 힘에 따라 토양수를 결합수, 흡수수, 모세관수, 중력수로 구분한다.
- 결합수
  - 토양 중 화합물의 한 성분으로 되어 있는 수분으로 화합수라고도 한다.
  - 토양을 100~110℃로 가열해도 분리되지 않고 pF가 7.0 이상인 수분으로서 식물에는 흡수 · 이용될 수 없다.
- 흡수수
  - 건조한 토양을 습도가 높은 공기 중에 두었을 때 분자 간의 인력에 의하여 토양입자의 표면에 흡착되는 물이다.
  - 식물이 이용할 수 없는 물이다.
- 모세관수
  - 토양내 물이 흡착되어 그 물의 두께가 커지고, 다시 물의 양이 많아지면 토양입자와 입자 사이의 작은 공극, 즉 모세관에도 물이 채워지는데, 이 물이 모세관수이다.
  - 표면장력에 의해 흡수 · 유지된다.
  - 식물이 주로 이용하는 물이다.
- 중력수
  - 모세관을 채우고 남은 물이 비모세관 공극으로 옮겨져 중력에 의해 흘러내리는 유리수이다.
  - 토양 내 양분을 유실시키는 원인이 되기도 한다.

2) 유효수분

- 영구위조점에서 포장 용수량까지의 수분을 말한다.
- 일시위조점(초기위조점)이란 토양수분이 점차 감소됨에 따라 식물이 시들기 시작하는 수분량을 말한다.
- 영구위조점이란 초기위조점을 넘어 계속해서 수분이 감소되면 포화습도의 공기 중에 두더라도 시든 식물이 회복되지 않는 것을 말하며, 토양유효수분 하한이 된다.
- 영구위조점의 수분함량은 토양에 따라 다른데, 사토(沙土)는 2~3%, 식토(埴土)는 20% 정도이다.
- 비가 멈추거나 관수 후에 일정시간이 경과하면 토양의 비모세관 공극을 채우고 있는 중력수가 빠져나가고 모세관 공극을 채운 물만 남게 되는데, 이것을 포장 용수량이라 하며, 토양이 중력을 견뎌 저장할 수 있는 최대 수분함량으로 유효수분의 상한이 된다.

3) 살수요구량

- 살수요구량은 수시로 변하는데, 불확정성을 가지므로 관련 자료의 안정성을 고려하여 1개월을 기준으로 한다.
- $\text{살수요구량} = \dfrac{\text{증발산율} \times \text{식물계수} \times \text{실효강수량}}{\text{살수효율성}}$

4) 살수관개시설 압력손실 요인

급수계량기, 관벽의 마찰, 접합부 및 연결부, 밸브 등에 의한 마찰과 관수점과 급수점의 고저차이, 살수기가 요구하는 압력 등 다양한 요인에 의해 압력손실이 생긴다.

1-2 살수기

1) 살수기 선정 시 유의사항

- 동일한 관로 내에는 다른 종류의 스프링클러 헤드를 혼합해서 사용하지 않도록 한다.
- 단일 관로상에는 반드시 각 헤드당 커버율이 동일한 것을 사용한다.
- 스프링클러의 관로는 첫 번째 헤드와 마지막 헤드에서의 수압이 규정된 범위 내에 있도록 해야 한다.
- 적절한 성능의 관수능력을 발휘하기 위해서 스프링클러의 압력변동률이 10% 이내로 유지되도록 해야 한다.

2) 살수기의 종류와 특징

살수기 종류	특 징
분무살수기	• 고정된 동체와 분무공만으로 이루어진 가장 간단한 살수기이다. • 살수형태는 정방형, 거형, 원형, 분원형 등으로 다양하다. • 비교적 다른 살수기보다 저렴하다. • 모든 형태의 관개시설에 이용될 수 있다. • 낮은 수압(1~2kg/cm^2)에서 25~50mm/hr의 관수가 요구될 때 효과적으로 사용된다.
분무입상살수기	• 지표면과 같은 높이에 있다가 살수가 시작되면 동체가 입상관에 의해 분무공이 지표면으로 올라오도록 장치되어 있다. • 살수시 길게 자란 잔디에 의하여 관수가 방해되는 것을 막을 수 있다. • 관수가 끝나면 분무공이 지표면과 같은 높이로 유지되므로 잔디깎기가 용이하다.
회전살수기	• 살수를 위하여 1개 또는 여러 개의 분무공을 갖춘 살수기이다. • 원형이나 분원형으로 살포되며, 살수기를 회전시키기 위해 분사작용, 충격작용, 마찰운동, 진동운동에 의한 4개의 조작기능이 있다. • 좁거나 넓은 지역의 관개를 위해 널리 사용되지만 특히 넓은 잔디지역에 사용하는 것이 효과적이다. • 높은 수압(2~6kg/cm^2)에서 2.5~12mm/hr의 낮은 비율로 살포된다.
회전입상살수기	• 살수기에 회전 및 입상기능이 복합된 것으로 관로에 물이 흐르면 동체로부터 분무공이 올라와서 살수된다. • 대규모의 자동살수 관개조직에 가장 많이 이용되고 있다. • 가장 높은 압력에서 작동되며, 살수범위가 가장 넓은 살수기이다.
특수살수기	• 특수한 경우에 사용되는 살수기로 분류살수기, 거품식살수기, 점적식살수기 등이 있다. • 분류살수기는 작은 물줄기로 물을 살포한다. 바람의 영향을 적게 받으며, 낮은 압력하에서도 작동하지만 살수상태가 균일하지 않으므로 잔디지역에는 좋지 않다. • 거품식살수기는 물이 식물 잎에 직접적으로 접촉되지 않도록 하기 위해 사용된다. • 점적직살수기는 에미터(emitter)를 사용하는 살수기로서 각 수목이나 지정된 지역의 지표 또는 지하에 특수한 구조의 분사구를 통하여 낮은 압력수를 일정 비율로 서서히 관개하는 방법이다. ▶ 에미터(emitter) : 트랜지스터에서 캐리어(전자 또는 정공)를 주입하는 부분

출처 : 조경기사 · 산업기사, 이승원, 성안당, 2013, 저자 재작성.

3) 밸브의 종류와 특징

밸브의 분류	밸브의 종류	특징
수동조절 밸브	구체밸브	• 쉽게 수리할 있다. • 압력과 흐름을 쉽게 조절할 수 있다.
	게이트밸브	• 구체밸브보다 저렴하다. • 모래나 이물질에 의해 쉽게 막힐 수 있어 유지관리에 어려움이 있다.
	급연결밸브	• 압력이 작용하고 있는 관로에 신속히 연결하여 빠른 시간 내에 관수하기 위해 사용된다. • 가반식 살수기와 함께 수동적 관개를 위한 목적으로 사용된다.
원격밸브		• 중앙조절장치에서 물을 자동으로 개폐하여 관개하는 밸브이다. • 원격조절의 에너지는 전력이나 수력압을 이용한다.
방향조절 밸브	차단밸브	• 수압이 제거되었을 때 관로 내의 물이 배수되는 것을 막는데 가장 많이 사용된다.
	대기진공밸브	• 관로 내의 물이 역류하여 발생하는 상수도의 오염을 막기 위해 사용되는 밸브이다.
	공기배출밸브	• 관로 내부에 발생된 공기를 배출하기 위한 밸브로 관로 내부의 높은 지점에 설치하여 공기를 배출함으로써 공기에 의한 충격과 마찰손실을 감소시키는 역할을 한다

출처 : 조경기사 · 산업기사, 이승원, 성안당, 2013, 저자 재작성.

4) 파이프의 종류와 특징

종 류	특 징
강관	• 주철관보다 연성 및 내충격성이 우수하다. • 외압이 큰 관로나 연약지반의 관로에 적합하다. • 수명이 약 15년 정도이며, 관 내에 발생하는 녹이나 이물질로 인하여 노즐이 손상되거나 수송능력이 50%까지 감소될 수 있다.
염화비닐관 (PVC관)	• 플라스틱관은 값이 저렴하고, 가벼우며, 부식이 되지 않으므로 내구성이 높아 주거지역이나 상업지역의 관수시스템에 많이 사용된다. • 경량이며, 내식성, 내전식성이 높으며, 내면이 매끄럽고 마찰저항이 적다. • 연약지반이나 수압이 낮게 작용하는 곳에 사용하면 좋다. • RP형의 경질 염화비닐관은 신축성과 가소성이 우수하다. • 강관에 비하여 강도가 낮고, 수격압이나 높은 압력에 쉽게 파괴될 수 있다.

종 류	특 징
폴리에틸렌관	• 염화비닐관보다 경량이며, 내식성이 좋다. • 한랭지 배관에 많이 사용되며 충격에 견디는 힘과 산과 알칼리에 견디는 힘이 강하고, 길이를 직선으로 배관할 때 접합개소가 적은 이점이 있다. • 저압이 작용하는 관로에 적합하다. • 염화비닐관보다 강도가 낮아 쉽게 파괴될 수 있으므로 주로 지선이나 압력이 낮은 곳에 사용된다.
콘크리트관	• 중량이 크고, 내식성이 좋다. • 원심력 철근콘크리트관은 이음매의 신뢰도가 다른 관에 비하여 낮으므로 저압의 파이프라인에 적합하다. • 코어식 프리스트레스트 콘크리트는 이음매의 신뢰도가 낮으나 비교적 내·외압이 큰 파이프라인에 적합하다.

출처 : 조경기사·산업기사, 이승원, 성안당, 2013, 저자 재작성.

5) 살수기 배치

• 스프링클러 헤드의 간격은 각 헤드의 관수지역이 반드시 겹치도록 해야 한다.

• 균등하게 살수되도록 배치한다.

• 균일한 살수율을 얻기 위해 살수작동 직경의 60~65%로 배치하는 것이 일반적이다.

• 살수압력이 증가하면 살수기의 살포직경이 커지고, 살수도형은 더욱 균등해지는 경향이 있다.

• 정방형(정사각형) 배치는 일상적인 풍속 조건에서 살수기의 설치간격은 지름의 50%로 한다.

• 삼각형 배치는 정방형(정사각형)의 배치보다 더 좋은 균등계수를 얻을 수 있으며, 살수기의 열간격은 살수기의 87% 정도로 배치하는 것이 적합하다.

6) 살수강도

• 우리나라 환경에서의 적정 살수강도는 10mm/hr 정도이다.

• 살수강도를 결정하는데 영향을 주는 요인은 토양의 흡수력, 식물의 살수요구량, 공급수량을 살수하는 시간계획 등이다.

• 20년 혹은 30년 갈수기를 고려하여 용수개발량을 결정하며, 수목 및 잔디의 1일 소요수분량을 기준으로 살수강도를 정한다.

• 살수강도는 기본적으로 토양의 침투능력보다 크게 해서는 안 되며, 살수도중에 증발손실이 적게 되도록 허용한계강도 범위 내에서 가능한 한 크게 하여야 한다.

• 잔디와 관목에 요구되는 강수량은 다음과 같다.

– 보통 기후 : 1주일에 약 25mm 정도

- 건조하고 더운 기후 : 1주일에 약 45mm 정도
- 보통 기후조건에서 골프장의 그린 및 페어웨이 : 각각 1주일에 50mm, 25mm 정도

02 배수공사

배수계통 결정은 구역의 지형특성 및 토지이용과 배수목적을 고려하여 결정한다.

2-1 배수계통

1) 직각식

- 계획지역에 하천이 관류하고 있을 때 배수지역의 하수를 하천에 직각으로 연결되는 하수관거로 배출시키는 방식이다.
- 하수배출이 용이하다.
- 구축비가 적게 든다.
- 비교적 토구의 수가 많아지므로 수질오염의 우려가 있다.

2) 차집식

직각식에서 토구의 수가 많아지므로 수질오염의 우려가 있는 것을 개선하기 위한 형식으로 합류식 하수도에서 우천시는 하천으로 방류되지만 그렇지 않는 기간에는 차집거로 하수를 모은 다음 하류에 위치한 하수처리장까지 유하시켜 처리한 후 방류하는 방식이다.

3) 선형식

지형이 한 방향으로만 집중되어 경사를 이루거나 하수처리 관계상 전체 지역의 하수를 어떤 한정된 장소로 집중시키지 않으면 안 될 경우에 그 배수계통을 나뭇가지형으로 배치하는 방식이다.

4) 방사식

- 배수지역이 광대하여 하수를 한 곳으로 모으기 곤란할 때 배수지역을 여러 개로 구분하고 배수구역별로 외부 방사형으로 배관하여 집수된 하수는 각 구역별로 별도처리하는 방식이다.
- 관로의 길이가 짧고 작은 관경을 사용할 수 있기 때문에 공사비를 절감할 수 있다.
- 하수처리장이 많아지고, 부지경계를 벗어난 곳에 시설을 설치해야 하는 부담이 있다.

5) 평행식

- 부지의 지형이 일정한 경사를 이루고 있어서 높은 지점과 낮은 지점의 높이차가 심한 경우 부지를 고지구와 저지구로 구분하여 별도로 배관하는 것이 유리하다.
- 고지구의 하수는 자연적으로 유하되도록 할 수 있으며, 낮은 지구의 하수는 펌프로 배수하게 된다.

6) 집중식

- 사방에서 한 지점을 향해 집중적으로 하수가 흐르게 한 다음 목적지점으로 압송하거나 지형이 낮은 지구의 하수를 중계펌프장으로 집중시켜 양수하여 배수시킬 수 있다.
- 저지대의 배수를 위해 사용된다.
- 침수 우려가 있으며, 강제배제방식을 취하므로 비효율적이다.

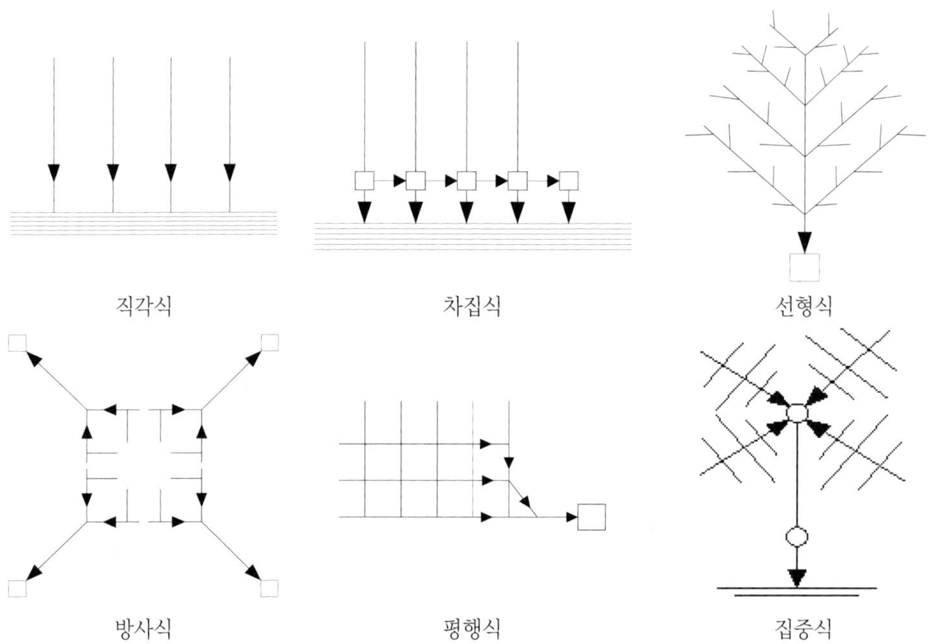

[그림 30] 배수계통

출처: 이승원, 조경기사 · 산업기사, 2016, 저자 재작성.

2-2 배수시설 설계

1) 유속의 표준

- 오수관거 : 0.6~3.0m/sec

- 우수관거 및 합류식 관거 : 0.8~3.0m/sec
- 이상적 유속 : 1.0~1.8m/sec

2) 구배(기울기)

관거 이외의 배수시설 기울기는 0.5% 이상으로 하는 것이 바람직하다. 다만, 배수구가 충분한 평활면의 U형 측구일 때는 0.2% 정도까지 완만하게 할 수 있다.

3) 수문방정식

유입량=유출량+저류량

4) 우수유출량

- $Q = \frac{1}{360} CIA$

Q : 우수유출량(m^3/sec)
C : 유출계수
I : 강우강도(mm/hr)
A : 배수면적(ha)

5) 강우지속시간(유달시간)

- 유달시간$(t) = t_i + \frac{L}{V}$

t : 유달시간=강우지속시간(min)
t_i : 유입시간(min)
L : 관거의 길이(m)
V : 관거 내 우수의 유속(m/min)

6) 도수로의 횡단면

- 수로의 단면적 : 수로를 흐름의 방향에서 직각으로 끊었을 경우, 그 수로의 단면적을 말한다.
- 유적(流積)단면적 : 수로단면 중 유체(流體)가 점유하는 부분에 의해 만들어진 단면을 말하며, 유수단면적이라고도 한다.
- 윤변(潤邊) : 수로의 한 단면에 있어서 물이 수로의 면과 접촉하는 길이를 말한다.
- 경심(經深) : 수로의 한 단면에서 윤변을 유적으로 나눈 값을 말하며, 수리평균심이라고도 한다.

7) 표면배수 구배(경사도)

- 배수시설 : 0.5% 이상으로 하는 것이 바람직하다.
- 도로지역 : 최소 종단구배를 0.3~0.5% 정도로 한다.
- 포장지역
  - 포장지역 표면 : 배수구나 배수로 방향으로 최소 0.5% 이상
  - 포장의 표면배수 기울기를 특별히 규정하지 않은 경우로서 원로, 보행자도로 : 1.5~2.0%
  - 평탄지 : 1~4%
- 보도 : 포장면의 횡단경사는 배수처리가 가능한 방향으로 2%를 표준으로 하되, 포장재료에 따라 최대 5%까지 설정할 수 있다.
- 자전거도로
  - 포장면의 종단경사는 2.5~3.0%를 기준으로 하되, 최대 5%까지 가능하다.
  - 횡단경사는 1.5~2.0%를 기준으로 한다.
  - 투수성포장일 경우는 횡단경사를 설치하지 않을 수 있다.
- 광장지역 : 광장의 기울기는 3% 이내로 하는 것이 일반적이다.
- 운동장
  - 외곽방향으로 0.5~1%를 표준으로 하는데 편구배로서 1% 이내가 좋다.
  - 공간의 특성상 운동장 구배는 2.5%를 초과해서는 안 된다.
- 식재기반 : 표면배수를 위하여 지표면의 기울기는 2% 이상으로 하며, 지표면 기울기가 10% 이상일 때에는 지표면의 침식을 방지하기 위한 시설을 설치한다.
- 녹지 : 표면배수 기울기는 일반적으로 1/20~1/30 정도로 한다.
- 옥상, 인공지반 식재층 : 배수경사는 2%(1/50) 이상이 바람직하다.
- 잔디면
  - 일반 잔디면은 표면배수를 고려하여 2% 이상의 기울기를 유지해야 한다.
  - 운동용 잔디면은 2% 이내의 표면경사를 유지한다.

2-3 표면배수

1) 설치 목적

강우나 강설에 의해 지표면을 따라 흐르는 물 또는 인접한 지역에서 단지 내로 흘러 들어오는 물을 처리한다.

2) 배수시설

① 트렌치(trench)

- 경사진 지역면의 배수를 위해 설치하는 것으로 경사진 주차장 입구, 계단의 상 · 하단, 광장 입구, 진입로 입구 등에 설치된다.
- 우수를 길이방향으로 집수하기 위하여 사용되는 선적(線的)인 배수방법으로 직접 지하 관거와 연결된다.
- 유입구는 그레이팅으로 처리하고, U형 측구와 같은 단면형태를 가진다.
- 건물의 내부와 외부 중 마감이 있고 특히 뚜껑을 얻기 위해 많이 사용된다.

② 측구(U형, L형)

- 도로나 공간이 구획되는 경계선을 따라 설치한다.
- U형 측구는 토목이나 조경에서 많이 사용되며, 주변 경관에 영향을 받고, 특히 마감이 별도로 없는 곳에 많이 사용된다.
- L형 측구의 경우 20m마다 우수거를 설치한다.
- 시가지 가로에서 측구의 종단구배는 최소 0.5% 이상이 되어야 한다.(단, 배수구가 충분한 평활면의 U형 측구일 때는 제외한다.)

④ 집수정

개수로와 암거를 접속하는 경우에 유수를 모으기 위해 설치한다.

⑤ 맨홀(manhole)

- 관거(貫渠) 내의 통풍, 환기 및 관거의 연결을 위해 설치하는 시설로 주기적인 검사나 청소를 위해 사람의 출입이 가능한 구조이어야 한다.
- 맨홀의 설치 위치는 관거의 기점과 관거의 방향, 높이, 관경이 변화는 곳, 관거가 합류하는 지점 등에 설치한다.
- 맨홀의 설치간격은 관경에 따라 달리하는데 일반적으로 관 내경의 100배에서 최대 300배 이내인 간격으로 설치하는 것이 바람직하다.
- 관경별 맨홀의 최대 간격은 다음 표와 같다.

관거 내경	30cm 이하	60cm 이하	100cm 이하	150cm 이하	165cm 이하
최대 간격	50m	75m	100m	150m	200m

⑥ 빗물받이

- 측구 등에서 흘러나오는 물을 본관으로 유하시키기 위해 측구 도중에 설치하는 시설이다.
- 도로 옆의 물이 모이기 쉬운 장소나 L형 측구의 유하방향 하단부에 설치한다.
- 설치간격은 약 20~30m마다 설치한다.
- 설치깊이는 배수관의 바닥높이보다 적어도 15cm 이상 낮추어 설치한다.

[그림 31] 배수공사

2-4 심토층 배수

1) 설치 목적

- 진흙과 같은 불투수성인 토양의 물을 제거하기 위해
- 낮은 평탄지역의 지하수위를 낮추기 위해
- 불안정한 지반 개선을 위해
- 지하에 있는 배수관과 결합시켜 표면유출을 운반 · 처리하기 위해
- 옹벽 등 기초벽으로부터 스며나오는 물을 제거하기 위해

2) 고려사항

- 지층의 성층상태, 투수성 지하수의 상태를 파악하기 위해 지질도와 항공사진을 검토한다.
- 계절에 따른 지하수 높이의 변동을 고려한다.
- 한랭지에서는 동상에 대한 검토로서 기온 · 토질 · 지중수에 대하여 조사한다.
- 사질토이거나 지하수의 높이가 낮고 배수가 좋은 경우에는 심토층 배수를 설계하지 않을 수 있다.

3) 배수형태

① 맹암거

- 지표면에서 흡수된 물을 배수하기 위해 가장 많이 사용하는 심토층 배수형태이다.
- 암거방식은 배수용 모래층을 설치하고, 하층의 세립미사질 토층에 맹암거를 만들어 배수하는 방식이다.
- 배수능력이 가장 떨어지며, 쉽게 막히기도 하지만 일반적으로 심토층 배수에 많이 사용하고 있다.

[그림 32] 맹암거 설치

4) 배치유형 및 특징

① 어골형

- 심토층 배수관로의 배치형태가 주선을 중심으로 지선(45° 이하 교각, 4~5m 간격, 최장 30m 이하)을 양측에 설치함으로써 그 형태가 물고기의 골격과 유사하다는 데서 붙여진 이름이다.
- 소규모의 평탄한 지역(경기장, 소규모 운동장, 광장, 놀이터, 골프장 등)의 배수에 적합하다.

- 전 지역의 균일한 배수가 이루어진다.

② 평행형

- 지선을 주선과 직각방향으로 접속하고, 지선은 일정한 간격으로 평행하게 배치하여 배수하는 방식으로 즐치형 · 빗살형이라고도 한다.
- 어골형과는 달리 주관과 지선이 직각으로 접속되므로 물의 흐름방향이 달라져 유속이 저하되기도 하므로 세밀한 경사 조정이 필요하다.
- 넓고 평탄한 지역의 균일한 배수를 위해 주로 사용되지만 간혹 어골형을 지선, 평행형을 간선형태로 조합하여 운동장 같은 대규모 지역의 심토층 배수를 위해 사용할 수도 있다.

③ 선형

- 주선이나 지선의 구분 없이 같은 크기의 배수선이 부챗살 모양으로 1개 지점으로 집중되도록 설치하여 집수 후 배수시키는 방식으로 부채형이라고도 한다.
- 지형적으로 침하된 곳이나 한 지점으로 경사를 이루고 있는 소규모 지역에 사용된다.
- 시설 설치의 효율성이 낮다.

④ 차단형

- 경사면의 내부에 불투수층이 형성되어 있어 지하로 유입된 우수가 원활하게 배출되지 못하거나 사면에서 용출되는 물을 제거하기 위해 사용되는 방식이다.
- 도로의 사면에 많이 적용된다.
- 도로를 따라 수로가 만들어진다.

⑤ 자연형

- 지형의 기복이 심한 소규모 공간에 물이 정체되는 곳이나 평탄면에 배수가 원활하지 못한 곳의 배수를 촉진시키기 위하여 사용하는 방식이다.
- 배수관의 배치형태는 부정형으로 해당 공간의 형태에 따라 좌우된다.
- 주선은 길고, 지선은 짧은 것이 좋다.
- 주선은 지형과 일치시키고 자연수로를 따르도록 해야 하지만, 지선은 등고선과 평행하게 배치하거나 직각으로 배치할 수 있다.

5) 배수관거의 설계요소

- 관거의 경사 : 잔디지역에서는 0.1~1%를 유지한다.
- 배수관 크기 : 주관은 150~300mm, 지관은 관경 100~150mm 정도가 일반적으로 많이 사용된다.

- 배수관의 깊이
  - 점토질 토양 : 0.75~0.9m
  - 사토 : 1.1~1.4m
- 배수관 간격 : 토성에 따라 다르게 설정하는데, 사질토양은 중점토보다 물의 이동이 원활하므로 배수관로의 간격이 상대적으로 커지게 된다.

연습문제

01 토양수의 종류와 특징에 대하여 기술하시오.

02 일시위조점과 영구위조점에 대하여 기술하시오.

03 살수기의 종류와 특징에 대하여 기술하시오.

04 살수관개시설의 설계시 살수강도를 결정하는데 영향을 미치는 요인은?

05 배수계통의 종류와 특징에 대하여 기술하시오.

06 배수설계시 지역이 광대하여 우수를 한 곳으로 모으기 곤란할 때 배수지역을 여러 개로 구분해서 배수계통을 만드는 방식은?

07 우수유출량 산식은?

08 다음과 같은 조건이 주어졌을 때 합리식에 의한 우수유출량을 산출하시오.

$A=30,000m^2$ $C=0.4$ $I=5mm/hr$

09 도수로의 횡단면 특징에 대하여 기술하시오.

10 도로지역, 광장지역, 식재기반지역, 녹지지역, 상업지역의 표면배수 구배에 대하여 기술하시오.

11 표면배수시설 중 트렌치, 측구, 집수정, 맨홀, 빗물받이에 대하여 기술하시오.

12 심토층 배수의 역할과 유형, 특징에 대하여 기술하시오.

13 심토층 배수형태 중 맹암거에 대하여 기술하시오.

14 경기장과 같은 평탄한 지역에서 전 지역의 배수가 균일하게 요구되는 곳에 주로 이용되는 심토층배수 방법은?

15 다음 유수 단면적이 $100m^2$이고, 평균유속이 5m/sec일 때 유량은?

CHAPTER

12

포장공사

제12장 포장공사

01 개념

- 조경포장은 보행자, 자전거통행 및 차량통행의 원활한 소통과 기능 유지를 위해 지표면과 도로의 선형을 유지할 목적으로 설치한 포장을 의미한다.
- 포장면의 지지력 증대, 토양유실방지, 평탄성 확보, 통행성, 지표성, 미적 분위기 조성, 원활한 통행 등의 기능성과 실용성을 높이기 위해 조성한다.

02 포장의 종류

1) 콘크리트 포장

- 시멘트 콘크리트로 노면(路面)을 덮는 도로포장을 말한다.
- 표층에 해당하는 콘크리트 슬래브와 중간층, 보조기층으로 구성되어 있다.
- 수명은 30~40년으로 내구성이 좋고, 시공이 간편하며, 유지관리가 쉽지만 공사비가 비싸다.

[그림 33] 콘크리트포장

2) 아스팔트 포장

- 아스팔트 혼합물로 표면을 덮은 도로포장을 말한다.
- 표층과 기층은 쇄석 · 모래 · 석분(石粉)과 아스팔트를 가열 · 혼합하여 이것을 고르게 갈아 롤러로 단단히 다진다.
- 수명은 10~20년 정도로 콘크리트 포장보다 내구성이 좋지 않다.

[그림 34] 아스팔트 포장

3) 목재데크 포장

- 천연목재는 기온차가 적은 지역에서 자라는 나무로 만드는데, 조직이 치밀하며, 하중이 큰 편이라 방부처리 없이도 물과 부식에 대한 저항성이 높으나 색 변화나 수축 · 팽창으로 인한 미세한 뒤틀림에 주의한다.
- 방부목재는 물과 습기에 약한 목재가 최대한 부패되지 않도록 보존하기 위해 약품과 화학적인 방식으로 가공하는 목재로, 과거 대부분의 외부 목재데크는 방부목을 많이 사용하였으나 환경호르몬 발생으로 현재는 사용을 금지하고 있다.
- 합성목재는 합성수지와 목분을 혼합해 압출 · 성형한 것으로 반영구적이고 내구성 · 내수성이 뛰어나 많이 사용되고 있다.

[그림 35] 목재데크

4) 소형고압블록 포장

- 고압으로 소형된 콘크리트 블록, 블록 상호 간의 맞물림에 의해 교통하중을 분산시키는 우수한 포장공법으로 연약지반에 시공이 용이하고 유지관리비가 저렴하다.
- 공원의 보행로를 비롯한 외부공간에 사용 가능하며, 주차장에도 사용이 가능하다.

[그림 36] 소형고압블록

5) 점토블록 포장

- 점토를 성형하여 소성한 블록으로 질감이 부드럽고 미려한 색상으로 친환경적인 재료이다.
- 외부공간 및 건축자재 등 다양하게 사용된다.

[그림 37] 점토블록포장

6) 화강석 판석 포장

- 화강석을 판석으로 가공하여 포장하는 방법으로 석재의 가공법에 따라 다양한 질감과 포장 패턴의 구성이 가능하다.
- 불투수성 포장재로 포장면의 배수에 유의해야 한다.
- 석재로 시각적 효과가 우수하여 건물 전면 및 광장포장 등에 많이 사용한다.

[그림 38] 화강석 판석 포장

7) 고무블록 포장

- 폐타이어 칩을 블록형태로 가공한 재료로 고무 자체의 탄성으로 보행시 편안하고 두께, 강도, 색상, 표면무늬 등을 자유롭게 선택할 수 있다.
- 공원이나 놀이터, 운동시설, 옥상 등의 바닥재로 사용한다.

[그림 39] 고무블록 포장

8) 투수블록 포장

투수와 배수가 잘되고, 보행시 자연질감을 느낄 수 있으며, 공원 광장이나 산책로 등에 많이 사용된다.

[그림 40] 투수블록 포장

03 포장 단위구성별 기능

1) 노상(路床)

- 노상은 포장의 기초를 형성하므로 매우 중요한 역학적 기능을 한다.
- 노상은 상층의 하중을 최종적으로 받게 되므로 상층보다 견고해야 한다.
- 포장층의 구조설계시 포장 표면에 재하(載荷)되는 교통하중을 노상토의 허용지지력 범위까지 분산시킬 수 있도록 두께를 결정한다.
- 차단층을 설치할 경우 차단층의 두께도 노상에 포함되며, 차단층의 표면을 노상면으로 간주한다.

2) 보조기층

- 기층과 노상 사이에 위치하며, 포장층 상부로부터 전달되는 교통하중을 다시 분산시켜 노상으로 전달하는 역할을 한다.
- 상부 보조기층은 역학적 성능을 중요시하기 때문에 지지력을 높일 수 있도록 입도를 조성하거나 안정처리재료를 사용하는 등 재료를 개량하여 시방기준을 만족시킬 수 있도록 해야 한다.
- 시멘트콘크리트 포장의 경우 노상 상단에 시공되는 15cm 이상의 노반이 보조기층이 된다.

3) 기층

- 국내에서 시공되는 아스팔트 포장의 경우 기층은 보조기층 위에 위치하는 층으로 대부분 아스팔트 함량이 4% 이하인 아스팔트 안정처리기층을 적용한다.
- 시멘트콘크리트 포장의 경우 기층을 별도로 두지 않는다.

4) 중간층

- 아스팔트 포장의 경우 중간층인 베이스, 서브베이스는 지표에 가해지는 하중과 충격에 의한 전단 · 휨모멘트의 반복에 견뎌야 하고, 흡수 · 분산시켜야 한다.
- 시멘트콘크리트 포장의 경우 중간층을 별도로 두지 않는다.

5) 표층

- 표층은 포장의 최상부층으로 교통하중을 분산시켜 기층으로 전달하는 역학적 기능을 가지는 동시에 쾌적한 주행성을 확보하는 데 주안점을 두어 시공한다.
- 표층은 내마모성이어야 하고, 표면으로부터 유입되는 침수를 막아 하상(下床)의 지지력이 저하되지 않도록 보호되어야 한다.
- 시멘트콘크리트 포장의 경우 콘크리드 슬래브를 표층으로 간주하며, 슬래브 내부 온도변화에 따른 컬링 및 교통하중에 의하여 발생되는 응력을 견디고, 분산시키는 역할을 한다.

04 공간별 포장재의 기준

공간별	요구사항	적용가능한 포장재
중심광장	• 다양한 보행과 포장패턴을 수용할 수 있어야 하며, 비교적 공간이 넓고, 놀이 · 휴게의 복합된 기능을 가지고 있어 다양한 포장재가 요구된다.	• 화강석 판석 포장, 점토블록 포장, 황토블록 포장, 사고석 포장 등
진입마당	• 단지의 인식성을 높일 수 있고, 입구 시설과 조화를 이룰 수 있어야 하며, 단지 내 보도와 연결성이 있어야 한다.	• 화강석 판석 포장, 사고석 포장, 점토블록 포장, 황토블록 포장, 소형고압블록 포장 등
놀이공간	• 어린이 공간의 분위기를 살릴 수 있어야 한다.	• 고무매트 포장

공간별		요구사항	적용가능한 포장재
놀이시설 바닥 포장		• 낙하에 의한 충격을 우선적으로 고려해야 하며, 바닥 자체가 놀이기능을 수용해야 한다.	• 고무매트 포장, 모래깔기 등
휴게공간		• 정서적인 공간이 될 수 있도록 다양한 포장재 사용이 가능하나 크기가 작아 단순한 포장으로 하되, 휴게소별로 특색 있게 해야 한다.	• 점토블록 포장, 황토블록 포장, 소형고압블록 포장, 목재데크 포장 등
주차장	잔디주차장	• 잔디보호 효과가 좋고, 내구성이 좋아야 한다.	• 잔디보호블록 포장(주차장 겸용)
	공원주차장	• 내구성이 좋아야 한다.	• 소형고압블록 포장, 투수아스콘 포장 등
운동공간	농구장	• 인체에 충격을 주지 않아야 하며, 공의 탄성이 유지될 수 있도록 한다.	• 우레탄 포장, 마사토 포장 등
	배드민턴장	• 인체에 충격을 주지 않아야 한다.	• 우레탄 포장, 마사토 포장 등
	인라인스케이트장	• 미끄러움과 내구성이 요구된다.	• 우레탄 포장, 투수아스콘 포장 등
보행로	중심	• 여러 가지 보행 형태를 수용하고 미적으로 우수해야 한다.	• 투수아스콘 포장, 점토블록 포장 등
	연결	• 보행량을 판단하여 적절한 포장재를 선택한다.	• 목재데크 포장, 침목놓기, 점토블록 포장, 소형고압블록 포장 등
	자전거	• 보행자와 자전거 이용을 동시에 수용할 수 있는 재질이 요구된다.	• 투수아스콘 포장, 점토블록 포장, 황토블록 포장 등

05 포장종류별 시공방법

1) 시공 준비

- 색상, 패턴 등을 사전에 감독관 및 감리자와 협의하여 결정하도록 한다.
- 지반정리를 깨끗하게 해 두어야 한다.
- 물고임이 일어나지 않도록 표면배수를 철저히 해야 한다.
- 설계도서를 사전에 검토하여 적절한 시공이 되도록 한다.

2) 포장종류별 시공방법

① 콘크리트 포장

- 콘크리트 포장시 부등침하나 온도변화로 수축 · 팽창에 의한 파손을 방지하기 위해 설계서에서 명시한 일정 간격으로 줄눈을 설치하도록 한다.
- 공사중 강우시나 공사가 종료된 후에는 비닐 등으로 덮어 시공면을 보호한다.

② 점토블록 포장

- 기초 침하가 발생하지 않도록 충분히 다짐하고 평탄하게 부지를 정리한다.
- 시공 전 최종 바닥 높이보다 10cm 위에 수평 및 평행을 위한 실눈을 띄운 후 시공하고, 블록 설치는 보행 또는 차량의 진행방향을 기준으로 설계도에 명시된 문양으로 마감부부터 연속적으로 포설한다.
- 블록과 블록 사이의 간격은 2~3mm를 기준으로 한다.
- 곡선 부위나 블록이 한 장 미만으로 설치되어야 할 부분은 규격에 맞게 제작된 것이 있으면 규격제품을 사용하고, 없을 경우에는 절단기로 정교하게 절단해 잘 맞추어 미관을 고려하여 시공한다.
- 포장용 블록 설치시 다짐 후 설계도에 명시된 두께가 되도록 모래를 포설하며, 블록을 설치한 후 가는 모래를 표면에 살포하고 비 등으로 줄눈 안으로 쓸어 넣어 줄눈 틈을 채우고 여분의 모래는 제거하도록 한다.
- 깔기가 끝난 후에는 평면진동기로 바닥이 고르게 될 때까지 다지고, 다짐 시 경계석이나 인접한 구조물에 손상이 발생되지 않도록 주의한다.
- 경계석 및 수목보호덮개 등과 높이를 고려하여 시공한다.

③ 화강석 판석 포장

- 석재의 종류, 형상, 색채, 주변과의 조화 등을 충분히 고려하여 재료 및 시공방법을 선정하도록 한다.
- 디딤돌, 징검돌 및 계단용 석재는 보행시 불편을 초래하지 않도록 상단부가 편평하고 미끄럽지 않도록 한다.

④ 목재데크 포장

- 가급적 원목을 사용하도록 하며, 부득이한 경우 합성목재도 가능하다.
- 목재포장재료들이 잘 맞물리도록 결합해야 한다.
- 곡선 부위는 톱으로 외곽선에 맞게 절단하고 시공해야 한다.
- 밑에서 나사못을 고정시켜 부패나 뒤틀림을 방지해야 한다.

⑤ 마사토 포장

- 토공사, 배수공사, 구조물공사가 완료되고 뒤채움이 끝난 후에 실시한다.
- 기층다짐, 거푸집 설치, 재료의 체거름, 재료의 정량 투입, 물의 투입, 포설, 전압, 이음면 정리, 양생 순으로 시공한다.

⑥ 고무블록 포장

- 친환경적, 탄력성, 안정성, 충격완화 효과, 높은 내열성과 투수성, 방진방음 효과, 내구성, 유지 · 보수의 용이성, 다양한 색상과 디자인을 지니고 있어 보도, 산책로, 조깅코스, 어린이놀이시설, 공원, 운동장 등에 설치한다.
- 원지반 다짐 후 콘크리트 포장에 준해 지정된 두께로 콘크리트를 타설하고 양생한 다음 바탕 위에 고무바닥 타일을 깔고 완전히 접착시켜 마감한다.

⑦ 투수블록 포장

- 기초침하가 발생하지 않도록 충분히 다짐하고 부지를 평탄하게 정리한다.
- 시공 전 최종 바닥 높이보다 10cm 위에 수평 및 평행을 위한 실눈을 띄운 후 시공하고, 블록 설치는 보행 또는 차량의 진행방향을 기준으로 설계도에 명시된 문양으로 마감부부터 연속적으로 포설한다.
- 곡선 부위나 블록이 한 장 미만으로 설치되어야 할 부분은 규격에 맞게 제작된 것이 있으면 규격제품을 사용하고, 없을 경우에는 절단기로 정교하게 절단해 잘 맞추어 미관을 고려하여 시공한다.
- 포장용 블록 설치시 다짐 후 설계도에 명시된 두께가 되도록 모래를 포설하며, 블록을 설치한 후 가는 모래를 표면에 살포하고 비 등으로 줄눈 안으로 쓸어 넣어 줄눈 틈을 채우고 여분의 모래는 제거하도록 한다.
- 깔기가 끝난 후에는 평면진동기로 바닥이 고르게 될 때까지 다지고, 다짐 시 경계석이나 인접한 구조물에 손상이 발생되지 않도록 주의한다.
- 경계석 및 수목보호덮개 등과 높이를 고려하여 시공한다.

연/습/문/제

01 콘크리트 포장, 아스팔트 포장, 목재데크 포장, 소형고압블록, 점토블록포장, 화강석 판석포장, 고무포장의 특징에 대해 기술하시오.

02 기층과 표층의 기능에 대하여 기술하시오.

03 놀이시설 바닥포장, 휴게공간의 요구사항과 적용 가능한 포장은?

04 콘크리트 포장, 점토블록 포장, 화강석 판석 포장, 목재데크 포장, 마사토 포장, 고무블록 포장의 시공방법에 대하여 기술하시오.

CHAPTER

13

조적공사

제13장 조적공사

01 개념

담장을 쌓듯이 석재나 벽돌, 콘크리트 블록 등의 재료를 쌓는 공사를 말한다.

02 벽돌의 종류

- 시멘트 벽돌 : 시멘트와 모래를 혼합하여 만든 일반적인 벽돌이다.
- 붉은 벽돌 : 점토와 모래, 석회를 혼합하여 소성한 것으로 치장용, 포장용, 구조용으로 사용되며 소성벽돌, 점토벽돌이라고도 한다.

03 벽돌의 규격

구분	길이	너비	두께
표준형	190mm	90mm	57mm
기존형	210mm	100mm	60mm
허용오차	+3mm	+3mm	+3mm

04 줄눈

- 벽돌쌓기에 있어서 벽돌 사이에 생기는 가로 및 세로 이음부
- 종류 : 통줄눈, 막힌줄눈, 치장줄눈 등
- 치장줄눈 간격은 보통 10mm로 한다.

05 벽돌쌓기 방식

1) 길이쌓기

- 벽돌의 길이방향이 보이도록 쌓는 방식
- 한 장의 길이쌓기 두께는 0.5B

2) 마구리쌓기

- 벽돌의 마구리면이 보이도록 쌓는 방식
- 한 장의 마구리쌓기 두께는 1.0B

3) 벽돌쌓기 두께

구 분	0.5B	1.0B	1.5B	2.0B
기존형	100mm	210mm	320mm	430mm
표준형	90mm	190mm	290mm	390mm
형 태	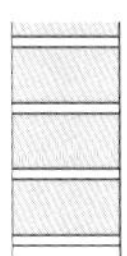	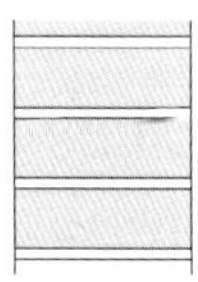		

06 표준품셈

1) 벽돌쌓기 기준량(m^2당)

벽두께 / 벽돌규격(cm)	0.5B(매)	1.0B(매)	1.5B(매)	2.0B(매)	2.5B(매)	3.0B(매)
19×9×5.7(표준형)	75	149	224	298	373	447
21×10×6(기존형)	65	130	195	260	325	390

[주] ① 본 품은 정량을 표시한 것이며 벽돌의 할증률은 붉은벽돌일 때 3%, 시멘트 벽돌일 때 5%로 한다.
② 본 품은 줄눈너비 10mm일 때를 기준으로 한 것이다.

07 벽돌쌓기 방법 및 특징

벽돌쌓기 방법	특 징
네덜란드식 쌓기	• 벽의 끝모서리를 7 · 5(칠오)토막을 써서 놓는다. • 우리나라에서도 많이 활용되고 있는 쌓기 방식이다.
영국식 쌓기	• 벽의 끝모서리를 마름질한 벽돌로 반절, 2 · 5(이오)토막을 써서 넣는다. • 마구리놓기와 길이놓기를 반복하여 서로 켜마다 어긋나게 쌓기한다.
미국식 쌓기	• 5단까지는 길이쌓기를 하고 그 위의 한 켜는 마구리쌓기로 하여 뒷면의 벽돌에 맞물려 쌓는다.
프랑스식 쌓기	• 각 켜마다 모두 벽돌의 길이와 마구리가 번갈아 나오게 쌓는다.

08 시공시 유의사항

- 깔모르타르와 주입 모르타르는 충분히 실시하고 세로줄눈, 가로줄눈 모두 줄눈바름면에 모르타르가 스며들도록 하여 정확하게 쌓는다.
- 비벼놓고 1시간이 지난 모르타르는 사용하지 않는다.
- 사용 모르타르는 1:3 조합이 보통이며, 마른 비빔을 해두고 필요량은 고르게 혼합하여 사용한다.
- 1일 쌓기는 1.2m 이내로 하고, 공사 중의 끝쌓기는 반드시 단형(單形)으로 한다.
- 각 부는 평등하게 쌓아올리고, 1.5m 이상의 고저차를 주지 않는다.
- 치장줄눈은 쌓아올린 모르타르가 경화하기 전에 줄눈마감을 하고, 줄눈내기를 일정한 깊이로 하여 틈이 없도록 견련(堅練) 모르타르를 채운다.
- 외부에 면한 곳에는 치장줄눈에 방수제를 혼합하는 경우도 있는데, 침수의 원인은 줄눈 불량에 따른 경우가 많다.
- 배합은 시멘트 1:1 또는 1:2를 사용한다.
- 조적담의 상부가 외부로 노출되면 수분이 침투하여 담의 구조적 성능을 저하시키므로 상부 덮개를 설치해야 하며, 별도의 덮개용 블록이 없으면 조적패턴을 주어 설치하도록 한다.

[그림 41] 조적공사

연습문제

01 벽돌쌓기 종류별 벽체의 두께는?

02 $1m^2$당 기존형과 표준형 벽돌쌓기(0.5B, 1.0B, 1.5B, 2.0B)의 소요매수는?

03 벽돌 1개의 규격이 190×90×57일 때 0.5B 쌓기 기준으로 $1m^2$당 소요수량은?(단, 줄눈간격은 1cm이다.)

04 표준형과 기존형의 벽 두께별 기준량에 대하여 쓰시오.

05 국가별 벽돌쌓기 특징에 대하여 기술하시오.

06 벽돌쌓기 시공시 유의사항에 대하여 기술하시오.

CHAPTER

14

목공사

제14장 목공사

01 목재의 성질

1) 장점

- 석재나 강재에 비하여 가벼워 운반, 가공 및 취급이 용이하다.
- 목재는 석재나 콘크리트 재료에 비하여 자연성이 높고, 친환경적인 재료이므로 그 용도가 매우 다양하다.
- 공작에 필요한 설비가 간단하다.
- 열전도율이 낮으며, 온도에 대한 신축성이 작고, 충격이나 진동을 잘 흡수한다.
- 외관이 아름답고, 비중이 작은 반면에 압축강도 및 인장강도가 크다.

2) 단점

- 부패성이 크고 내화성이 약하다.
- 건조변형 및 함수량의 다소에 따라 수축 및 팽창이 크다.
- 재질 및 방향에 따라 강도가 다르다.
- 크기에 제한을 받는다.

3) 함수율

- 함수율(%) $= \dfrac{\text{건조전무게} - \text{건조후무게}}{\text{건조후무게}} \times 100$
- 목재의 기건함수율은 12% 정도이다.

4) 강도

- 목재의 중요한 성질은 인장, 휨, 압축, 전단강도 등이다.
- 목재의 섬유포화점 이하에서는 함수율 감소에 따라 강도가 증가한다.
- 목재의 강도 중 섬유와 평행방향의 인장강도가 가장 크다.
- 섬유와 직각방향의 압축강도와 섬유와 평행방향의 전단강도는 낮다.

- 목재의 강도 크기는 인장강도, 휨강도, 압축강도, 전단강도 순이며, 휨강도는 압축강도의 약 1.75배로 매우 크며, 전단강도는 세로방향 인장강도의 1/10 정도로 매우 취약하다.

5) 비중

- 목재의 기건비중은 목재에 함유된 수분을 공기 중에서 제거한 상태의 비중이다.
- 기건함수율 12%일 때를 기준으로 0.3~0.9 정도이다.

02 목재의 건조

- 조경공사에 일반적으로 사용되는 구조재의 함수율은 20% 이하가 되도록 한다.
- 구조적으로 문제가 없는 조경시설물의 경우 24% 이하로 규정하기도 한다.

1) 자연건조

인위적인 온도 · 습도 조절없이 자연상태에서 목재를 서서히 건조시키는 방법이다.

2) 인공건조

- 인공건조방법에는 수침법, 자비법, 열기건조법, 증기건조법, 고주파건조법, 약품건조법 등이 있다.
- 조경공사용 목재의 건조는 주로 증기건조법을 이용한다.

03 목재의 방부

1) 기능

목재 성분을 영양원으로 분해 · 흡수하는 부후균이 목재 성분을 이용하지 못하도록 차단시킴으로써 목재의 내구연한을 15~30년까지 증대시키는 기능을 한다.

2) 방부제 구비조건

- 열화방지 효력 및 내구성이 커야 한다.
- 침투성이 좋아야 한다.
- 내부식성과 내흡수성이 좋아야 한다.

- 도장성이 좋아야 한다.
- 독성으로 인해 사람과 가축에 대한 피해가 없어야 한다.

3) 방부제 종류

- 유성 방부제 : A(크레오소트류)
- 유용성 방부제 : IPBC(유기요오드 화합물계), IPBCP(유기요오드 · 인 화합물계) 등
- 수용성 방부제 : CCA(크롬 · 구리 · 비소 화합물계), ACC(산화크롬 · 구리 화합물계), CCB(크롬 · 구리 · 붕소 화합물계), ACQ(구리 · 알킬암모늄 화합물계) 등
- 유화성 방부제 : NCU, NZN(지방산금속염계) 등

04 합성목재데크 시공

1) 합성목재의 정의

목분인 목질섬유와 열가소성수지인 고분자수지를 물리화학적으로 합성시켜 압출 · 성형하여 생산하는 제품을 말하는 것으로 목재와 유사한 성능을 가지며, 목재의 단점인 열, 습도, 충격, 마찰 등에 약한 부분을 보완하였고, 특히 내구성과 내수성이 강한 자재로 옥외나 야외에서 데크나 펜스 등에 많이 사용되고 있다.

2) 제품

- 두께 : 20T(mm), 25T(mm), 30T(mm) 등이 주로 사용되며, 최대허용하중과 관계가 있다.
- 길이 : 2,400mm, 3,000mm 등이 사용되며, 장선간격과 관계 있다. 2,400mm 길이는 장선간격 300mm와 400mm에 맞춰지는 길이라서 20T와 25T 사용시 주로 사용되며, 3,000mm의 길이는 장선간격 300mm와 500mm에 맞춰지는 길이라서 20T와 30T 사용시 주로 사용된다. 25T 사용시에도 3,000mm 길이를 쓰는 경우가 있는데, 이는 데크로드 설치시 로드폭의 표준규격이 1,500mm이기 때문에 절반 커팅하여 쓰기 위함이다.
- 형태 : 솔리드형, 중공형
- 시공방식 : 피스시공, 클립시공
- 공간의 용도와 필요 하중에 따라 시공방식이 결정된다.

3) 시공형태

① 솔리드형 : 속이 꽉찬 자재로 윗부분에 논슬립 처리가 되어 있어 미끄러움도 방지하게 만들어져 있으며, 중공형에 비해 하중강도가 높으며 하자 가능성도 훨씬 낮은 장점이 있다.

② 중공형 : 초기 합성목재가 도입되었을 때 가격이 많이 비싸 속에 공간을 뚫고, 원료 사용량을 줄여 가격을 낮춘 제품으로 하중이 작은 전원주택이나 베란다 등에 보급형으로 사용되기 위해 만들어졌다.

4) 시공시 유의사항

피스시공과 클립시공은 시공방식에 맞춘 자재형태이며, 피스시공에는 자재 옆면에 홈이 없으나 클립시공에는 자재 옆면에 클립을 끼우기 위한 홈이 있다.

① **피스시공의 장점** : 클립시공시 보다 좀더 튼튼하게 시공이 되며, 향후 하자보수시 그 부분만 피스체결을 해제하고 교체하면 되어서 하자보수가 편리하다.

② **클립시공의 장점** : 피스시공시 생기는 피스자국이 없어 좀더 깔끔한 외관을 구현할 수 있으며, 작업속도가 피스시공시 보다 빠르다.

③ 피스체결 위치가 절단면에서 3cm, 옆면에서 2cm인데, 수축과 팽창을 감안하여 하절기 5mm, 동절기 8mm 절단면 사이 간격까지 두면 보통 설치하는 장선인 아연각관 50×50 사이즈에 피스를 절대로 같이 박을 수 없다. 그렇기 때문에 이어지는 절단면에는 이중장선을 반드시 설치해서 피스를 박아야 한다. 클립시공의 경우도 동일하게 이중장선을 설치하여 시공한다.

④ 피스시공시 타공이 필요 없는 윙피스나 특수피스를 사용하지 않는 경우 반드시 타공 후 피스를 박아야 한다.

⑤ 피스재질은 스테인리스나 아연재질 이상의 녹이 나지 않는 것을 사용해야 한다.

⑥ 합성목재 설치시 적정 간격을 두고 설치해야 한다.

- 횡간격은 4~5mm, 종간격은 5~8mm, 벽면 및 마감간격은 10~12mm를 두고 설치해야 한다.
- 너무 넓게 설치하면 미관이 아름답지 못하고 데크가 휘는 경우가 발생할 수 있다.

⑦ 합성데크 설치시 하지작업도 중요하다.

합성목재 데크는 반영구적으로 사용 가능하기 때문에 하지작업도 수명이 긴 아연각관으로 설치해야 한다.

⑧ 합성목재 데크 하지작업시 용접 후 처리해야 한다.

아연각관으로 작업을 하지만 용접시 강한 고온으로 용접을 하기 때문에 금속의 성질이 변하여 용접한 부위에 녹이 생길 수 있어 래커칠을 반드시 해주어야 한다.

⑨ 하지의 수평을 고려해야 한다.

하지를 설치하는 바닥이 콘크리트의 단단한 곳인지 흙바닥인지에 따라 바닥이 받는 힘은 다르므로 힘이 없는 바닥이라면 동바리 시공을 반드시 해야 한다.

[그림 42] 목재데크 시공

연 / 습 / 문 / 제

01 목재의 성질 중 장점과 단점에 대하여 기술하시오.

02 목재의 건조 전 중량이 150g이고, 건조 후 중량이 125g인 목재의 함수율(%)은?

(출처: 조경기사 필기시험 2005-2, 2006-1)

03 목재의 방부제 구비조건에 대하여 기술하시오.

04 합성목재데크 시공방법에서 피스시공과 클립시공의 장점에 대해 각각 기술하시오.

05 합성목재데크 시공시 유의사항에 대하여 기술하시오.

CHAPTER

15

자연석 및 석공사

제15장 자연석 및 석공사

01 자연석 쌓기 및 놓기

1-1 쌓기 및 놓기

1) 자연석 쌓기

비탈면, 연못의 호안, 축대 또는 벽천 등의 수직적 구조물이 필요한 곳에 자연석을 쌓아 흙의 붕괴를 방지하고 경사면을 보호하며, 주변 경관과 시각적으로 조화를 이룰 수 있도록 하는 작업을 말한다.

[그림 43] 자연석 쌓기

2) 경관석 놓기

- 시선이 집중되는 곳이나 시각적으로 중요한 지점에 감상을 위해 단독 또는 집단적으로 배치하여 감상 효과를 높이는데 사용하는 돌이다.
- 경관석은 해당 장소에 알맞은 크기와 중량감, 외형, 색상, 질감 등을 필요로 한다.
- 경관석을 단독으로 놓을 때에는 그 위치, 높이, 길이, 기울기 등을 고려하여 그 경관석의 아름다움이 감상자에게 충분히 느껴지도록 한다.
- 경관석을 집단적으로 놓을 때에는 중심이 되는 큰 주석과 보조석을 조화되게 놓고, 수량은 3, 5, 7 등의 홀수로 놓는다.
- 경관석을 놓은 후 주변에 관목류나 초화류 등을 식재하여 경관석을 한층 돋보이게 한다.

[그림 44] 경관석 놓기

3) 디딤돌 놓기

- 보행을 위하여 정원의 잔디나 나지에 설치한다.
- 디딤돌은 한 면이 넓적하고 평평한 자연석을 많이 쓰나 가공한 화강석 판석이나 점판암 판석 등을 사용하기도 한다.
- 디딤돌의 크기는 30cm 정도가 적당하며, 시작과 끝 부분은 50cm 정도의 큰 것을 사용한다.
- 디딤돌의 간격은 남녀, 노약자, 어린이들의 보폭을 고려하여 불편하지 않도록 놓아야 한다.
- 디딤돌은 그기에 따라 시하 부분을 적당히 파고 잘 다진 후 윗면이 수평이 되도록 놓아야 한다.

4) 징검돌 놓기

- 연못, 수조, 계류 등의 물이 있는 시설을 건너기 위해 설치하는 것이다.

[그림 45] 징검돌 놓기

1-2 자연석 쌓기 수량산출

자연석 중량(ton)=쌓기 면적(m^2)×뒷길이(m)×실제비율(1−공극률)×단위중량(2.65ton)

02 석공사

2-1 석축쌓기

1) 메쌓기

- 모르타르를 사용하지 않고 견칫돌, 깬돌, 깬잡석, 야면석 등을 괴어서 쌓는 것을 말한다.
- 전면 기울기는 1:0.3 이상을 표준으로 하고 높이는 2m 이하로 한다.
- 가장 저렴한 돌쌓기로서 견고한 견칫돌을 사용하고 뒤채움에 잡석, 자갈을 사용한다.

2) 찰쌓기

- 돌과 돌 사이에 모르타르를 사용하여 돌을 쌓는 것을 말한다.
- 전면 기울기는 1:0.2 이상을 표준으로 하고 1일 쌓기는 1~1.2m 정도이다.
- 뒷면의 배수를 위해 $2m^2$마다 지름 약 3~6m의 배수구를 설치한다.

3) 성돌쌓기

- 기초는 성돌쌓기 폭보다 넓게 지반을 다지고 생석회 잡석다짐을 한다.
- 일반 성돌보다 넓고 큰 지대석(地臺石)을 놓고 그 위에 5~20cm 정도씩 퇴물림을 하여 매단마다 성돌을 수평에 가깝게 놓음으로써 성벽의 기울기만큼 층단형식을 취한다.
- 시공비가 고가이며, 문화재 복원공사에 주로 이용된다.

4) 첩석쌓기(조경석 면쌓기)

- 가공된 대형 화강석이나 조경석 등으로 수직적 형태의 한 면을 가질 수 있도록 축조한다.
- 재료 선별과 축조에 있어 감각적인 시공이 보다 용이하며, 돌틈 식재용 초화류 처리, 상단부 식재 등으로 고전적인 자연미를 얻을 수 있다.
- 성(城)의 축조, 돌담쌓기 등에서 볼 수 있는 인공미와 자연미가 조화된 전통적인 돌쌓기이다.

[그림 46] 찹석쌓기

5) 켜쌓기(바른층쌓기)

- 주로 마름돌로 돌 한켜한켜의 가로줄눈이 수평적 직선이 되도록 하는 줄쌓기 방법이다.
- 외관상으로는 보기 좋으나 돌의 크기와 형태가 규칙적이므로 견고성이 떨어진다.
- 강도가 약해 통준눈을 할 수 없으며, 높이 쌓기에는 제약을 받는다.

6) 골쌓기(허튼층쌓기)

- 줄눈을 파상으로 또는 골을 지어가며 쌓는 방법이다.
- 견칫돌, 깬돌 및 깬잡석은 잘 접촉되도록 하고, 잡석으로 배고임, 옆고임, 끌고임을 한다.
- 부분 파손이 전체에 영향을 미치지 않는다.
- 하천공사의 견치석을 쌓을 때 많이 이용된다.

2-2 석재의 표면가공

1) 표면가공순서

혹두기 → 정다듬기 → 도드락다듬기 → 잔다듬기 → 물갈기 및 광내기 → 화염처리(버너마감)

① 혹두기

- 요철을 쇠망치, 날메 등으로 따내고 능각의 선 또는 부분은 정확하게 가공한다.
- 기타의 면은 거친면을 그대로 두어 부풀린 느낌을 주고 있는 상태에서 마무리한다.

② 정다듬기

- 울퉁불퉁한 면을 정 등으로 쪼아 평탄하게 평행줄이 지어지게 만드는 과정으로 작은 곰보가 있을 정도로 한다.
- 거친정 다듬기 → 중간정 다듬기 → 고운정 다듬기 순으로 진행한다.

③ 도드락 다듬기

고운정 다듬기를 한 후 도드락망치로 두드리기하여 표면의 불룩함을 균등하게 다듬어 평탄하게 마무리하는 작업

④ 잔다듬기

날망치로 정다듬 또는 도드락 다듬면 위를 일정방향 평행선으로 찍어 다듬어 평탄하게 마무리하는 작업

⑤ 물갈기 및 광내기

- 잔다듬 또는 수동 연마시에는 메탈(metal)과 레진(resin)으로 물을 주면서 숫돌로 갈아서 광택을 낸다.
- 표면가공 작업 중 시간과 비용이 가장 많이 드는 작업이다.

⑥ 화염처리(버너마감)

돌의 표면 마감 일종으로 화염을 뿜어서 표면의 돌을 튀겨 거친 마감면으로 만드는 것을 말한다.

연습문제

01 자연석 쌓기와 경관석 놓기 시 유의사항에 대하여 기술하시오.

02 메쌓기, 찰쌓기, 성돌쌓기, 첩석쌓기, 켜쌓기, 골쌓기에 대하여 기술하시오.

03 석재의 표면가공순서를 쓰시오.

04 마름돌, 견칫돌, 호박돌, 뒷채움돌의 특징에 대하여 기술하시오.

CHAPTER

16

도로공사

제16장 도로공사

01 속도의 종류

1) 지점속도

- 어떤 지점을 자동차가 통과할 때의 순간적 속도
- 도로설계와 교통규제계획의 자료가 된다.

2) 주행속도

- 어떤 구간을 주행한 거리를 그 시간으로 나누어 구한 속도
- 정지시간을 제외한 속도

3) 구간속도

- 어떤 구간을 주행한 총 소요시간으로 그 거리를 나누어 구한 속도
- 정지시간까지 포함한 속도

4) 운전속도

- 운전자가 도로의 교통량, 주위의 상황 등을 고려하여 유지해 나갈 수 있는 속도
- 실용적인 교통량을 계산할 때 기본값으로 사용된다.

5) 임계속도

- 교통량이 최대가 되는 속도
- 이론적인 교통용량을 산정할 때 사용된다.

6) 설계속도

- 도로설계의 기준이 되는 속도로서 도로조건만으로 정한 최고 속도
- 자동차의 주행에 영향을 미치는 도로의 기하구조와 물리적 형상을 결정하는 기준이 되는 속도이다.

02 횡단구배(경사도)

- 8% 이하로 해야 한다.
- 아스팔트 및 시멘트 콘크리트 포장도로 : 1.5~2.0%
- 간이포장도로 : 2.0~4.0%
- 비포장도로 : 3.0~6.0%
- 보도 또는 자전거 도로의 배수를 위한 구배 : 2.0%(차도를 향한 편구배)

03 종단구배

- $I=\frac{H}{L}=\tan\theta$

  I : 구배(%)
  H : 높이차
  L : 수평거리

- 승용차의 경우 4~5%의 종단구배에서도 평지와 거의 비슷한 속도로 주행할 수 있으며, 3%에서는 거의 영향을 받지 않으나 트럭의 주행 특성은 경사지의 종단구배에 크게 영향을 받는다.
- 우리나라의 표준 최대 종단구배는 승용차가 오르막 구간을 평균 주행속도로 주행할 수 있고, 중량당 마력비가 7.5PS/톤인 표준트럭이 설계속도의 절반 정도로 주행할 수 있도록 정하고 있다.
- 종단구배가 변하는 곳에서는 사고의 위험 및 차량의 성능 저하뿐만 아니라 차량의 충격으로 인하여 승차감이 나빠지고 차량 및 노면에 손상을 주게 되며, 시거가 짧아진다.
- 종단선형 설계 시 유의사항
  - 종단선형은 지형에 적합해야 하며, 짧은 구간에서 오르내림이 많지 않도록 한다.
  - 중간이 움푹 패여 잘 보이지 않는 선형은 피한다.
  - 같은 방향으로 굴곡진 두 종단곡선 사이에 짧은 직선구간을 두지 않도록 한다.
  - 길이가 긴 경사구간에는 항상 경사가 끝나는 정상 부근에 완만한 기울기의 구간을 둔다.
  - 노면의 배수를 고려하여 최소 종단구배를 0.3~0.5% 정도 주도록 한다.

- 평면선형과 조합하여 입체선형이 양호한 종단선형이 되도록 한다.
- 교량이 있는 곳 전방에는 종단구배를 두지 않는다.

04 길어깨

1) 설치 목적

- 차도 우측에 도로 주요 구조부 보호
- 고장차 임시 대피
- 긴급구난시 비상도로로 활용
- 사람의 대피
- 도로표지 및 전봇대 등 노상시설 설치
- 지하매설물 설치, 도로의 배수
- 제설작업
- 교통안전

05 도로의 곡선부 평면곡선

1) 단곡선

1개의 곡선을 중간에 두고 양쪽 끝에 직선으로 연결된 곡선

2) 복합곡선

- 같은 방향으로 굽은 2개의 원곡선을 접속한 곡선
- 주행이 부자연스러우므로 지형이 험하거나 불가피하게 설계속도가 낮은 경우에 적용한다.

3) 배향곡선

- 반대방향으로 굽은 두 원호가 직접 접속하고 있는 곡선
- 복합곡선보다 주행이 더 부자연스럽다.
- 부득이 S자형의 굴곡부로 설계할 경우에는 양 곡선 사이에 최소 30m 이상의 직선부를 설치하는 것이 좋다.

4) 반향곡선

산지의 도로에서 구배를 완화시킬 때 사용되는 곡선

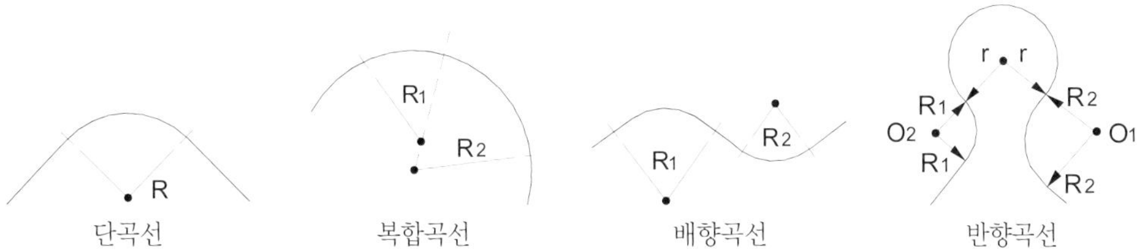

[그림 47] 원곡선의 종류

출처: 이승원, 조경기사 · 산업기사, 2016, 저자 재작성.

06 곡선반경과 곡선장

1) 곡선반경

최소 곡선반경은 곡선을 소정의 설계속도로 주행하는 자동차에 가해지는 원심력에 의해 생기는 횡력이 타이어와 노변의 마찰로 지지되는 한도를 넘지 않도록 하는 범위 내에서 결정되어야 한다.

2) 곡선장

- 곡선장 계산 : $L = RI \times \frac{\pi}{180}$

  L : 곡선장
  R : 곡선반경
  I : 각도(교각, °)

- 곡선장이 짧은 경우의 영향
  - 운전자가 핸들조작에 불편을 느낀다.
  - 원심가속도의 증가율이 커지고 사고 위험성이 높아진다.
  - 원곡선의 반경이 실제보다 짧아 보인다.
  - 도로가 절곡되어 있는 것처럼 보이므로 속도가 저하된다.

07 편구배

- 곡선부에서 발생하는 원심력으로 인하여 미끄러지거나 전도되는 것을 방지하기 위해 도로의 중심을 향하여 경사를 주는 것을 말한다.
- 편구배$(\alpha) = \dfrac{V^2}{127R} - f$ 또는 $\alpha = \dfrac{Vm^2}{127R}$

  α : 편구배(편경사)
  V : 설계속도(km/hr)
  V_m: 가장 빈도가 높은 속도(km/hr)
  R : 곡선부의 곡선반경(m)
  f : 노면과 타이어의 횡활동 미끄럼 마찰계수
- 지방의 적설 · 한랭지역의 편구배는 6%(0.06), 기타 지역은 8%(0.08)
- 도시지역의 편구배는 6%(0.06)

08 도로포장의 기능

- 표층은 마모에 잘 견뎌야 한다.
- 표층은 표면으로부터 침수를 막아 하상(下床)의 지지력이 저하되지 않도록 한다.
- 중층인 베이스, 서브베이스는 지표에 가해지는 하중과 충격에 의한 전단, 휨모멘트의 반복에 견뎌야 하고 흡수 · 분산시켜야 한다.
- 하중을 최종적으로 받게 되는 층은 노상(路床)이다.

연/습/문/제

01 속도에서 지점속도, 주행속도, 구간속도, 운전속도, 임계속도, 설계속도에 대하여 기술하시오.

02 아스팔트 및 시멘트 콘크리트, 간이포장도로, 비포장도로, 보도 또는 자전거 도로의 배수를 위한 횡단경사에 대하여 기술하시오.

03 길어깨의 설치목적에 대하여 기술하시오.

04 종단곡선 설계 시 유의사항에 대하여 기술하시오.

05 일정한 경사를 가진 노선(수평거리 36m)에 6% 구배의 계획선을 넣을 때 종점의 수직고는 얼마인가?

06 양 종단의 표고차 5m인 구간에 있어 자전거 도로의 오르막 최대 경사(7%)를 적용하면 그 수평길이는?

07 도로의 곡선부 평면곡선에는 단곡선, 복합곡선, 배향곡선, 반향곡선이 있는데 각각 설명하시오.

08 자동차가 회전할 때 원심력에 저항할 수 있도록 편경사를 주어야 하는데, 횡마찰계수가 0.15, 설계속도가 50km/hr, 곡선반경이 50m일 때 편경사는?

09 도로설계시 교각(교각)이 30° 이고, 곡선반경이 40m를 그리는 수평 노선에서 교각에 의한 단곡선의 곡선장은 얼마인가?

10 도로의 토공계획에서 비교적 등간격의 측점을 설정하고 지반고와 계획고, 절 · 성토고를 계산하며, 구배를 결정해 나가는 도면의 명칭은?

CHAPTER

17

미장 및 방수공사

제17장 미장 및 방수공사

01 미장공사

1-1 개요

- 회반죽, 진흙, 모르타르 등을 바르는 공사를 말한다.
- 각종 마감공사 중 건물의 우열을 결정하는 규준이 될 정도로 중요한 공사의 하나이다.

1-2 미장재료의 종류

1) 시멘트 모르타르

시멘트 벽돌담, 플라워박스의 마무리작업 등에 사용된다.

2) 회반죽

- 소석회를 반죽한 것으로 흰색의 매끄러운 표면을 나타낸다.
- 회반죽이 공기 중에서 굳을 때 필요한 물질 : 탄산가스
- 회반죽에 여물을 넣는 이유 : 균열을 방지하기 위하여

3) 벽토(壁土)

- 진흙에 고운 모래, 짚여물, 착색안료와 물을 혼합하여 반죽한 것이다.
- 목조 외벽에 바름으로써 자연스러운 분위기를 살릴 수 있다.
- 전통성을 강조하는 고유 토담집 흙벽, 울타리, 담에 사용한다.

02 방수공사

2-1 개요

- 방수재료를 이용하여 지붕, 욕실, 지하실, 외벽 등에서 건물 내부로 물이나 습기 등이 침투하는 것을 막기 위해 시공하는 공사를 말한다.

- 외기에 대한 영향은 도막방수가 아스팔트방수보다 민감하다.
- 공사기간은 도막방수가 아스팔트방수보다 짧다.
- 방수층의 신축성은 도막방수도 비교적 크지만, 시트방수가 가장 크다.
- 아스팔트방수는 방수층 끝마무리가 불확실하지만 도막방수는 간단하다.
- 방수공사는 크게 직접적으로 물이나 습기를 차단하는 방수공사와 방수공사가 제 성능을 발휘하도록 바탕을 만들거나 방수층을 보호하는 부속공사로 구분할 수 있다.
- 방수공사는 일반적으로 방수 부위에 따라 구분하며, 방수재료 및 시공방법에 의해서도 구분할 수 있다.
- 부속공사는 적용하는 방수 부위, 방수재료 및 시공방법에 따라 추가로 시공하는 항목이 다르기 때문에 필요한 보조공사가 무엇인지 확인한 후 수량을 산출한다.
- 시멘트 액체방수의 시공순서는 「방수액 침투 → 시멘트풀 바름 → 방수액 침투 → 보호 모르타르 바름」 순서로 진행된다.

2-2 방수 방법

1) 액체방수

- 재질 : 규산소다, 염화칼슘
- 용도 : 수조, 지하내벽
- 특징 : 모르타르에 방수제를 혼합하여 사용한다.
- 장점 : 공정이 간단하고, 가격이 저렴하며, 보수가 용이하다.
- 단점 : 충격에 약하여 피막이 손상될 우려가 있다.
- 작업방법 : 보호층 설치가 필수적이다.
- 규격 : C종

2) 에폭시방수

- 재질 : 에폭시 수지
- 용도 : 지상층 외벽
- 특징 : 에폭시 수지 도막처리
- 장점 : 접착성과 내약품성이 우수하다.
- 단점 : 습기에 민감하고, 피막손상시 하자가 발생한다.

- 작업방법 : 방수층 위에 시공한다.
- 규격 : 3회

3) 우레탄방수

- 재질 : 우레탄계 수지
- 용도 : 지상층 외벽
- 특징 : 우레탄 수지 도막처리
- 장점 : 신축성과 내약품성이 우수하다.
- 단점 : 박리현상이 일어나고 피막손상시 하자가 발생한다.
- 작업방법 : 방수층 위에 시공한다.
- 규격 : 3mm, 노출

4) 아스팔트방수

- 재질 : 아스팔트 루핑
- 용도 : 지붕, 지하외벽
- 특징 : 아스팔트 루핑 접착
- 장점 : 가격이 저렴하고, 외기에 대한 영향이 비교적 적다.
- 단점 : 결함 부분의 발견이 곤란하여 시공성이 불량하고, 재료 취급이 번잡하다.
- 작업방법 : 보호층 설치가 필수적이고, 습기를 제거한 후 시공해야 한다.
- 규격 : 8층 3겹

5) 시트방수

- 재질 : 합성고무, 합성수지
- 용도 : 지하바닥, 지하외벽
- 특징 : 합성수지로 피막 형성
- 장점 : 신축성, 내약품성이 우수하다.
- 단점 : 바닥 균열에 약하고, 균일한 시공이 어렵다.
- 작업방법 : 내후성이 있는 보호층 설치가 필수적이다.
- 규격 : 바닥 3mm

6) 구체방수

- 재질 : 콘크리트 화학반응제
- 용도 : 지하 내 · 외벽 및 바닥
- 특징 : 화학반응에 의해 콘크리트 내부에 침투한다.
- 장점 : 방수층 분리현상이 없다.
- 단점 : 구체 균열시 하자가 발생한다.
- 작업방법 : 방수제를 레미콘에 넣고 5분 이내에 혼합 후 사용한다.
- 규격 : 1회

7) 침투방수

- 재질 : 방수성 용액 및 혼화제
- 용도 : 지하 옹벽, 댐, 정수장
- 특징 : 콘크리트에 도포하여 침투충진
- 장점 : 침투성, 내약품성이 우수하다.
- 단점 : 바탕처리가 엄격해야 하고, 배합이 정확해야 한다.
- 작업방법 : 바탕처리 후 구체 표면에 2회 이상 도포한다.
- 규격 : 2차

[그림 48] 방수공사

연습문제

01 미장재료의 종류별 특징을 기술하시오.

02 시멘트 액체방수의 시공순서는?

03 도막방수, 아스팔트방수, 시트방수에 대하여 재질, 용도, 특징, 장점, 단점, 작업방법에 대하여 쓰시오.

04 합성고무 또는 합성수지를 주성분으로 하는 두께 1mm 정도의 합성고분자 루핑을 접착제로 바탕에 붙여서 방수층을 형성하는 공법은?

CHAPTER

18

도장공사

제18장 도장공사

01 개요

- 부식이나 오염으로부터 해당 부위를 보호하고, 색채 및 장식 등을 통해 건물을 아름답게 꾸미는 최종 마무리공사로 품질 및 미관상 매우 중요한 작업이다.
- 도장 재료와 종류, 도장 부위(바닥, 벽, 천장 등), 도장 방법(뿜칠, 붓칠, 롤러칠 등), 바탕면(목재, 철재, 콘크리트, 모르타르 등) 등에 따라서 구분하여 수량을 산출한다.
- 도료의 종류는 매우 다양하므로 설계도서에 명기된 사항을 확인한 후 수량을 산출한다.
- 도장공사의 수량을 산출할 때 대상물의 표면면적을 기준으로 산출하는 것이 원칙이지만 대상물이 복잡할 경우에는 도장배수를 이용하여 도장 면적을 산출하기도 한다.
- 목재면에 칠하여 마감하는 종류에는 에나멜, 오일스테인, 조합페인트 등이 있으며, 철재의 부식을 막기 위해 사용되는 것은 광명단이다.
- 유기질 도료는 수성페인트보다 내구성과 내수성이 좋다.
- 유성페인트는 수성페인트보다 늦게 마른다.
- 에나멜 페인트는 유성페인트보다 도막이 두껍고 내구성이 있으며, 색채와 광택이 좋다.
- 칠공법은 초벌, 재벌, 정벌의 3단계를 거친다.

02 수량산출 기준

- 방수공사는 방수재료 및 공법에 따라 종류별로 구분하여 정미수량(로스율을 감안하지 않은 수량)으로 산출한다.
- 정미수량을 산출할 때는 구조체의 안목치수를 기준으로 한다.
- 방수는 방수공법에 따라 적용하는 부속공사의 항목이 다르므로 사전에 설계도서에 명기된 내용을 확인하고 수량 · 산출한다.
- 시멘트, 모래 등 부자재가 필요한 경우에는 기준에 맞게 추가로 산출한다.

03 도장의 목적

- 물체 표면의 보호
- 풍우, 부후(腐朽), 노화방지
- 미관 증진

04 도료의 원료

1) 유지(油脂)

- 도장 후 공기 중의 산소와 화합하여 도막 구성요소를 녹여서 유동성을 갖게 만드는 물질로서 경화된다.
- 건조 후에는 견고한 도막의 일부가 된다.

2) 건조제(乾燥劑)

- 도료의 산소를 촉진시키기 위하여 가열한 후 기름에 용해시켜 사용한다.
- 리사지(PbO), 연탄, 이산화망간, 납, 망간, 코발트의 수지산 등이 사용된다.

3) 희석제(稀釋劑)

- 휘발성 용제라고도 하며, 그 자체에는 용해성이 없다.
- 기름의 점도를 낮추어 작업을 편리하게 하는 것으로 일반적으로 시너(thinner)라고 한다.
- 유성페인트, 유성바니시, 에나멜 등을 희석시키는 용도로 사용된다.

4) 수지(樹脂)

- 도막을 형성하는데 주체가 되는 원료이다.
- 용제에 녹으면 투명하고 점성이 있는 액체로 도장 후에는 도막의 일부가 된다.

5) 안료(顔料)

- 물, 기름, 알코올 등에 용해되지 않는 착색 목적으로 사용된다.
- 무기안료, 유기안료, 체질안료 등이 있다.

6) 착색제(着色劑)

- 목재의 투명도장 공정시 목재 고유의 색을 원하는 색으로 착색해서 마무리하기 위해 하는 것을 말한다.
- 바니시, 알코올, 유성 등은 색상을 선명하게 하고 건조 및 퇴색을 방지한다.

05 합성수지 도료의 종류와 특징

도료의 종류	특 징
페놀수지	• 목재 접착에 이용되는 접착제로서 내수·내구성 측면에서 우수하다. • 내수성, 내유성, 내산성, 내알칼리성 • 속성이면서 건조에 강함
비닐계 수지도료	• 초산비닐을 초산과 아세틸렌으로 합성한 도료이다. • 케톤, 에스테르, 타르계 용제에 용해되며, 휘발성 바니시 에나멜을 만든다.
에폭시수지	• 점착성이 좋고, 굴곡성이 있는 열경화성 수지이다. • 내약품성이 우수하여 충격 및 마모에도 강하며, 내수, 화학, 실험조, 드럼통, 내부 방청용에 사용된다.
아크릴수지	• 색이 선명하고, 내후성과 내약품성이 우수한 열가소성 수지로 콘크리트면에 많이 이용된다.
요소 멜라민수지	• 열경화성 수지로 자동차 도장 등에 많이 사용된다.
비닐수지	• 콘크리트면이나 화학공장 내산도장에 많이 사용된다.
실리콘수지	• 내열성, 내한성, 내약품성, 방수력이 좋아 목재, 석재, 콘크리트, 회반죽 벽면 등에 사용된다.
합성수지 에멀션	• 아교와 카세인을 사용한다.

출처 : 이승원, 조경기사·산업기사, 성안당, 2017, 저자 재작성.

06 도장방법

1) 수성페인트

- 안료를 적은 양의 물로 용해하여 수용성 교착제와 혼합한 분말상태의 도료를 말한다.
- 안료+아교, 카세인, 전분+물의 성분으로 내수성이고 내알칼리성이며, 모르타르와 회반죽 면에 쓰인다.
- 건물 외벽이나 콘크리트, 시멘트벽, 목재, 벽지 등에 주로 사용한다.
- 작업 순서는 「바탕만들기 → 바탕누름 → 초벌칠 → 페이퍼 문지르기 → 정벌칠」 순으로 한다.
- 취급이 용이하고 작업성이 좋다.
- 희석제로 물을 사용하므로 독성과 화재발생의 위험이 적다.
- 마감면의 마모가 크다.
- 건조는 빠르지만 광택이 없다.
- 내구성과 내수성이 약하므로 최근에는 합성수지 에멀션으로 많이 대체되고 있다.
- 사용하고 남은 페인트는 플라스틱 용기에 담아 밀봉하여 보관한다.
- 어둡고 서늘한 장소에 보관하되 기온이 영하 5℃일 때는 보온해 주어야 한다.

2) 유성페인트

- 휘발성 용제(시너)로 희석하는 페인트로 시너와 페인트 비율은 2:3이 좋다.
- 냄새가 심하고, 시간이 오래 걸리기 때문에 환기가 잘 되고 시공 시간이 넉넉할 때 시공하는 것이 좋다.
- 인화성이 크기 때문에 화기에 노출되지 않도록 주의한다.
- 내구성과 내수성이 우수하고 방수효과도 좋으며, 물체 손상이나 변형을 방지시켜주는 장점이 있어 실외나 건물 외벽에 많이 사용된다.
- 종류에는 에나멜 페인트, 래커 페인트, 우레탄 페인트, 에폭시 페인트 등이 있다.

(1) 목부 유성페인트

- 작업 순서는 「바탕만들기 → 초벌칠 → 퍼티칠 → 샌드페이퍼 문지르기 → 재벌칠 1회째 → 샌드페이퍼 문지르기 → 재벌칠 2회째 → 정벌칠」 순서로 한다.
- 초벌칠은 흡수를 방지하고, 재벌 및 정벌칠은 완전한 피막을 형성시켜 준다.

(2) 철부 유성페인트

작업 순서는 「바탕만들기 → 방청제 메우기 및 퍼티칠 → 샌드페이퍼 문지르기 → 재벌칠 1회째 → 샌드페이퍼 문지르기 → 재벌칠 2회째 → 샌드페이퍼 문지르기 → 정벌칠」 순으로 한다.

3) 천연페인트

- 휘발성 물질이나 중금속 등 인체에 좋지 않은 성분을 제외한 페인트로 식물에서 원료를 추출해서 만드는 페인트와 광물을 주원료로 만드는 페인트로 나눈다.
- 독성이 없고 무향으로 어린아이나 노약자가 있는 공간에 많이 사용되며, 시멘트 소재의 벽에 방출되는 포름알데히드를 차단해 주어 침실에도 많이 사용된다.
- 새집증후군 분해 성능이 있으며, 항균, 항곰팡이, 탈취, 단열, 습도 조절, 결로 예방 등 좋은 성능을 가지고 있다.
- 내후성과 내구성이 떨어져 건조시간이 길며, 색상이 다양하지 않은 단점이 있다.

4) 바니시

- 천연수지, 합성수지 또는 역청질을 건성유와 같이 열반응시켜 건조제를 넣고 용제를 녹인 것으로 투명도료로 많이 사용한다.
- 작업 순서는 「바탕만들기 → 초벌칠 → 페이퍼 문지르기 → 재벌칠 → 페이퍼 문지르기 → 정벌칠 및 마무리」 순으로 한다.
- 바니시를 사용하는 페인트는 에나멜 페인트이다.

5) 녹막이

- 금속면 보호와 부식 방지를 위해 사용하는 도료로 초벌도장을 한 후 그 위에 내후성이 있는 도료를 사용하며, 방청도료라고도 한다.
- 방청도료에는 광명단, 크롬산아연이 첨가된 징크로메이트(zincromate)계, 방청 산화철 도료, 워시 프라이머 등이 있다.
- 철제의 내구연한을 좌우하는 중요성과 바탕처리의 대비로서 중요하다.
- 처음 1회째 녹막이칠은 가공장에서 조립 전에 칠함을 원칙으로 한다.
- 화학처리를 하지 않는 것은 녹떨기 직후에 칠한다. 다만, 조립 후에 칠할 때에는 밀착된 면은 1회, 장래 녹막이칠이 곤란한 면은 1~2회씩 조립 전에 칠한다.

07 도장공사 작업시 유의사항

- 바람이 강하게 부는 날에는 작업하지 않는다.
- 칠의 건조 및 칠막 형성조건은 온도 20℃, 습도 70%가 적당하다.
- 온도가 5℃ 이하, 35℃ 이상이고, 상대습도가 85% 이상일 때에는 작업을 중단하거나 다른 조치를 취해야 한다.
- 칠막의 각 층은 얇게 하고, 충분히 건조시킨다.
- 칠하는 횟수(재벌, 정벌)를 구분하기 위하여 색을 바꾸는 것이 좋다.
- 솔칠은 위에서 아래로, 좌측에서 우측으로, 재의 길이방향으로 한다.

연/습/문/제

01 도료의 원료 중 유지, 건조제, 희석제, 수지, 안료, 착색제에 대하여 기술하시오.

02 목재면에 칠하여 마감하는 종류의 페인트는?

03 도장의 목적은?

04 목재 접착에 이용되는 접착제로서 내수 · 내구성 측면에서 품질이 가장 우수한 접착제는?

05 수성페인트에 대하여 기술하시오.

06 칠공사의 재료로 사용하는 도료 중에서 주로 투명한 상태로 사용되는 것은?

07 안료+아교, 카세인, 전분+물의 성분으로 내수성이 없고 내알칼리성이며, 광택이 없고 모르타르와 회반죽면에 쓰이는 페인트는?

08 바니시의 특성에 대하여 기술하시오.

09 녹막이의 특성에 대하여 기술하시오.

10 방청도료(녹막이칠)의 종류를 쓰시오.

11 도장공사 작업시 유의사항에 대하여 기술하시오.

CHAPTER

19

옹벽 및 구조역학

1. 옹벽
2. 힘과 모멘트
3. 구조물의 하중과 반력
4. 보의 종류와 응력

제19장 옹벽 및 구조역학

01 옹벽

1-1 옹벽의 종류

1) 중력식

- 자중으로 토압에 저항하는 형식이다.
- 높이는 4m 이하로 하여야 한다.
- 무근콘크리트 옹벽 또는 돌이나 벽돌을 이용한 조적식 옹벽이 이에 속한다.
- 부피와 무게가 크므로 기초 지반이 견고해야 한다.

2) 캔틸레버식

- 철근콘크리트로 단면의 형상에 따라 역T형과 L형으로 나누어진다.
- 높이는 6m까지 사용한다.
- 저판의 깊이는 동결 깊이보다 커야 하며 최소 1m 이상이어야 한다.

3) 부축벽식

- 역T형 옹벽에 수직벽과 직교된 밑판 위에 일정한 간격으로 부벽을 설치한 것이다.
- 높이는 7m까지 사용한다.

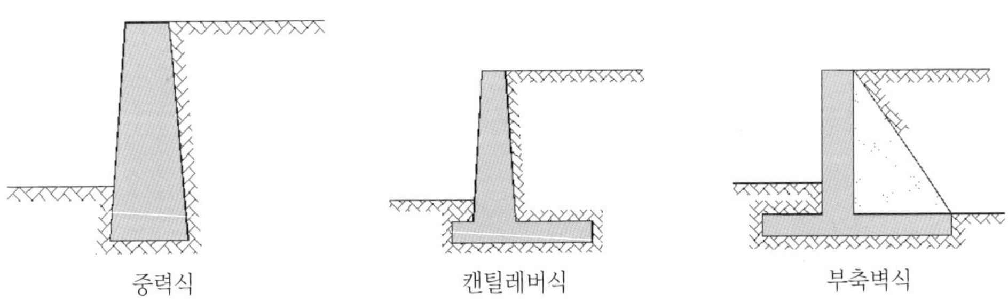

[그림 49] 옹벽의 종류

출처: 한국조경학회, 신조경시공학, 2016, 저자 재작성.

1-2 옹벽의 안정조건

1) 안정성의 3대 검토 요소

- 활동에 대한 검토
- 전도에 대한 검토
- 침하에 대한 검토

2) 검토사항

① 활동에 대한 검토

- 옹벽의 활동에 대한 안정은 토압과 관계된다.
- 활동에 대한 안정률(안전계수)은 1.5~2.0을 적용한다.

② 전도에 대한 검토

- 저항모멘트가 회전모멘트보다 커야만 옹벽이 안정적이 된다.
- 옹벽의 전도에 대한 안정은 토압과 자중에 관계된다.
- 전도에 대한 안정률(안전계수)은 2.0을 적용한다.

③ 침하에 대한 검토

- 기초지반에 생기는 최대 압축응력이 지반의 지지력보다 작으면 기초는 안정적이다.
- 옹벽의 침하에 대한 안정은 허용지지력에 관계된다.

3) 역학적인 3대 검토요소

- 지지력 : 지반에 설치된 말뚝과 같은 구조물을 포함하여 버티는 힘
- 모멘트 : 한 지점에 대한 힘의 회전능률
- 미끄러짐 : 비탈지거나 미끄러운 곳에서 한쪽으로 밀려 나가거나 넘어짐

1-3 옹벽의 배수시설

- 지하수 처리 : 옹벽 저부
- 표면수 처리 : 옹벽 상부
- 배수공 설치 : 옹벽의 종벽에 수평 · 수직으로 1.5~2.0m^2마다 직경 5~10cm의 배수공 설치
- 필터층 설치 : 옹벽 배변의 배수공 위치
- 뒤채움 토양 선정시 유의 : 양질의 토사를 사용

1-4 옹벽 설계시 유의사항

- 옹벽이 길게 연속되는 경우에는 신축이음을 설치한다.
- 벽돌조적조 옹벽은 토압을 받는 부분의 높이가 2.5m를 초과해서는 안 된다.
- 1.2m 이내일 경우 옹벽두께를 15~19cm 이상으로 하고, 1.2~2.5m 부분은 직상층 벽두께에 10cm를 가산한 두께 이상으로 한다.

1-5 옹벽에 작용하는 토압의 종류

1) 정지토압

- 자연지반에서 수평방향으로 작용하는 응력
- 옹벽의 뒤채움 흙을 채운 뒤에도 벽체에 변위가 생기지 않을 때, 즉 수평방향으로 변위가 없을 때의 토압

2) 주동토압

- 배토의 팽창에 의해 발생
- 옹벽이 횡방향의 압력으로 반시계방향으로 회전하거나 벽체를 외측으로 움직일 때의 토압

3) 수동토압

어떤 힘이 옹벽을 배면쪽으로 미는 경우인데, 이러한 경우 뒤채움한 흙은 압박을 받아 그 중 일부가 하나의 활동면을 따라 상향으로 밀려 올라가게 된다.

1-6 토압의 작용범위와 작용점

1) 배토의 범위(랭킨의 토압이론)

- 흙의 안식각 외부에 옹벽과 접하고 있는 흙의 부위를 말한다.
- 배토면의 수평면일 때 토압의 작용점은 옹벽 높이의 1/3 지점에서 수평으로 작용한다.
- 토압계산(P_a) $= 0.286\dfrac{Wh^2}{2}$ · · · (상재하중이 없을 때)

  $P_a = 0.833\dfrac{Wh^2}{2}$ · · · (상재하중이 있을 때)

  W : 흙의 단위중량(kgf/m^3)

  h : 옹벽의 수직높이(m)

1-7 옹벽 시공시 유의사항

- 옹벽의 전면경사가 앞으로 기울어지는 것을 피해야 한다.
- 겨울에 동상의 피해를 입지 않도록 지면에서 1.0m 이상에 기초를 둔다.
- 옹벽 되메우기는 옹벽 구체가 완전히 양생된 후 시행한다.
- 옹벽 필요 장소에 신축줄눈을 두고 철근은 절단하여야 한다.

02 힘과 모멘트

2-1 힘(force)

- 작용점과 방위와 방향을 말한다.
- P 또는 W로 표시되며, W는 중력에 의한 것일 때 주로 쓰인다.

1) 힘의 3요소

- 크기 : 길이(L)로 표시한다.
- 방향 : 각도(θ)로 표시한다. 또한 힘이 작용하는 방향에 따라 (+) 또는 (−)로 표시할 수 있다.
- 작용점 : 좌표 (x_1, y_1)로 표시한다.

2-2 모멘트(moment)

- 한 지점에 대한 힘의 회전능률
- $M = Pd$ 또는 $M = PL$

  M : 모멘트(kgf · cm)
  P : 작용하는 힘(kgf)
  d : 모멘트팔(m)
  L : 작용점에서 힘까지의 거리(m)

- 시계방향으로 작용하면 (+), 반시계방향이면 (−)로 표시한다.
- 단위는 t · m, kg · m, g · cm으로 나타낸다.
- 모멘트(회전능률)는 힘과 거리에 비례한다.

2-3 우력(couple of forces)

- 크기가 같고, 서로 평행한 작용선을 가지며, 방향이 반대인 한 쌍의 힘을 말한다.
- 물체에 우력이 작용하면 물체는 회전운동을 일으킨다.
- $M=PL$ 또는 $M=Pd$

M : 모멘트(kgf · cm)
P : 작용하는 힘(kgf)
d : 모멘트팔(m)
L : 두 힘 사이의 거리(m)

03 구조물의 하중과 반력

1) 하중

- 구조물에 응력을 일으키는 외적 작용을 말한다.
- 구조체나 벽체 등의 체적에 재료의 단위용적당 중량을 곱하여 구한다.

2) 하중의 종류

① 고정하중

- 구조물의 자중과 같이 항상 일정한 위치에서 작용하는 하중이며, 정하중 또는 사하중이라고도 한다.
- 고정하중=단위중량×체적으로 계산한다.

② 이동하중

구조물에 항상 작용하는 하중이 아니라 시간적으로 달라지는 하중으로 활하중 · 동하중 · 적재하중이라고도 한다.

③ 집중하중

- 어느 정도 한 점에 집중하여 작용하는 하중을 말한다.
- 집중하중은 기호를 “P” 또는 중력에 의한 것일 때는 “W”를 사용하며, 단위는 kg이나 ton을 사용한다.

④ 분포하중

- 어떤 범위 내에 하중이 분포되어 작용하는 것을 말한다.

- 하중이 일정한 길이 또는 면적에 걸쳐 동일한 세력으로 분포되어 있을 때 그 하중을 등분포하중이라 한다.
- 등분포하중의 기호는 "W"를 사용하고, 면적 등분포하중일 때는 kgf/m^2, 선적 등분포하중일 때에는 kgf/m를 사용한다.

⑤ 장기하중

구조물의 자중, 콘크리트 크리프와 같은 하중을 장기하중이라 한다.

⑥ 단기하중

- 단기하중은 차량하중, 충격, 풍하중, 지진, 눈하중 등과 같이 구조물에 잠시 동안만 작용하는 하중을 말한다.
- 단기하중은 장기하중보다 조금 더 크게 취하도록 되어 있다.

⑦ 눈하중

- 구조물에 눈이 쌓이는 눈의 중량을 말한다.
- 등분포하중으로 간주한다.

⑧ 풍하중

- 구조물에 재난을 일으키는 빈도가 가장 많은 하중이다.
- 구조물의 역학적 해석에 있어 하중 결정에 세심한 주의와 판단을 필요로 한다.

3) 반력(reaction)

- 구조물에 하중이 작용할 때 구조물이 정지상태를 유지하려면 구조물을 지지하기 위한 지점이 있어야 하고, 각 지점에서는 하중과 평형을 유지하기 위해 반력이 생기게 된다.
- 구조물의 반력에는 수평반력, 수직반력, 모멘트반력, 비틀림반력 등이 있다.
- 구조물의 외력은 반력을 포함한 하중을 말한다.
- 구조물은 하중과 반력에 의해 힘의 평형을 이루고 있다.

4) 구조물

① 트러스(truss)

2개 이상의 직선부재(直線部材) 양단을 마찰이 없는 힌지(hinge)로 연결한 구조물을 말한다.

② 라멘(rahmen)

- 골조구조의 절점(節點)이 고정되어 있는 구조형식을 말한다.
- 기둥과 보가 강성(剛性)으로 접합되어 연속적으로 이루어진 골조가 일반적이다.

- 라멘부재는 축력 및 전단력과 함께 휨모멘트가 작용한다. 그러나 축력이나 전단력은 휨모멘트에 비해 매우 작아서 휨모멘트가 라멘부재의 설계를 지배한다.

③ 아치(arch)

- 아치 리브(arch rib)와 같은 곡선부재를 사용한 것을 말한다.
- 주로 하중을 받는 부재는 아치 리브이다.

5) 구조설계 과정

구조계획 → 구조해석 → 구조계산 → 도면작성

6) 구조물을 역학적으로 설계하기 위한 계산과정

하중 산정 → 반력 산정 → 외응력 계산 → 내응력 산정 → 허용응력과 내응력의 크기 비교 → 구조의 안정성 판단

04 보의 종류와 응력

1) 보의 개념

- 하나의 직선부재로 된 구조물을 말한다.
- 연직하중만 작용하므로 휨모멘트, 전단력만 생긴다.

2) 보의 종류

① 단순보

1개의 보가 양단(兩端)으로 지지되어 그 일단(一端)은 회전지점으로 타단(他端)은 하중지점으로 지지하고 있다.

② 캔틸레버보

일단이 고정지점이고, 타단은 지점 없이 자유로운 상태로 되어 있다.

③ 내민보

지점의 구조는 단순보와 같으나 일단 또는 양단이 지점에서 바깥쪽으로 나와 있는 구조이다.

④ 게르버보

3개 이상의 지점을 가지면서 적정한 수의 경첩을 달고 있는 보로서 단순보와 내민보를 조합한 것이다.

⑤ 고정보

보의 양단을 고정한 것으로 반력의 수가 4개 이상이기 때문에 평형 3조건만으로 풀 수 없는 보이다.

⑥ 연속보

1개의 보를 3개 이상의 지점으로 지지하고 있는 보이다.

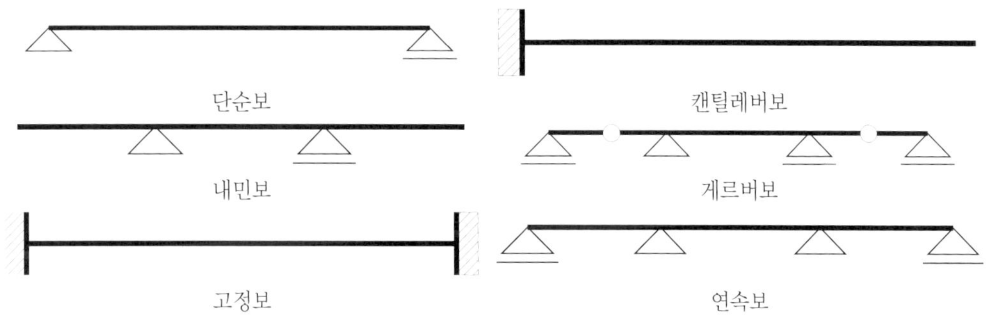

[그림 50] 보의 종류

출처: 이승원, 조경기사 · 산업기사, 2016, 저자 재작성.

3) 기둥

- 축하중만 작용하는 경우는 축방향력만 생긴다.
- 반면에 편심축하중이 작용하는 경우는 축방향력, 휨모멘트가 생긴다.
- 축하중, 횡력 또는 축하중과 모멘트가 작용하는 경우는 축방향력, 휨모멘트, 전단력의 3가지 외응력이 동시에 생긴다.

4) 응력의 종류

- 응력의 단위는 kgf/cm^2 또는 tf/cm^2로 표시한다.
- 응력에는 외응력과 내응력이 있다.
- 외응력에는 축방향력(축력), 전단력, 휨모멘트(곡모멘트)가 있다.
  - 축방향력 : 구조물상의 한 점에서 부재를 축방향으로 압축 또는 인장하려고 하는 힘을 말한다.
  - 전단력 : 보를 전단하려고 하는 두 힘 간의 거리가 매우 미소한 한 쌍의 우력을 전단력이라고 한다.
  - 휨모멘트 : 구조물상의 한 점을 회전시키려고 하는 회전능률을 말한다.

• 내응력에는 축응력(인장응력, 압축응력), 휨응력, 전단응력, 비틀림응력, 편심응력, 장주응력 등이 있다.

– 인장응력 : $\sigma_t = \dfrac{P_t}{A}$

– 압축응력 : $\sigma_c = \dfrac{P_c}{A}$

여기서, σ_t : 인장응력(kgf/cm^2 또는 tf/cm^2)
σ_c : 압축응력(kgf/cm^2 또는 tf/cm^2)
P_t : 인장력(kgf 또는 tf)
P_c : 압축력(kgf 또는 tf)
A : 단면적(cm^2)

– 전단응력 : $r = \dfrac{S}{A}$

여기서, r : 전단응력(kgf/cm^2 또는 tf/cm^2)
S : 전단력(kgf/cm^2 또는 tf/cm^2)
A : 전단면적(cm^2)

– 휨응력 : 수평의 구조부재에 연직방향으로 하중이 작용하면 중심축의 윗방향은 압축되고, 아랫방향은 인장된다. 이때 부재단면은 이에 저항하여 압축응력과 인장응력이 생기게 되는데, 이 응력을 말한다.

– 비틀림응력 : 봉의 양단에 반대방향의 우력모멘트를 봉의 축에 수직으로 가하면 그 봉은 꼬임을 받으며, 이에 대응하기 위해 봉의 내부에 특수 응력이 생기게 되는데, 이 응력을 말한다.

– 편심응력 : 단면상에서 편심축력이 작용하는 점이 부재단면의 대칭축상에 있지 않은 경우 또는 대칭축이 없는 단면에 편심축력이 작용할 때 부재단면 내에 생기는 응력을 말한다.

연 / 습 / 문 / 제

01 옹벽의 종류와 특징에 대하여 기술하시오.

02 옹벽의 안정성 3대 검토요소는?

03 옹벽에 작용하는 토압의 종류에 대하여 기술하시오.

04 옹벽의 안정조건 검토시 안정조건에 대하여 기술하시오.

05 어느 옹벽의 활동력이 3,000kg이고 기초지반의 마찰계수는 0.6이다. 이 옹벽의 중량이 5,000kg일 때 활동에 대한 안전계수는?

06 옹벽 시공시 유의사항에 대하여 기술하시오.

07 힘의 3요소는?

08 물체에서 작용하는 크기가 같고 방향이 반대인 평행한 두 힘을 무엇이라 하는가?

09 모멘트(moment)에 대하여 기술하시오.

10 우력(couple of forces)에 대하여 기술하시오.

11 반력(reaction)에 대하여 기술하시오.

12 고정하중과 이동하중에 대하여 기술하시오.

13 보의 종류와 특징에 대하여 기술하시오.

14 응력에 대하여 기술하시오.

15 부재의 단면적이 5cm×5cm되는 기둥에 50kg의 수직하중이 작용할 때 응력도는 얼마인가?

16 다음 그림과 같은 단순보를 가진 구조물에서 A지점의 반력(tf/m)은 얼마인가?

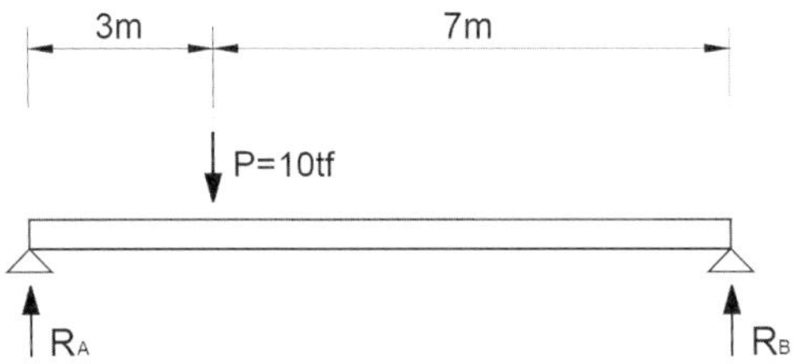

17 다음 그림에서 도심축에 대한 단면 2차 모멘트(cm^4)는 얼마인가?

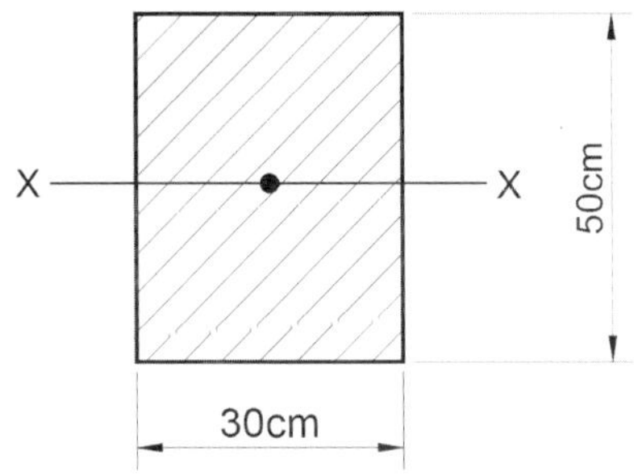

CHAPTER

20

편익(휴게) 및 놀이시설공사

제20장 편익(휴게) 및 놀이시설공사

01 편익(휴게)시설

1-1 개요

일반적으로 시민에게 편리하고 유익한 시설로 생활권역 내에서 공동으로 이용하는 시설에 해당하는 공공적 성격이 강한 시설을 말한다.

1-2 편익(휴게)시설 시공

1) 파고라

① 배치

시각적으로 넓게 조망할 수 있는 곳이나 비스타(Vista) 끝나는 곳에 초점요소로 배치할 수 있다.

② 형태 및 규격

- 평면형태는 정사각형 및 직사각형을 기본으로 하며, 공간의 성격에 따라 원형, 아치형, 부정형 등 다양하게 할 수 있다.
- 높이는 인간척도와 사용재료, 주변경관, 태양의 고도 및 방위각, 다른 시설과의 관계를 고려하여 결정하되 일반적으로 220~260m를 기준으로 한다.

[그림 51] 파고라

- 태양의 고도 및 방위각을 고려하여 부재의 규격을 결정하며, 해가림 덮개의 투영밀폐도는 70%를 기준으로 한다.
- 휴게기능을 보완하기 위하여 의자를 설치할 수 있으며, 등의자보다는 평의자로 설치한다.

2) 의자

① 배치

- 휴게공간과 건물·보행로·놀이터 등에 배치하고, 소음이 심한 곳이나 급한 비탈면 등 지반이 불량한 곳에는 설치하지 않는다.
- 등의자는 긴 휴식이 필요한 곳에, 평의자는 짧은 휴식이 필요한 곳에 설치하며, 공공공간에는 가급적 고정식으로 하고, 정원 등 관리가 용이한 곳에는 이동식을 설치한다.
- 산책로에는 일렬식으로, 피크닉장에는 둥근 형태로 하며, 공원이나 광장 등 넓은 곳에는 원형이나 사각형 등으로 공간특성을 고려하여 배치한다.
- 장애인 이용을 위한 의자를 배치할 때에는 측면에 120×120cm, 전면에 180×180cm의 휠체어 공간을 확보해야 한다.

② 형태 및 규격

- 크기에 따라 1인용·2인용·3인용으로 구분되고, 조합형태에 따라 일렬형·병렬형·원형·사각형·시설연계형 등으로 다양하다.
- 집합도에 따라 단식형·연식형으로 구분된다.
- 이동성에 따라 이동식·고정식으로 구분된다.
- 등받이 유무에 따라 등의자·평의자로 구분된다.
- 등받이 각도는 수평면을 기준으로 95~110°를 기준으로 한다.
- 앉음판 높이는 34~46cm, 폭은 38~45cm를 기준으로 한다.
- 팔걸이 높이는 앉음판으로부터 18~25cm를 기준으로 하고, 팔걸이 폭은 3cm 이상으로 하며, 부착각도는 수평면을 기준으로 등받이쪽으로 10~20° 낮게 설치한다.
- 의자 길이는 1인당 최소 45cm를 기준으로 하되 팔걸이 부분의 폭은 제외한다.
- 지면으로부터 등받이 끝까지 전체 높이는 75~85cm를 기준으로 한다.
- 등의자 곡률반경의 경우 앉음판 오금 부위는 15~16cm, 엉덩이 부위는 7~8cm, 등받이 상단은 15~16cm를 기준으로 한다.

[그림 52] 의자

02 놀이시설공사

2-1 개요

- 놀이시설은 어린이의 신체적 · 정서적 · 사회적 · 창조적 · 인지적 능력을 발전시킬 수 있는 시설이어야 하며, 이용자의 다양한 욕구가 반영되어야 한다.
- 제작 · 설치 · 시공 및 유지관리의 용이성과 경제성 등도 고려되어야 한다.
- 기능과 연령에 따라 다양하게 구성되어 있다.

2-2 놀이공간의 구성

- 어린이의 이용에 편리하고 햇볕이 잘 드는 곳에 배치한다.
- 이용자의 연령별 놀이특성을 고려하여 어린이놀이터와 유아놀이터로 구분한다.
- 놀이터와 도로 · 주차장 및 기타 인접시설물과의 사이에는 폭 2m 이상의 녹지공간을 배치한다.
- 공동주택단지의 어린이놀이터는 건축물 외벽 각 부분으로부터 5m 이상 떨어진 곳에 배치해야 한다.
- 놀이공간은 입지에 따라 규모 · 형상을 달리함으로써 장소별 특성을 갖도록 한다.
- 공동주택단지의 주동 인근에는 유아놀이터 배치를 고려한다.

2-3 시설 배치

1) 놀이시설 배치

- 놀이시설 진출입로는 차량동선과 직접 면하지 않도록 완충공간을 설치한다.
- 놀이시설은 지역여건과 주변 환경을 고려하여 놀이터에 따라 단위놀이시설, 복합놀이시설 등을 조화되게 설치한다.
- 인접 놀이터와 기능을 달리하여 장소별 다양성을 부여하도록 한다.
- 어린이의 안정성을 우선적으로 고려하며, 높이가 급격하게 변화하지 않도록 설계한다.
- 놀이공간 안에서는 어린이 놀이와 보행동선이 충돌하지 않도록 주 보행동선에는 시설물을 배치하지 않도록 한다.
- 하나의 놀이공간에는 동일 시설의 중복배치를 피하고 놀이시설을 다양하게 배치한다.
- 놀이터와 도로 · 주차장, 기타 인접 시설물과의 사이에는 폭 2m 이상의 녹지공간을 배치한다.
- 통행이 잦은 놀이동선이나 통과동선에는 로프 · 전선 등의 줄이 사선으로 설치되지 않도록 한다.

2) 배수시설

- 바닥에 물이 고이지 않도록 심토층 배수 및 표면배수를 설치한다.
- 맹암거의 배수시설은 평균 5m 간격으로 배치하고 놀이시설 등 구조물의 기초를 관통하지 않도록 한다.
- 맹암거 등 심토층 배수시설의 종점에는 집수정을 설치하며, 집수정 위치는 녹지대 또는 포장구간에 배치한다.

3) 배식

- 녹음을 조성하도록 정자목 형태의 대형목을 식재하도록 한다.
- 놀이터가 주거동에 인접할 경우에는 사생활 보호를 위해 방음 · 차폐식재를 하도록 한다.

2-4 놀이시설 시공

1) 어린이 놀이시설

① 설계 · 시공시 고려사항

- 놀이터는 접근성이 좋은 곳에 입지시키고, 충분한 면적이 확보되어야 한다.

- 운동장의 배수를 위한 구배는 1% 이상 되어야 하며, 공간의 특성상 운동장의 구배는 2.5%를 초과해서는 안 된다.
- 기존의 식생과 지형을 보존할 수 있는 방법으로 설치한다.
- 미관 증진 및 활동 통제와 교통차단을 위하여 충분히 식재해야 한다.
- 어린이의 신체치수와 동작치수를 고려해야 한다.
- 어린이 놀이시설은 안정성 · 기능성 · 쾌적성 · 조형성 · 창의성 · 유지관리 등을 충분히 고려하여 설치한다.
- 특히 이용 계층을 소년용, 유아용으로 구분하고, 신체조건 및 놀이 특성에 따른 이용형태를 우선적으로 고려하여 놀이시설의 기능 부여 · 연계 · 규격 · 구조 및 재료 등을 설정해야 한다.

[그림 53] 어린이놀이터

2) 모래밭

① 규모

모래밭의 크기는 30m^{2}를 기준으로 하되 설계조건에 따라 달리 할 수 있다.

② 배치

- 휴게시설 가까이에 배치하도록 한다.
- 모래밭에는 흔들놀이시설 등 작은 규모의 놀이시설이나 놀이벽, 놀이조각을 배치하고, 큰 규모의 놀이시설은 배치하지 않도록 한다.

③ 모래막이

모래막이 마감면은 모래면보다 5cm 이상 높게 하고, 폭은 12~20cm를 표준으로 하며, 모래밭쪽의 모서리는 둥글게 마감한다.

④ 배수

- 바닥은 빗물 배수를 위하여 맹암거 · 잡석 깔기 등 적절한 배수시설을 설치한다.
- 모래밭의 깊이는 놀이의 안전을 고려하여 30cm 이상으로 한다.

[그림 54] 모래밭

3) 미끄럼대

① 배치

- 가급적 북향 또는 동향으로 배치한다.
- 주동에 인접한 놀이터는 미끄럼대 위에서 인근 세대의 사생활이 침해되지 않도록 설치한다.
- 시설물 주위로 3m 이상 이용공간을 확보한다.
- 미끄럼대 손잡이 부분은 잘 다듬어야 하고, 각 부분의 곡률이 일정해야 한다.

② 미끄럼판

- 미끄럼판 높이는 1.2~2.2m의 규격을 기준으로 한다.
- 미끄럼판 기울기는 30~35° 로 재질을 고려하여 설치한다.
- 1인용 미끄럼판 폭은 40~50cm를 기준으로 한다.
- 미끄럼판 출입구 폭은 미끄럼판 폭과 같은 크기로 한다.
- 미끄럼판을 스테인리스로 할 경우 접착 부위는 반드시 전기용접을 해야 한다.

③ 착지판

- 착지면은 모래판 및 지면에서 10cm 이상 이격해서는 안 된다.
- 미끄럼판의 높이가 90cm 이상인 경우 미끄럼판의 아래 끝부분에 감속용 착지판을 설치해야 하며, 착지판의 길이는 50cm 이상으로 한다.

④ 날개벽

미끄럼판의 높이가 1.2m 이상인 경우 미끄럼판 양 옆으로 높이 15cm 이상의 날개벽을 설치한다.

⑤ 안전손잡이

미끄럼판의 높이가 1.2m 이상인 경우에는 미끄럼판과 상계판 사이에 균형 유지를 위하여 높이 15cm 정도의 안전손잡이를 설치한다.

[그림 55] 미끄럼대

4) 그네

① 배치

- 햇빛을 고려하여 북향 또는 동향으로 배치한다.
- 놀이터 중앙이나 출입구 주변을 피하여 모서리나 외곽에 배치한다.
- 통행량이 많은 곳에는 배치하지 않는다.
- 시설물 주위로 3m 이상 이용공간을 확보한다.

② 안장

- 안장과 모래밭의 높이는 35~45cm가 되도록 하며(유아용인 경우에는 25cm 이내), 이용자의 나이를 고려하여 설치한다.
- 맹암거 등의 배수시설을 안장의 아래 부위에 설치한다.

③ 그네보호책

- 그네와 통과동선 사이에는 그네보호책 등의 보호시설을 설치한다.
- 그네의 회전반경을 고려하여 그네길이보다 최소 1m 이상 멀리 설치한다.
- 보호책의 높이는 60cm를 기준으로 한다.

5) 시소

① 배치

- 2연식의 경우 길이는 3.6m, 폭 1.8m를 표준규격으로 한다.
- 시설물 주위로 2m 이상 이용공간을 확보한다.

② 완충재 설치

앉음판이 지면에 닿는 부분은 충격을 줄일 수 있도록 타이어 등 완충재를 설치한다.

6) 기어오르기

① 배치

- 시설의 높이는 2.5~4m를 기준으로 하고, 줄은 내구성 · 안정성 등에 적합하도록 설치한다.
- 사다리 기어오르기 시설의 기울기는 65~70° 를 기준으로 하고, 너비는 40~60cm를 기준으로 하며, 원형일 때에는 곡률이 일정하도록 한다.

7) 야영장

① 입지조건

- 평탄지보다 완경사면이 좋다.
- 하부식생이 적은 수림지가 좋다.
- 숲에서는 나무의 높이가 높은 곳이 좋다.
- 재해 발생이 우려되는 곳은 피해야 한다.

② 설계시 부지 선정 요건

- 지형, 토양이나 토질, 기생, 식생, 주변 토지이용 상황, 동물 및 해충 유무, 경관, 재해, 전기 및 통신 가설 가능성의 난이도 등이다.
- 강풍으로부터 보호받을 수 있는 곳
- 비, 눈 등의 피해가 없는 곳
- 완경사 지역이며 배수가 양호한 곳

8) 앉음벽

- 휴게공간이나 보행공간 가운데 배치할 경우 주보행동선을 평행하게 배치한다.
- 앉음벽 높이는 34~46cm이다.

[그림 56] 앉음벽

9) 야외탁자

- 앉음판의 높이는 34~41cm를 기준으로 하며, 앉음판 폭은 26~30cm를 기준으로 한다.
- 야외탁자 너비는 64~80cm를 기준으로 한다.
- 야외탁자는 형태에 따라 사각형 · 원형 · 집합도에 따라 단식형 · 연식형, 의자의 부착 유무에 따라 분리형 · 부착형으로 구분한다.
- 보행로에 배치할 경우에는 보행동선과 충돌이 일어나지 않도록 완충공간을 확보한다.

연/습/문/제

01 동적인 놀이시설(그네, 미끄럼대 등)과 정적인 놀이시설(시소 등)의 이용 공간 확보는 얼마인가?

02 모래밭의 크기와 깊이의 표준기준은?

03 어린이놀이터 설계 · 시공시 고려사항은?

04 모래밭 놀이시설의 설치기준에 대하여 기술하시오.

05 미끄럼대 놀이시설의 설치기준에 대하여 기술하시오.

06 미끄럼대 미끄럼판의 각도와 폭은?

07 그네 놀이시설의 설치기준에 대하여 기술하시오.

08 시소 놀이시설의 설치기준에 대하여 기술하시오.

09 2연식 시소의 표준규격은?

10 기어오르기 놀이시설의 설치기준에 대하여 기술하시오.

11 야영장의 입지조건은?

12 야영장을 설계하고자 할 때 부지선정에 관한 요건에 대하여 기술하시오.

13 야외탁자의 설치기준에 대하여 기술하시오.

CHAPTER

21

운동 및 체육시설공사

1 운동시설

2 체육시설

제21장 운동 및 체육시설공사

01 운동시설

1-1 개요

- 운동시설은 옥내 및 옥외에 설치되는 모든 종류의 체육시설, 경기시설, 체력단련시설 등을 의미한다.
- 조경공간에 설치되는 여러 가지 운동시설은 체육경기를 목표로 하는 시설을 의미하는 것은 아니며, 옥외공간에 시민이 자유롭게 이용할 수 있도록 설치된 생활체육시설 및 체력단련시설을 말한다.

1-2 운동시설 배치

1) 배치

- 이용자의 눈부심을 최소화하기 위해 시설의 장축은 남-북 또는 북서-남동 방향으로 배치한다.
- 관람자를 위한 스탠드는 서쪽에 배치한다.
- 이용자의 안전을 고려하여 위험요소가 없도록 설계되어야 하고 시공시 안정성을 검토하여야 한다.

2) 배수

- 운동장은 원활한 배수를 위하여 1% 이상의 관(管) 기울기를 둔다.
- 운동시설 부지의 지반고는 인접 지반고보다 낮지 않도록 시공하되, 불가피한 경우 지표수가 유입되지 않도록 측구 및 집수정 설치 등의 조치를 취하며, 부지 중앙에서 주변을 향하여 기울기를 잡아 표면배수를 유도한다.

1-3 운동시설의 시공

1) 축구장

① 배치

- 햇빛에 의한 눈부심을 방지하기 위하여 장축을 남북방향으로 길게 배치한다.

- 경기장의 크기는 규격에 따르며, 길이는 폭보다 길어야 한다.

② 포장 및 배수

- 표면배수는 운동장에 물이 고이지 않도록 중앙에서 주변으로 균등한 기울기로 경사지게 하고 배수로를 설치한다.
- 표면배수는 0.5~2%의 기울기를 두어 운동장 외부의 U형 측구나 빗물받이, 집수정 등의 집수시설로 집수되도록 하며, 배수면적이 넓을 경우 중간에 별도의 집수시설을 설치하여 표면배수로 인한 침식을 방지해야 한다.
- 심토층 배수는 간선과 지선으로 구분하여 배수망을 설치하고, 시점과 종점의 지반고를 확인하여 일정한 배수관 구배가 되도록 한다.
- 맹암거용 잡석은 경질의 깬자갈 또는 조약돌로서 지름 40~90mm 정도의 규격을 사용한다.

2) 배구장

① 배치

- 장축을 남북방향으로 배치하며 바람의 영향을 받기 때문에 주 풍향에 수목 등의 방풍시설을 마련한다.
- 배구 6인제 코트의 규격은 폭 9m, 길이 18m이며, 적정한 대지면적은 350~400m^2이다.

② 포장 및 배수

- 포장은 우레탄 포장 또는 흙포장으로 한다.
- 매끄럽고 평탄하며, 균일한 표면을 가지고 있어야 하지만 옥외코트의 경우는 배수를 위해 0.5%까지의 기울기를 둔다.

3) 농구장

① 배치

- 코트의 방위는 남-북축을 기준으로 하고, 가까이에 건축물이 있는 경우에는 사이드라인을 건축물과 직각 혹은 평행하게 배치한다.
- 코트 주위에는 펜스를 치고 방풍식재를 하도록 한다.
- 라인의 바깥쪽에는 최소 3m의 여유공간을 확보하여 운동에 지장이 없도록 하고, 휴식기능을 부여할 수 있도록 한다.
- 농구코트의 국제규격은 경계선의 안쪽을 기준으로 가로 28m, 세로 15m이다.

② 포장 및 배수

- 코트는 마사토 포장이나 미끄러지지 않는 포장재를 사용한다.
- 옥외농구장의 경우 미끄러짐 방지를 위해 콘크리트와 같은 딱딱한 포장재를 사용해서는 안 된다.

[그림 57] 농구장

4) 테니스장

① 배치

- 장축의 방위는 정남북으로부터 동서 5～15° 편차 내의 방향이 일치하도록 하며, 코트의 장축방향과 주 풍향의 방향이 일치되도록 한다.
- 테니스장 포스트의 중심은 코트의 양쪽에서 각 0.914m 밖에 위치하고, 높이는 1.067m 이다.

② 포장 및 배수

- 코트는 클레이 코트 테니스장과 우레탄 코트 테니스장으로 구분된다.
- 클레이 코트 테니스장의 경우 원지반은 표층구배에 맞추어 정지 및 다짐작업을 충분히 해야 하며, 코트단면의 구조는 잡석층, 마사층, 중간층, 표층으로 구분하여 설치한다.
- 클레이 코트 테니스장의 경우 잡석층이 ∅40mm 이하의 골재를 포설하고 전압과 물다짐을 한다.
- 우레탄 코트 테니스장의 경우 우레탄 평활도를 위해 바닥콘크리트 기층면을 요철이 없도록 조성하고, 허용오차 이상의 요철이 생길 경우 우레탄 시공 전에 교정한다.
- 표면배수를 위한 기울기는 0.2～1.0%의 범위로 하고, 빗물을 측구에 모아 배수시킨다.
- 심토층 배수관은 라인의 바깥쪽에 설치하도록 한다.

5) 핸드볼장

① 배치

방위에 대한 특별한 규정은 없다.

② 포장 및 배수

- 포장은 우레탄포장이나 흙포장으로 한다.
- 매끄럽고 평탄하며, 균일한 표면이어야 하지만 옥외코트의 경우에는 배수를 위해 0.5%까지 기울기를 둔다.

6) 게이트볼장

- 게이트볼장 인사이드라인은 세로 5~20m, 가로 20~25m 범위이다.
- 게이트볼 경기장의 최소 면적은 17m×22m=374m^{2}이다.

7) 배드민턴장

① 배치

- 경기장 규격은 세로 13.4m, 가로 6.1m이다.
- 라인은 4cm 폭의 백색 또는 황색 선으로 그린다.
- 네트 포스트는 코트 표면으로부터 1.55m의 높이로 사이드라인 위에 설치한다.

② 포장 및 배수

코트는 평탄하고 균일한 표면이어야 하지만 옥외코트의 경우는 배수를 위해 0.5%까지 기울기를 둔다.

[그림 58] 배드민턴 및 족구장

8) 야구장

① 배치

방위는 내 · 외야수가 태양을 등지고 경기할 수 있도록 하고, 홈플레이트는 동쪽에서 북서쪽 사이에 자리잡게 한다.

02 체육시설

2-1 개요

- 체육시설은 생활체육시설로써 어린이, 청장년 등 전 연령대가 이용할 수 있도록 설계 · 시공되어야 한다.
- 주택단지의 외곽녹지 주변이나 공원 산책로 주변에 설치하며, 시설이 체계적으로 배치되어 연계적 운동이 가능하도록 한다.
- 과거에는 현장에서 제작하는 경우가 많았으나 근래에는 조경시설물이나 체육시설물 제조업체의 기성품으로 설치하는 경우가 대부분이다.

2-2 체육시설 시공

1) 설치 시 유의사항

- 체육시설은 이용시 심하게 흔들릴 수 있으므로 각 부재의 연결상태를 양호하게 하여 흔들림이 없도록 하여야 한다.
- 안전거리를 확보하고, 견고하게 설치해야 한다.
- 시설이 설치되는 공간 바닥면은 충격흡수가 가능한 자재로 포설한다.
- 잔디 등 녹지공간에 시설을 설치하는 경우에는 잔디블록 등을 깔아 답압에 의한 피해를 최소화한다.
- 강관의 곡률 및 간격은 일정해야 하며, 마구리는 동일 재질로 막아야 한다.
- 체육시설은 운동장, 녹지, 보행로 등 여러 가지 지반 위에 설치되므로 포장면의 단면두께를 고려하여 수평이 되도록 설치한다.

[그림 59] 체육시설

연/습/문/제

01 다음의 운동경기장 시설의 배치방향에 대하여 기술하시오.

[축구운동장, 테니스장, 배구장, 야구장]

02 배드민턴 설계기준에 대하여 기술하시오.

03 게이트볼장의 경기장 최소 소요면적은?

04 다음의 운동경기장 배수시설에 대하여 기술하시오.

[축구운동장, 배구장, 핸드볼장, 배드민턴장]

05 배구 6인제 코트의 규격과 적정한 대지면적은?

CHAPTER

22

수경시설공사

제22장 수경시설공사

01 개요

수경시설은 연못, 분수, 폭포, 벽천, 실개울 등으로 물을 이용하여 정적 또는 동적인 연출을 통하여 주변 환경과 자연 속에 동화되는 연출을 함으로써 보는 이로 하여금 자연과 함께함을 느낄 수 있도록 한 시설을 말한다.

02 수경시설공사 시 유의사항

1) 현장여건과 설계도면을 비교 · 검토하여 사전에 문제점을 파악한다.

- 관련법 규정 사항
- 안정성에 관한 사항
- 소음이나 사생활 침해 등 민원관련 사항
- 적설, 동결 등 기후조건
- 초기 원수 및 보충수 확보
- 사후관리 및 점검보수 사항

2) 구조체 및 설비시설업체 간 원활한 업무협조를 한다.

수경시설의 구조체와 설비시설공사 간 업체가 다를 경우 상호 간의 원활한 협조가 필요하다.

3) 철저한 부품검사로 시공의 비효율성과 품질 저하를 방지한다.

부품 공급은 가급적 단일업체의 제품이 공급되어 부속 간의 불일치에 의한 시공의 비효율성과 품질저하를 방지해야 한다.

4) 부품공급자로 하여금 사후보수를 위해 보수예비품을 공급하도록 해야 한다.

시간이 지나면 부품이 없어질 수도 있으므로 부품공급자에게 사전에 사후보수를 위해 재고 부품을 확보하도록 한다.

5) 공종 간의 협의가 필요하다.

- 이미 설치된 도시 상수도나 옥외급수용 전용수도 등 관로에서 분수 등 수경설비까지의 배관은 토목 또는 기계 감독관과 협의하여 시행하도록 한다.
- 전기시설은 분전함 차단기 2차에서 분수 등 수경설비나 조명설비까지 연결하도록 한다.
- 분전함의 위치와 설치용량은 전기감독관과 협의하여 시행하도록 한다.

6) 시공 전 감독관의 승인 및 검토사항을 확인한다.

- 시공계획서
- 제조업자의 제작도면, 제작시방서, 설치지침서
- 시공상세도
- 시험성과표

03 수경시설 시공방법

1) 구조체공사

- 구조체 바닥은 자연배수를 고려하여 연결 맨홀의 높이를 확인한 후 시행한다.
- 기초는 버림콘크리트와 기초용 콘크리트로 분리하여 타설한다.
- 각종 배관은 콘크리트 치기 전에 설치하고, 콘크리트를 칠 때 이동이나 변형이 없도록 보강한다.
- 급수구 높이는 표준수면보다 높게 하고, 퇴수구의 높이는 표준수면과 같은 높이로 하되, 급수구 및 퇴수구가 노출되지 않게 설치한다.

2) 배관

- 겨울철 배관의 동파를 방지하기 위해 터파기는 동결심도 이하로 한다.
- 터파기한 바닥은 지지력을 충분히 갖도록 한다.
- 접합 전에 반드시 그 내부를 점검하여 이물질이 없도록 해야 한다.
- 시공중 또는 시공을 일시 중단하는 경우 관 내에 이물질이 들어가지 않도록 철저히 관리한다.
- 관 부설은 원칙적으로 낮은 곳으로부터 높은 곳으로 향하여 부설하고, 소켓이 있는 관은 소켓이 높은 곳으로 향하도록 한다.

- 관 중간에 공기주머니가 생기지 않도록 한다.
- 관 이음쇠에 관을 삽입할 때에는 관이 상하지 않도록 삽입하고 압착한다.
- 이음쇠에 나사부를 접합할 때에는 관 표면의 손상을 피하기 위해 파이프 렌치보다 스패너를 사용한다.
- 배관이 휘어질 때에는 관 이음쇠 부분에 무리가 가지 않도록 직관 부분을 수정한다.
- 관 이음쇠와 관과의 접합은 압착공구를 사용한다.
- 모든 배관은 일체 부싱사용을 금지하고 리듀서를 사용한다.
- 부설된 관 주위로 모래나 부드러운 토사를 10cm 이상 채워 관이 손상되지 않도록 충분히 다짐한다.
- 구조체 바닥 위에 노출시킬 경우에는 반드시 받침대를 설치하여 그 위에 올려 놓아야 한다,
- 수조 바닥에는 겨울철 물을 배수시키기 위한 바닥 배수구를 설치하고, 일정한 수면을 유지하기 위해 수조의 측면이나 유지하고자 하는 수면의 최상단에 오버플로(Over Flow)를 설치한다.

3) 노즐

- 노즐은 그 종류에 따라 수면에 노출 또는 일부 잠김 등 여러 형태가 있으므로 사양을 면밀히 검토하여 높이를 조절한다.
- 공기가 유입되는 노즐의 경우 반드시 수위가 공기 유입구 아래에 위치하도록 한다.
- 안개분수의 경우에는 노즐 주변을 조형적으로 처리하여 노즐을 감추는 것이 효과적이다.
- 회전용 노즐의 경우에는 수종의 크기 및 비산상태를 고려하여 결정하도록 한다.

4) 제 수변

- 바닥 포장면의 해체가 어려운 곳은 점검이 어려우므로 사전에 점검을 철저히 해야 한다.
- 시공 후 콘크리트 잔여물을 배수관을 통해 배출할 경우에는 콘크리트가 굳는 일이 발생하므로 물을 담수하여 배수시킬 때만 개폐한다.

5) 필터

- 원활한 작동을 위해 3~6개월마다 정기검사를 실시한다.
- 노즐의 형태에 따라 필터의 종류도 다양하므로 제품 선택시 선택 사양에 대하여 면밀히 검토한다.

6) 조명설비공사

- 수중전용 조명기구는 수면 위로 노출시키지 말고 기구에 따라 정해진 최대 수심을 넘지 않도록 설치한다.
- 누전시 신속한 회로차단을 위해 접지누전회로 차단기를 설치한다.
- 모든 전기선로는 내수성을 가지는 재료 및 부품을 사용하도록 한다.
- 후속공종에 의해 전기선로의 피해 여부를 검사하고, 손상되었을 때에는 손상된 선로를 보수한다.

7) 방수공사

① 철근콘크리트 방수

- 방수액을 섞어서 모르타르마감 또는 고침투성 방수액을 도포한다.
- 지수판 또는 신축팽창줄눈 이음매 부분은 아스팔트 시트붙임 등으로 틈을 막아준다.

② 시트 방수

- 시트의 겹침 부분은 열융착기계로 접합한다.
- 배수시설과 접합부분, 인입관로의 접합부분, 콘크리트 옹벽과 접합부분 등은 접합 후 반드시 공기압 테스트를 해야 하며, 이음 부분은 여유를 주어 신축작용이 쉽게 되도록 한다.
- 방수시트 시공 이전에 완충을 위한 부직포를 깔아준다.

[그림 60] 시트방수 시공

8) 마감공사

- 동절기나 관리를 위해 배수한 후 지저분해지지 않도록 해야 한다.
- 증발 및 수위 변동으로 단면이 노출될 경우를 대비하여 깨끗하게 마감하도록 한다.

- 습식구조물의 경우 백화현상 방지를 위해 충분히 양생하는 등 조치를 취해야 한다.
- 벽천은 형태, 재질, 기울기, 낙수량 마감 등에 따라 여러 가지의 낙수형태가 나타나므로 공간의 성격에 맞게 시공하도록 한다.
- 동절기에 얼음으로 인한 경계부의 밀림현상을 방지해야 한다.

[그림 61] 수경시설

연 / 습 / 문 / 제

01 수경시설 공사시 유의사항에 대하여 기술하시오.

02 수경시설 구조체공사의 시공방법에 대하여 기술하시오.

03 수경시설의 시트방수 시공방법에 대하여 기술하시오.

CHAPTER

23

옥상조경공사

제23장 옥상조경공사

01 옥상조경의 필요성

- 공간의 효과적 이용
- 도시녹화공간 증대
- 도시미관 개선
- 휴식공간 제공
- 조경면적의 법적 인정

02 옥상조경의 효과

- 미기후 조절로 인한 열섬현상 완화
- 소음 흡수
- 공기정화
- 생물서식공간으로서의 가치
- 휴식공간 제공
- 스트레스 회복 및 음이온 발생(마음의 치유)

03 옥상조경의 종류

1) 경량형

- 저관리형
- 기존 건축물의 옥상녹화에 주로 적용되며, 구조체에 큰 부담을 주지 않고 시공과 관리에 비용이 적게 든다.

- 식물
  - 자연조건하에서도 생장 가능한 식물
  - 선태류, 세덤류 등

2) 중량형

- 고관리형
- 옥상을 공원과 같은 형태로 만드는 것
- 잔디류, 다년생 초본류, 관목, 교목류 식재
- 두꺼운 토양층이 필요, 지속적인 관리 필요 시공비가 비싸다.

[그림 62] 옥상조경

04 옥상조경의 구성요소

1) 건축물 외피

① 구조안전진단

구조물의 허용응력 등 현장조사가 필요하다.

② 방수

- 옥상녹화의 내구성에 가장 중요한 역할을 한다.
- 구조진단과 함께 반드시 검토 대상이다.

2) 식재기반

① 방근층

- 식물의 뿌리로부터 방수층과 건물을 보호
- 시공시 기계적 · 물리적 충격으로부터 방수층 보호

② 배수층

- 원활한 소통 및 옥상녹화의 침수 예방
- 하자 발생의 가장 핵심으로 신중하게 설계

③ 토양여과층

빗물에 씻겨내리는 세립토양이 하부로 유출되지 않도록 여과하는 기능

④ 여과층

- 식물의 지속적인 생육기반
- 하중 고려 경량토 이용

3) 식생층

① 식생층

- 최상부 구성요소로서 토양층, 토양특성에 따라 고려
- 유지관리 매뉴얼 작성 후 지속적인 관리 필요

05 옥상조경 시 고려사항

1) 하중

① 고정하중

토양, 수목, 시설물 등의 정지된 물품의 하중

② 이동하중

사람들의 집합시나 보행중인 하중, 식물이나 건축물의 유지관리에 필요한 기계, 기구의 하중

③ 풍하중

식재 후 바람의 저항에 의해 발생하는 하중

④ 기타

수목의 생장에 따른 하중 증가

⑤ 기둥이나 보(Beam)를 중심으로 하중 분산

2) 방수

- 관수에 의한 옥내 누수현상 방지
- 대책 ; 수밀공법, 피막방수법, 방수제 도포나 침투법, 수밀제, 붙임법 등

3) 배수

- 옥상면 구배는 1% 이상, 식재층은 2% 이상
- 배수층 두께 : 10~20cm 정도
- 중량을 줄이기 위해 화산 자갈, 화산 왕모래, 인공토 등을 이용

4) 관수

스프링클러, 점적관수 시설 등 설치

5) 햇빛 · 바람

- 수광량과 바람의 영향 고려
- 지주목 결속

6) 접근성 · 안정성

- 이용에 편리성
- 추락방지 등 안정성 확보

06 옥상조경 식재 시 고려사항

- 생태적 지속가능성을 고려한 식재설계
- 질감 및 색채에 대한 경관적 접근 식재설계
- 유지관리 부담을 줄이고, 대면적 시공도 가능하며, 비용이 저렴한 신개념의 식재설계
- 식재수목은 천근성으로 건조지나 척박지에 잘 자라는 수목, 뿌리의 발달이 좋고 가지가 튼튼한 수목, 전정이 용이하고 생장이 느린 수목, 병해충에 강한 수종 선정
- 교목은 바람에 의한 쓰러짐을 방지하기 위해 지주목을 설치하고 전정작업을 실시한다.

연 / 습 / 문 / 제

01 옥상조경의 필요성에 대하여 기술하시오.

02 옥상조경의 효과에 대하여 기술하시오.

03 경량형, 중량형 녹화공법에 대하여 기술하시오.

04 옥상조경의 구성요소에 대하여 기술하시오.

05 옥상조경시 고려사항에 대하여 기술하시오.

06 옥상조경 식재 설계시 고려사항에 대하여 기술하시오.

CHAPTER

24

임해매립지공사

제24장 임해매립지공사

01 식생환경 기초조사

1) 검토 항목

- 지하수위
- 토성
- 관수
- 비사방지
- 매립재료의 종류
- 토양의 비옥도
- 토양염분
- 매립 후 시간경과년수
- 식생의 종류

2) 토양분석 항목

- 물리성 : 토성, 밀도 등
- 화학성 : 토양의 pH, 유기물함량, 침출액 농도 등

02 토양의 성질

1) 준설매립토

- 사토는 탈염이 빠르기 때문에 염분 피해보다 건조 피해와 바람 피해, 비사 피해가 심하다.
- 세립 미사질토는 경운이나 배수, 관수를 통하여 탈염과 숙성이 이루어지도록 한다.
- 구입한 흙과 세립에 사질토를 혼합하면 배수시설을 설치해야 하며, 사토로 올라오는 염분 모세관수를 차단해야 한다.
- 기존 갯벌이나 주변 자연환경의 특성을 파악하여 시행착오를 최소화해야 한다.

03 식재기반조성

1) 성토법

① 조사방법

- 외부에서 반입한 흙을 수목생육의 적정 깊이에 따라 성토해주는 방법이다.
- 임해매립지의 식재기반 조성에 가장 많이 사용된다.

② 특징

- 하부 매립재료가 식재에 악조건이라도 주변에 양질의 흙이 충분한 경우는 빠른 시간 내에 식재지를 조성할 수 있다.
- 흙 운반에 경비가 많이 소요된다.
- 흙에 점질토가 많으면 염분이 함유된 모세관 상승을 초래할 수 있다.

2) 치환객토법

① 조성방법

- 원지반이나 하부 매립재료를 파내고 외부에서 반입한 흙으로 교체하는 방법이다.
- 종류에는 전면객토법, 대상객토법, 단목객토법 등이 있다.

② 특징

- 필요한 부분만 흙으로 치환하므로 성토공법보다 흙의 소요량을 절감할 수 있다.
- 지표면 밑으로 조성되므로 지하수위에 따라 토심의 제한을 받는다.
- 단목객토법의 경우 충분한 토심과 폭을 유지해야 한다.

3) 성토 및 치환객토법

① 조성방법

흙의 요구량이 많은 성토법의 단점과 치환객토법의 지하수위에 따른 제한을 보완하기 위해 개발한 공법이다.

② 특징

- 성토법에 비해 흙의 소요량이 적게 든다.
- 지하수위에 따른 제한을 극복할 수 있다.
- 하부층이 사질토인 경우에는 염분의 탈염은 빠르지만 배수가 너무 잘되기 때문에 식물의 건조 피해가 우려된다.

• 하부층이 염분을 함유한 점질토인 경우에는 배수 불량에 의한 식물의 과습 및 염분의 피해가 우려된다.

4) 사주법

① 조성방법

• 세립 미사질 토층에 파일(Pile)을 박아 하단부 투수층까지 연결한 후 파일(Pile) 파이프 안에 모래, 사질양토, 자갈층을 넣어 배수를 원활하게 하는 방법이다.

• 조경용 파일(Pile)의 길이는 6~7m, 직경은 40cm 정도의 것을 사용한다.

② 특징

• 염분 제거 및 배수에 효과가 크지만, 소요 경비가 많이 든다.

• 사구법에 비해 대단위면적에 적용된다.

5) 사구법

① 조성방법

세립 미사질토가 가장 많은 중심부에서 외곽부로 모래 배수구를 만들어준 후 그 위에 흙을 넣어 수목을 식재하는 방법이다.

② 특징

사주법에 비해 소규모 면적에 적용된다.

04 식재수종 선정 및 초본류 파종

1) 식재수종 선정

• 기존 식생식물을 지표식물로 이용한다.

• 염분한계농도는 수목의 경우 0.05%, 채소류는 0.04%, 잔디는 0.1%이다.

• 내염성, 내조성, 내풍성이 강한 수종을 식재하도록 한다.

2) 초본류 파종

• 양잔디 파종시 : 파종량을 표준보다 50% 이상 더 파종하도록 한다.

• 파종 시기는 일반 파종 시기보다 당겨서 파종하도록 한다.

• 파종 후에는 짚이나 거적 등으로 피복하여 토양건조에 의한 염분 상승을 막아준다.

05 녹화 및 식재방법

- 해변식물로서 단순한 방조가 목적이라면 수목 외에 잔디, 맥문동, 갯국화 등 내염성과 척박지에서 잘 자라는 초본류 식재가 적당하다.
- 방풍림을 조성할 때
  - 초기 식재시 : 모아심기를 하고 연결형 지주목을 2단으로 연결한다.
  - 해풍에 직각방향으로 심은 수목은 방풍막을 설치해준다.
- 내염성과 바람에 강한 수종을 선정하고, 수목생육 측면에서 방진, 방사에 대한 대비책도 충분히 고려해야 한다.
- 암반층지대에는 좋은 비토로 충분히 객토하고, 내환경적응력이 큰 수종으로 2~3년생 실생묘를 밀식하여 식재한다.

06 내염성 식물

내염성	침엽수	활엽수
강함	곰솔, 낙우송, 노간주나무, 리기다소나무, 주목, 측백나무, 향나무 등	가중나무, 감탕나무, 굴거리나무, 녹나무, 느티나무, 능수버들, 동백나무, 때죽나무, 모감주나무, 무궁화, 버즘단풍나무, 벽오동, 보리수, 사철나무, 식나무, 아까시나무, 아왜나무, 양버들, 자귀나무, 주엽나무, 참나무류, 칠엽수, 팽나무, 후박나무 등
약함	가문비나무, 낙엽송, 삼나무, 소나무, 스트로브잣나무, 은행나무, 전나무, 히말라야시다 등	가시나무, 개나리, 단풍나무류, 목련류, 벚나무, 피나무 등

연습문제

01 임해매립지 식생환경 기초 조사시 검토 항목은?

02 임해매립지 토양분석 항목 중 물리성과 화학성에 대하여 기술하시오.

03 임해매립지 식재기반조성 방법에는 「성토법, 치환객토법, 성토 및 치환객토법, 사주법, 사구법」 등이 있는데, 각각의 조성방법과 특징에 대하여 기술하시오.

04 임해매립지공사에서 식재수종 선정 및 초본류 파종시 유의사항에 대하여 기술하시오.

05 임해매립지공사에서 녹화 및 식재방법에 대하여 기술하시오.

06 내염성에 강한 수종을 침엽수 5개, 활엽수 10개 이상 쓰시오.

CHAPTER

25

입면(벽면)녹화공사

제25장 입면(벽면)녹화공사

01 개념

건축물의 벽면, 각종 울타리, 방음벽, 콘크리트 옹벽 등의 수직면과 사면 등 인공적으로 만들어진 입면에 대해 식물을 도입해 녹지로 피복하는 것을 말한다.

02 입면녹화 계기

1) 지속가능 효율

- 산업혁명을 계기로 도시는 대기오염과 열섬현상 등 환경문제를 야기하였다.
- 쾌적한 환경과 삶의 질 향상을 위해 도시내 녹지 증대의 필요성이 커졌다.
- 자원의 남용으로 인한 폐기물 배출속도가 자연 정화속도를 초과하지 않아야 한다.

2) 건축물 녹화

- 생태적 기능성을 회복하는데 초점을 맞추어야 한다.
- 태양광, 물순환형 체계를 통한 친환경적 기능성을 고려한 건축물 계획이 필요하다.
- 기후변화에 대응하고, 생물종다양성을 고려한 건축물 계획이 필요하다.
- 일반적인 역할 외에 생태적 기능성을 고려한 건축 외장재 선택이 필요하다.
  - 태양광발전 시스템
  - 인공지반 식재 병행
  - 통기성 벽체에 의한 연돌효과

03 입면녹화 시스템 방향

- 시스템 성능에 대한 기술표준화가 필요하다.
  - 기후환경의 객관적 이해가 필요하다.
  - 내구성이 보장되어야 한다.
  - 유지관리의 용이성이 제고되어야 한다.
- 건축설계자, 건축주와의 교감을 통해 관련시장을 정확히 예측하고 대응하는 자세가 필요하다.
- 정부와 관련부서의 인센티브 및 관련제도에 대한 보완이 필요하다.

04 입면녹화의 필요성

- 도시의 인구집중으로 환경문제 발생
- 대기오염 등으로 삶의 질 저하
- 공동주택, 고층빌딩, 고가도로 등 구조물과 과도한 포장면으로 인한 도시내 녹지대 부족
- 도시민들의 스트레스 증가, 심신을 재충전할 녹지 공간 필요
- 벽면녹화 필요성 증대

05 입면녹화의 기능

1) 환경오염 방지

대기오염물질을 흡수 · 분해하여 신선한 산소를 제공하고, 온도를 낮추어준다.

2) 도심생태계 보호

미생물 및 곤충들의 서식처를 제공해준다.

3) 기후 조건

지구온난화로 인하여 도시열섬화 현상을 완화시켜 주고, 에너지를 감소시켜 주며, 습도를 조절해준다.

4) 소음 저감

- 도시 간선도로변에 공동주택 및 주택지가 있으면 도로로부터 20~30m 후퇴시켜 그 사이에 방음식재 공간을 조성해야 하나 비용 증대로 인하여 방음벽을 많이 이용하고 있다.
- 소음이 50dB 이상이면 스트레스를 심하게 받는데, 녹지대 증가는 소음을 감소시켜 준다.

5) 건축물의 내구성 증대

산성비, 자외선 차단으로 건축물의 균열, 침식, 탈색 등을 방지하여 내구성을 증대시켜 준다.

6) 에너지 절감

도시열섬화 현상을 완화시켜 준다.

7) 조경면적 대체 효과

'면적이 200m^2 이상인 대지에 건축하는 건축주는 용도지역 및 건축물의 규모에 따라 해당 지방자치단체의 조례로 정한 기준에 따라 대지에 조경이나 그 밖에 필요한 조치를 해야 한다.'라고 되어 있는데, 이러한 기준으로 대체할 수 있다.

8) 도시경관의 질 향상

녹지 공간 조성은 환경을 개선시켜 국민들의 삶의 질을 향상시켜 준다.

9) 정서적 안정감 제공

쾌적한 자연환경은 스트레스를 줄여주고 정서적 안정감을 제공한다.

06 입면녹화기법

1) 전통적인 녹화기법

① 부착형 및 하수형 식물을 이용한 녹화

- 벽에 부착하거나 감아서 성장하는 덩굴식물을 이용하여 녹화하는 방법이다.
- 특별한 기술을 요구하지 않아 현재 가장 많이 사용되는 방법이다.
- 생육을 위한 유지관리가 필요하다.

② 에스팰리어(Espalier)

- "받치다"라는 라틴어에서 유래한 프랑스어로 벽면녹화의 한 방법이다.

- 좁은 공간 안에 효율적이고 경관을 아름답게 연출하기 하기 위해 나무의 가지를 옆으로 유인하여 색다른 경관을 창출하는 것으로 주로 과실수를 이용한다.
- 에스팰리어를 조성하기 위해서는 나뭇가지를 유인할 기반이 필요한데, 주로 와이어나 펜스망을 이용한다.
- 벽면이나 펜스의 경관조성과 더불어 과일도 수확할 수 있기 때문에 가정원예의 필수 방법이다.
- 최소한의 토지에서 최대의 수확을 얻기 위한 과수재배기술이다.
- 식물관리에 전문지식이 필요하다.

2) 새로운 입면녹화 기술

① 등반보조재 활용

- 목재, 와이어, 메시 등으로 된 등반보조재를 활용하여 덩굴식물을 심어 벽면을 녹화하는 방법이다.
- 등반보조재는 건축물의 녹화 범위를 확장시킨다.
- 최근에는 식물로 된 벽을 활용한 태양열 차단과 잠열 소비에 의한 냉각효과 상승 등의 저에너지 건축물 활용도 늘어나고 있다.

② 포트, 부직포 토양, 분리형 포켓, 화분 등에 식물을 심어 녹화하는 시스템

- 덩굴식물 외에 세덤, 이끼, 초화류, 지피류, 관목 및 일부 목본류를 포함한 다양한 식물을 이용하여 녹화하는 방법이다.
- 고층건축물에도 이용 가능하다.
- 2005년 일본 아이치현에서 국제엑스포 전시장의 바이오 렁(Bio-Lung)이 계기가 되었다.

07 입면녹화의 계획

1) 디자인 측면에서 경관성

① 형태

- 건축물의 피복면적은 30%가 바람직하다.
- 건축물의 이미지와 조화를 이루는 형태(직선, 곡선, 불규칙한 형태 등) 선택

② 색채

- 꽃, 열매, 단풍으로 계절감을 부여
- 잎에 의한 색채변화와 통일감을 고려할 것
- 명도와 채도 등을 고려할 것
- 건축물의 색채, 단식, 혼식 등을 고려할 것

③ 질감

- 잎의 크기와 질감(거침과 부드러움)을 고려할 것
- 대비, 강조, 통일감을 부여할 수 있는 중요한 요소는 질감의 차이에 있다.

2) 조성방법에 따른 경관성

① 직접녹화

생육에 제한이 없기 때문에 지속적인 관리가 안 될 경우 경관성이 저해된다.

② 등반보조재 녹화

- 피복하고자 하는 방향으로 유도하기 위해 보조재가 필요하다.
- 건축물에 영향을 주지 않고 의도한 녹화면적을 피복할 수 있다.

③ 하수형 녹화

- 조기녹화를 위해 등반형 녹화와 병행하면 좋다.
- 옹벽이나 벽면의 위화감을 완화시켜 준다.
- 식물의 잎이 바람에 흔들려 생육저하 및 손상, 지저분한 느낌을 주어 경관성을 오히려 저하시킬 수 있다.

④ 패널 및 플랜터형 녹화

- 조기녹화가 가능하며, 최근에 적극적으로 도입되고 있다.
- 유닛을 이용하면 초화류, 지피류, 소관목 등 다양한 수종들을 도입할 수 있으며, 아름다운 경관을 연출할 수 있다.

08 입면녹화 유형

1) 흡착등반형

- 흡착형 식물은 줄기 부분에서 부정근의 일종인 부착근 또는 부착반이 나와 벽면에 붙어 자라는 생육특성을 갖는 식물이다.

• 종류는 담쟁이, 줄사철, 마삭줄, 능소화, 헤데류(송악, 아이비 등) 등이 있다.

• 자연지반이나 플랜터 등의 식재기반을 조성한 후 식재해야 한다.

• 대상 : 일반 건축물의 벽면, 담장, 방음벽, 콘크리트 옹벽 등이며, 입면의 표면이 콘크리트 블록, 거친 벽돌 등 다공질이거나 줄눈이 있으면 용이하다.

• 장점

  - 시공이 간단하고, 시공기간이 짧으며 유지관리가 용이하다.

  - 비용이 적게 든다.

• 단점

  - 낙엽성 식물은 겨울철 경관성이 떨어지고, 원하는 형태나 부분적 녹화가 어렵다.

  - 피복에 많은 시간이 소요된다.

  - 온도가 높은 벽면이나 유리처럼 미끄러운 벽면은 녹화가 어렵다.

[그림 63] 흡착형 벽면녹화

2) 보조등반형

• 벽면에 설치된 등반보조재를 타고 올라가는 덩굴성식물

• 종류는 흡착성 식물, 다래, 포도, 개다래, 머루, 으아리, 으름덩굴, 인동덩굴, 노박덩굴, 등나무, 덩굴장미 등이 있다.

• 등반보조재 종류 : 와이어형, 메시형, 선형, 격자형, 목재형 등이 있다.

① 와이어형

  • 복사열의 피해 방지를 위해 벽면에서 3cm 이상 떨어뜨려 설치한다.

  • 재질 : 스테인리스, 알루미늄, 아연, 비닐피복아연, 목재, 대나무, 플라스틱재 등

② 메시형

- 재료 : 메시, 메시고정부속, 메시연결부속 등
- 재질 : 스테인리스, 아연도금
- 형태 : 단층형, 복층형 등 다양한 형태로 제작 가능
- 향후 일체형 개발이 필요하다.

[그림 64] 보조등반형 식재

③ 하수형

- 벽면의 윗부분 또는 중간에 플랜터나 화분 등의 식재기반을 설치하여 헤데라류나 인동덩굴 등 덩굴성 식물을 아래로 늘어지게 하는 입면녹화
- 지지대를 설치하여 원하는 형태로 유도 가능
- 집이나 건축물의 베란다 및 발코니 주변에 시공 가능

[그림 65] 하수형

④ 플랜터형

- 자연지반과 같이 식재기반이 없는 장소에서 플랜터나 화분 등의 형태로 식물을 식재
- 발코니형
  - 건물의 발코니나 베란다 등에 플랜터를 설치하여 식재기반을 만들어 식물이 타고 올라가게 하거나 아래로 늘어지게 하는 입면녹화
- 플랜터 벽면 설치형
  - 벽면과 일체화된 식재기반이나 플랜터를 직접 벽면에 설치하는 유형
  - 메시, 등반패널, 등반보조재와 같이 설치
  - 원하는 입면녹화 형태 조성
  - 녹화효과 증대
  - 덩굴성 식물, 초본류, 관목류 등 다양한 식물 사용 가능
  - 토양은 가볍고 보습력이 좋은 경량 인공토 사용
  - 최근에 실내 벽면녹화가 점차 확대되고 있다.

⑤ 패널형

- 벽면녹화용으로 개발한 식생매트나 식생토양 등의 식재기반과 식물이 포함된 벽면녹화 시설을 벽면에 설치하여 입면녹화하는 방법이다.
- 입면녹화의 조기 효과가 높다.
- 건설현장 가설벽면, 도심지 경관 개선, 아름다운 경관 조성이 필요한 지역에 도입하면 좋다.
- 덩굴성 식물, 초화류, 관목류, 이끼류 등 다양한 식물종을 이용할 수 있다.
- 매트개발, 식생기반, 수분공급, 유지관리에 대한 연구와 기술개발이 필요하다.

[그림 66] 패널형 벽면녹화

⑥ 에스팰리어형

- 유럽에서 발달한 녹화방법이다.
- 벽면에 사과, 포도 등의 과수나 관상수를 식재하여 자라나는 가지나 덩굴을 유인하여 두껍지 않게 벽면에 달라붙도록 하는 울타리형 녹화방법이다.
- 트랠리스나 펜스 등을 벽면에 설치하여 휘감기도 한다.

09 입면녹화 설계 시 유의사항

- 단순히 푸르게 덮을 것인지, 디자인을 가미할 것인지, 기능성을 부각시킬 것인지 등을 고려해야 한다.
- 장소, 미관, 기능성에 따라 시공법을 그에 알맞게 선택한다.
  - 그린패서드기법 : 저가형, 고속도로 방음벽, 도로의 절개지 등에 적용
  - 리빙월기법 : 고가형, 도시내 천변, 옹벽, 건물 뒤 안의 담장, 도심 건물의 벽면이나 내부
  - 에스팰리어기법 : 고관리형

10 식물선택 시 고려사항

- 시공방법에 맞는 식물종을 선택한다.
- 그린패서드기법 : 덩굴성 식물(담쟁이, 능소화, 등나무, 헤데라, 영춘화, 줄사철 등)
- 리빙월 기법 : 황금줄사철, 매화말발도리, 세덤류, 고사리류, 바위취와 같이 기본적인 습성이 암반에 붙어사는 식물
- 에스팰리스기법 : 가지를 잘 유인할 수 있는 식물, 복숭아나무, 매실나무, 꽃사과, 사과나무, 자두나무, 무화과나무 속의 식물들, 감귤과 같은 시트러스 속 식물 등

11 입면녹화에 따른 문제점과 해결방안

- 프레임, 앵커, 와셔 등을 사용함으로써 건축물의 내구성이 줄어든다.
  - 제품의 녹 방지, 콘크리트 열화 등을 고려한 제품 사용
  - 방수요건 등을 고려한 제품
    콘크리트 벽면 균열 보수 후 시공
- 붕괴사고 등 구조에 따른 하중문제
- 관수설비
  - 수압에 대한 사전 검토
    점적관수시 관수밸브 자동조절용 점적관수 타이머, 주 관수라인, 점적관수라인 및 노즐 설치 여부
- 동절기 동파에 대비한 퇴수밸브 별도 설치, 급수 파이프 내 물을 전부 퇴수 조치, 보온용 장치 추가 설치
- 충분한 토양층 확보
  - 추가적인 영양분 공급구조 요구
  - 태풍 등에 의한 유실 예방
- 남향과 북향에 따른 광량 차이를 고려한 식재 계획
  - 동절기 녹시율 저하와 관수 중지로 인한 건조 피해 예방
  - 동절기 녹시율 확보 방안 마련 : 다양한 식물 도입
- 실내벽면 녹화시 광량, 토양부식에 따른 냄새, 해충 발생 문제
  - 냉난방 및 환기, 주말과 휴일에 온도 유지 필요

12 입면녹화 사후관리

- 봄 · 가을은 주 2회 이상, 여름은 주 3회 이상, 겨울은 월 2회 이상 관수한다.
- 유지관리는 최소 월 1회 이상 실시한다.
- 전정 및 잡초 제거는 연 2회 실시한다.
- 고사목은 조속히 대체한다.

- 영양분 공급은 완효성 비료 등을 연 1~2회 실시한다.
- 병충해 방제는 이른 봄과 늦은 여름에 연 2~4회 실시한다.
- 식재 전에 병충해 제거를 위해 예방 살포한 뒤 식재한다.
- 도로 인접시 겨울철 염화칼슘 피해에 주의한다.
- 급수용 물탱크의 동절기 동파에 유의한다.
- 토양관리
- 시비관리 : 비료 선택, 비료 시용 등
- 생리장애 : 저온 장애, 동해
- 관수관리 : 자동화 시스템, 월 2회 정도 정기점검 실시
- 조명장치 조작
- 병충해관리
- 연 2회 전정 및 잡초관리 실시
- 관리매뉴얼 작성

연/습/문/제

01 입면녹화의 필요성에 대하여 기술하시오.

02 입면녹화의 기능에 대하여 기술하시오.

03 에스팰리어형 녹화기법에 대하여 기술하시오.

04 흡착등반형의 개념과 식물의 종류, 대상, 장점, 단점에 대하여 기술하시오.

05 보조등반형의 개념과 식물의 종류, 보조재 종류, 보조재 종류별 특징에 대하여 기술하시오.

06 패널형의 특징에 대하여 기술하시오.

07 입면녹화 설계시 유의사항에 대하여 기술하시오.

08 입면녹화 식물 선택시 고려사항에 대하여 기술하시오.

09 입면녹화에 따른 문제점과 해결방안에 대하여 기술하시오.

10 입면녹화시행 후 사후관리에 대하여 기술하시오.

CHAPTER

26

비탈면녹화공사

제26장 비탈면녹화공사

01 비탈면 보호시설공법

1) 적용 공법

① 식생공법

• 식생에 의한 비탈면 표층부의 안정을 도모한다.

• 주로 토양이나 풍화토로 된 곳으로 붕괴 우려가 적은 비탈면에 적용한다.

• 종자 뿜어붙이기공, 식생매트공, 떼붙임공, 식생띠공, 줄떼심기공, 식생판공, 식생자루공, 식생구멍공 등이 이에 해당된다.

② 구조물에 의한 보호공

• 식생공이 부적당한 곳으로 풍화, 용수(湧水) 등에 의해 붕괴 우려가 있는 곳에 적용된다.

• 모르타르 붙임공, 콘크리트 붙임공, 돌붙임공, 콘크리트 격자 블록공, 현장타설 콘크리트 격자공, 편책공, 비탈면 돌망태공 등이 해당된다.

③ 낙석공

• 낙석방지망은 자갈섞인 토사, 풍화암 등 작은 낙석이 있는 곳에 설치한다.

• 낙석방지책공 · 낙석방지망공은 큰 낙석이 예상되는 암절석(岩切石) 비탈면의 절리(節理)가 광범위하게 많은 암석이나 균열이 많은 암석비탈면 등에 부분적인 낙석방지를 위해 설치한다.

④ 배수공

우수 또는 용수(湧水)에 의하여 세굴(洗掘)이나 표층 무너짐이 많은 곳은 식생공과 콘크리트 격자 블록공을 병용하여 적용한다.

2) 식생공의 종류와 적용 특성

① 식생공의 종류

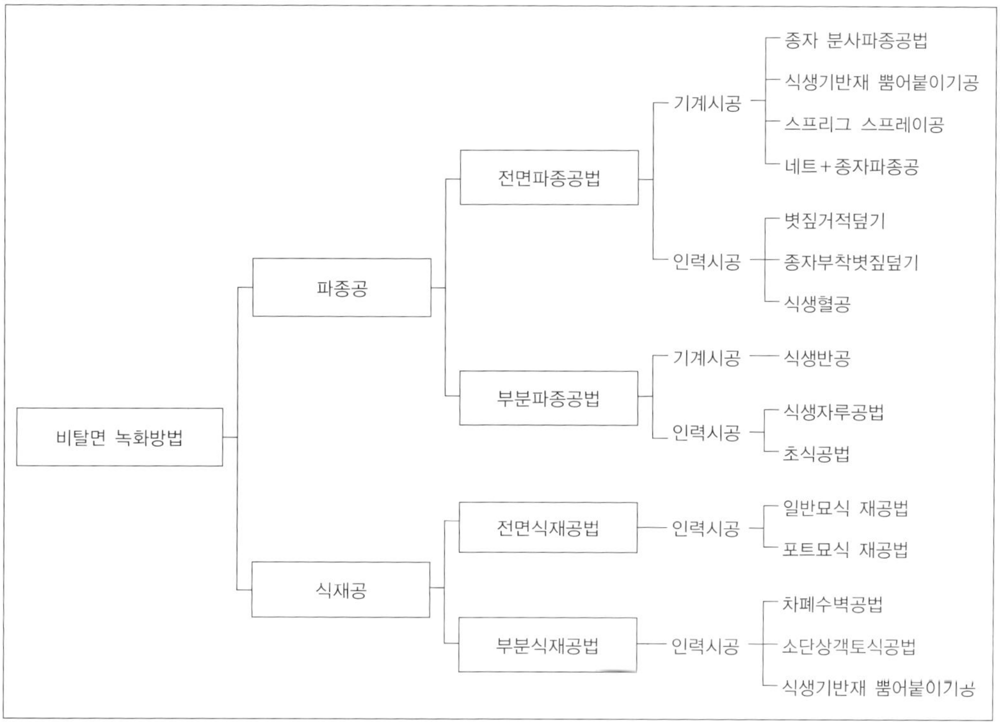

[그림 67] 식생공의 종류

출처: 이승원, 조경기사 · 산업기사, 성안당, pp.6~182, 저자 재작성.

② 식생공의 적용 및 시공방법

공 종	적용 및 시공방법
종비토 (식생기반재) 뿜어붙이기공	• 식생조성이 어려운 암절토 등의 사면에 전면적인 식생조성을 위하여 종자+비료+토양재료(종비토)를 혼합한 식생녹화기반재를 만들어 취부 장치를 통해 비탈면에 분사하는 방법이다. • 네트 · 망 등의 기초공을 함께 사용하면 급경사 비탈면에도 재료의 접착성이 우수하여 양호한 녹화를 기대할 수 있다. • 압축공기를 사용하여 모르타르건(Mortar-gun)으로 뿜어붙이는 방법 - 종자+비료+토양+물을 가하여 곤죽상태로 압축공기로 뿜어붙인다. - 절토 비탈면, 급구배 장소에 시공 가능하다. • 수압에 의한 펌프식 기계파종기로 살포하는 방법 - 종자+비료+파이버(Fiber)+물을 혼합하여 압력수로 살포한다. - 절 · 성토 비탈면에 모두 사용, 비교적 낮은 장소, 완만한 구배 비탈면에 적합하다.

공 종	적용 및 시공방법
지하경 뿜어붙이기공 (Spring Spray)	• 식물의 지상경이나 지하경 등의 영양체를 발근촉진 · 병충해 저항 처리 등 특수처리를 한 후 종자 대신 투입하여 분사하는 공법이다. • 잔디류, 돌나물, 좀씀바귀 등 자생초본식물이 이용되며, 넓은 면적을 녹화하는데 적합한 공법이다.
식생매트공	• 종자+비료를 부착한 매트(Mat)를 비탈면 전면에 피복 · 녹화하는 공법으로 인공잔디공법이라 한다. – 매트의 보호효과로 인하여 하절기나 동절기에도 시공이 가능하다. • 매트재료는 부직포, 직물, 종이, 짚, 가마니, 펠트(Felt) 등이 있다.
평떼붙임공	• 재배떼 또는 야생떼를 비탈면 전면에 붙이고 떼꽂이로 고정하여 다지는 방법이다. – 절 · 성토 비탈면 모두 시공이 가능하고, 침식되기 쉬운 토질에 적합하다.
식생띠공	• 종자+비료를 부착한 띠모양의 직물포나 종이류를 수평상으로 일정간격마다 삽입하는 공법으로 피복효과가 빠르다. • 줄떼재료는 직물포, 종이, 짚, 합성수지망 등을 조합 · 사용한다.
줄떼심기공	• 성토비탈면에 줄떼를 수평형으로 심고 다지는 공법이다. – 평떼의 경우 풍화토 같은 절토 비탈면에는 적용하기 곤란하지만 줄떼는 골을 파서 심기 때문에 쉽게 착생되는 장점이 있다.
식생판공 (식생반공)	• 비료+흙+토양안정제 등을 혼합하여 만든 판상(板狀), 반상(盤床)의 표면에 종자를 붙여 놓은 종자판을 비탈면에 띠모양이나 점상(點狀)으로 깔아 붙이는 공법이다.
식생자루공 (식생대공)	• 종자, 비료, 흙을 혼합하여 자루망(Net)에 넣고 비탈면에 수평으로 판 도랑 속에 넣어 붙이는 공법이다.
식생구멍공 (식생혈공)	• 비탈면에 일정한 간격으로 구멍을 파고 종자, 비료, 흙을 혼합한 것을 구멍에 채워넣는 공법이다. – 식물 도입이 곤란한 불량 토질에 사용하고, 다른 공법으로는 식물 도입이 곤란하고 단단한 점질토나 경질석회토와 같은 균일한 토질의 비탈면에 적합하다.

출처: 이승원, 조경기사 · 산업기사, 성안당, pp.6~183. 저자 재작성.

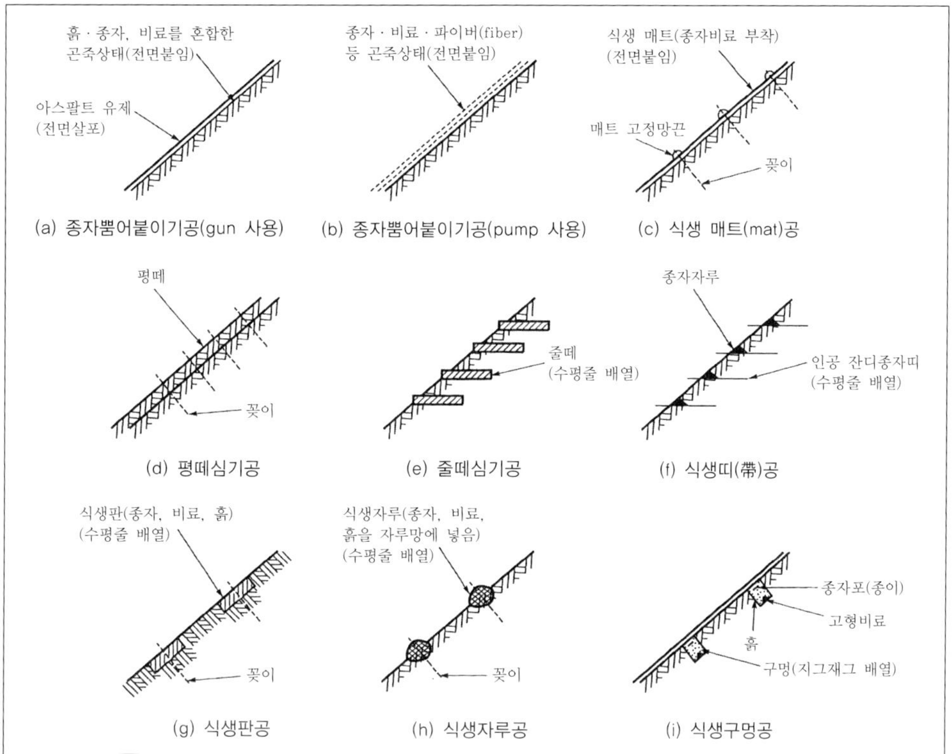

[그림 68] 식생공의 모식도

출처: 이승원, 조경기사·산업기사, 성안당, pp.6~184. 저자 재작성.

③ 구조물에 의한 보호공

공 종	적용 및 시공방법
돌망태공	• 보통 돌망태와 이불모양 돌망태를 이용하여 비탈면 표층부와 용수(湧水)처리나 표면배수 등에 이용되는 공법이다. • 적용 - 비탈면에 용수(湧水)가 있어 토사가 유실될 우려가 있는 경우 - 흙이 무너진 곳을 복구하는 경우 - 해동(解冬)에 의해 비탈면이 흘러내릴 우려가 있는 지역
낙석방지망공	• 철망과 합성섬유로 된 망을 비탈면에 덮어씌우는 공법이다. • 적용 - 경암으로 된 절토 비탈면 - 식생공으로 처리하려는 연암 또는 자갈섞인 토사 비탈면 - 우수 때 세굴(洗掘)되어 암편 및 자갈이 떨어질 우려가 있는 곳

공 종	적용 및 시공방법
편책공법	• 비탈면에 나무말뚝을 박고 여기에 나뭇가지, 대나무, 아연 또는 철망 등을 뒤편에 붙인 뒤 흙을 채워넣는 방법이다. • 적용 – 식생이 비탈면에 충분히 활착하여 생육되기까지 비탈면의 사토 유실을 방지하기 위해 일시적으로 사용하는 공법이다.
돌붙임 및 블록 붙임공	• 콘크리트 뒤채움을 하여 호박돌 또는 견치석, 콘크리트 블록을 비탈면(1:1.5)에 붙이는 공법이다. • 적용 – 비탈면의 풍화 및 침식방지 – 1:1.0 이상의 완만한 구배로서 접착력이 없는 토양 – 식생이 곤란한 풍화토나 점토 등에 사용
콘크리트 격자형 블록공	• 콘크리트 격자 블록을 비탈면에 설치하고 말뚝 또는 철근 앵커(Anchor)를 박는 공법이다. • 적용 – 용수(湧水)가 있는 절토 비탈면에 식생공법을 고려할 때 – 표준구배보다 급한 성토 비탈면 – 식생환경 조성 및 표면의 무너짐을 방지할 때
시멘트 모르타르 뿜어붙이기공	• 철망을 비탈면에 포설하고 앵커(Anchor)로 고정한 다음 모르타르를 뿜어붙이는 공법이다. • 적용 – 용수(容手)가 없고, 붕괴 우려가 없는 비탈면 – 풍화되어 낙석이 예상되는 암(岩) 또는 식생이 부적당한 곳
콘크리트판 설치공	• 비탈면에 철근 콘크리트판을 부착하는 공법이다. • 적용 – 암(岩)의 절리(節理)가 많은 암반지역으로 콘크리트 블록 격자공이나 모르타르 뿜어붙이기공으로는 불안하다고 판단되는 경우에 사용된다.

출처: 이승원, 조경기사 · 산업기사, 성안당, pp.6~185. 저자 재작성.

[그림 69] 비탈면녹화 시공

연습문제

01 비탈면 보호공 중 식생공에 대하여 기술하시오.

02 비탈면의 식생공 중에 종자 뿜어붙이기공에 있어서 압축공기를 사용한 모르타르건(Mortar-gun)으로 뿜어 붙일 때의 재료는?

03 식생띠공법에 대하여 기술하시오.

04 식생자루공법에 대하여 기술하시오.

05 비탈면 구조물 보호공 중 편책공법에 대하여 기술하시오.

| 참고문헌 |

- 강태호(1988), 조경적산학, 도서출판 국제
- 김세천 · 신상섭(2009), 조경시설재료학, 문운당
- 남재희 · 송우용(2017), 건축기사 4주완성, 한솔아카데미
- 박원규(2018), 신조경적산학, 도서출판 조경
- 이상석(2013), 조경재료학, 일조각
- 이승원(2018), 조경기사 · 산업기사, 성안당
- 이윤진(2016), 조경기사 · 산업기사, 한솔아카데미
- 전익요(2013), 조경시공실무, 기문당
- 정규종 · 김동욱(2019), 나무의사 한권으로 끝내기, 시대고시기획
- 정용조(2017), 조경적산 및 실무연습, 한국조경신문
- 정용조(2018), 조경관리 및 실무연습, 솔과학
- 최평희(2016), 조경기사 기출문제해설, 시대고시기획
- 한국산업인력공단 홈페이지
- 한국조경사회 외(2016), 조경공사적산기준, 한국조경신문
- 한국조경학회(2016), 신조경시공학, 문운당
- 네이버 우드엔락 블로그(m.blog.naver.com)
- 정용조 · 임병을 · 오장근(2016), 한국형 컨테이너 조경수 생산기술로서 컨테이너 모듈의 성능 평가, 한국조경학회지 44(5): 59-67
- 정용조 · 이경연(2018), 다목적 기능을 가진 수목보호패드의 성능 연구, 한국환경복원기술학회지 21(1): 133-143
- 조달청(2010), 조경수 가격조사 업무처리 규정
- (사)한국조경학회(2014), 조경공사 표준시방서, 국토교통부 승인, p.98
- Kim T. J.(1999), Container production technologies of landscape trees, Hankyong University, Korea, p.67
- Seok, H. D., Yoon, T. S., Han, D. H., Jang, C. S., An, S. J., Park, J. E.(2014), A study on ways to develop the production and distribution system for landscaping tress, Korea Rural Economic Institute
- Kim, T. J., Kim, H. B.(2001), The Effects of Containerized Landscape Tree Production Methods on Post-transplant Stress, Journal of Korean Institute of Traditional Landscape Architecture 29(1): 152-160
- Journal of the Korean Institute of Landscape Architecture(2015), Landscape Engineering. (in Korean with English summary)

조경시공기술

2020년 12월 15일 1판 1쇄 발행
2025년 8월 20일 1판 3쇄 발행

저　　자　정 용 조
발 행 처　기 문 당
주　　소　서울 성동구 무학봉 28길 4-1
전　　화　02) 2295-6171~2
팩　　스　02) 6971-8188
홈페이지　http://www.kimoondang.com
I S B N　978-89-6225-885-1　93520